高等职业教育本科教材

化工原理
HUAGONG YUANLI

周长丽　任　珂◎主编
朱银惠　张香兰◎主审

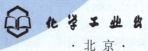
·北京·

内容简介

《化工原理》教材是以物料衡算、能量衡算、物系平衡关系、传递速率及经济核算的基本概念为基础，介绍主要化工单元操作的基本原理、有关过程的计算及典型设备的结构和操作。全书包含绪论和精选的十一个典型化工单元操作项目，分别为流体流动、流体输送机械、非均相物系的分离、传热操作、蒸馏操作、吸收操作、液-液萃取、干燥操作、蒸发操作、吸附操作和膜分离操作。为满足不同读者的需求，每个项目后均有复习思考题，书末有附录，供解题时查数据使用。

本书全面贯彻党的教育方针，落实立德树人的根本任务，有机融入党的二十大精神元素；按项目任务的形式编排，以实际生产案例为引领，科学严谨、深入浅出、图文并茂、形式多样地呈现教材内容；主要设备结构及原理配有丰富的信息化资源，扫描二维码即可学习；为便于教学使用，还配备了教学大纲、教案、PPT课件和习题解答等辅助资料。

本书可作为高等职业教育本科、普通高等教育本科、应用型本科以及高等职业教育专科化工技术类、环境保护类、制药类及其他相近专业（如化学工程、环境工程、石油化工、生物工程、生物制药等）的教材，也可作为相关企业职工能力提升的培训教材和参考书。

图书在版编目（CIP）数据

化工原理/周长丽，任珂主编. —北京：化学工业出版社，2024.1

ISBN 978-7-122-44746-3

Ⅰ.①化… Ⅱ.①周… ②任… Ⅲ.①化工原理-高等职业教育-教材 Ⅳ.①TQ02

中国国家版本馆CIP数据核字（2024）第010417号

责任编辑：提 岩 张双进 　　装帧设计：王晓宇
责任校对：李雨晴

出版发行：化学工业出版社
　　　　（北京市东城区青年湖南街13号 邮政编码100011）
印　　装：大厂聚鑫印刷有限责任公司
880mm×1230mm　1/16　印张29　字数907千字
2024年4月北京第1版第1次印刷

购书咨询：010-64518888　　　　　售后服务：010-64518899
网　　址：http://www.cip.com.cn
凡购买本书，如有缺损质量问题，本社销售中心负责调换。

定　价：68.00元　　　　　　　　　版权所有　违者必究

本书编审人员

主　　编	周长丽	河北工业职业技术大学
	任　珂	河北工业职业技术大学
副 主 编	王　兵	河北工业职业技术大学
	韩彦国	河北工业职业技术大学
	王春玉	河北工业职业技术大学
参　　编	田　明	河北科技工程职业技术大学
	吕　芳	河北工业职业技术大学
	左晓冉	河北工业职业技术大学
	孟熙扬	河北工业职业技术大学
	徐雅曦	河北工业职业技术大学
	李国峰	新疆应用职业技术学院
	赵　军	河北工业职业技术大学
	战　琪	长沙环境保护职业技术学院
	李胜利	山西宏源富康新能源有限公司
	郭　帆	华电水务石家庄有限公司（滹沱河污水处理厂）
主　　审	朱银惠	河北工业职业技术大学
	张香兰	中国矿业大学

前　言

化工原理课程是高等职业教育本科化工技术类、环境保护类、制药类及其他相近专业必修的一门专业核心课，其配套的《化工原理》教材介绍了主要化工单元操作的基本原理、有关过程的计算及典型设备的结构和操作。

党的二十大报告提出"统筹职业教育、高等教育、继续教育协同创新，推进职普融通、产教融合、科教融汇，优化职业教育类型定位。"把培养"大国工匠、高技能人才"作为人才强国战略的重要组成部分。高等职业教育本科作为目前职业教育体系中学历层次最高的教育，是现代职业教育体系建设的"领头羊"，不仅要面向产业，更要对接产业中的高端领域，目标就是努力培养造就更多的"大国工匠、高技能人才"。

为了适应当前高等职业教育本科的快速发展，根据其培养目标和各专业人才培养方案，进一步深化"三融"（即"职普融通、产教融合、科教融汇"），全面贯彻党的教育方针，我们组建了一支由高校教师和多名行业工程师组成的产教融合、校企合作的"双元"教材开发团队，编写了这本《化工原理》教材。

本教材充分体现理实一体、产教融合、校企合作的职业教育理念，将新技术、新工艺、新规范和典型生产案例编入教材，并有机融入党的二十大精神，在体现高等职业教育"先进性、职业性、实用性"的基础上，更加突出了职业本科的产教融合、知行合一的特色。

本教材按项目任务的形式编排，包括绪论和流体流动、流体输送机械、非均相物系的分离、传热操作、蒸馏操作、吸收操作、液-液萃取、干燥操作、蒸发操作、吸附操作和膜分离操作共十一个项目，各项目前设有素质目标、学习目标和生产案例，项目后有复习思考题（包括单选题、多选题、填空题、判断题、简答题和计算题等），同时具有以下创新点：

（1）突出素质目标　提炼、归纳学习目标的同时，突出了素质目标，在传授知识和技能时有机融入思政元素，以"中国故事""拓展阅读"的形式将职业道德和人文素养的培养贯穿教学全过程，落实立德树人的根本任务。如培养学生的法律意识、质量意识、责任意识和服务意识；培养学生探索创新的精神、坚韧不拔的毅力和爱国情怀；培养学生执着专注、精益求精、一丝不苟、追求卓越的工匠精神等。

（2）配套信息化资源　教材内容注重美观、简单、易学、易懂。对于重要的知识点、节点、设备原理和结构等配有丰富的信息化资源（如动画、微课），扫描二维码即可学习。读者可根据需求选取辅助或拓展的信息化资源，实现了"线下+线上"混合式教学模式。

（3）采用双色印刷　本教材的主要标题、部分设备结构图中的重要线条、公式等内容采用了双色印刷，使其更加醒目，便于学生重点学习和理解。

（4）特别提示重难点　对部分重难点内容增加了特别提示字样，并采用了双色印刷，提醒学生要重点学习和掌握。

（5）版面布局的创新　本教材在版面布局中留有边栏，放置信息化资源的二维码和重难点提示，还便于学生做笔记。

以上对于教材的特色和创新适应当前职业教育改革的趋势和要求，形成了新形态一体化教材。

本书由河北工业职业技术大学周长丽、任珂担任主编；河北工业职业技术大学王兵、韩彦国、王春玉担任副主编；河北科技工程职业技术大学田明，长沙环境保护职业技术学院战琪，新疆应用职业技术学院李国峰，河北工业职业技术大学吕芳、左晓冉、孟熙扬、徐雅曦、赵军，山西宏源富康新能源有限公司李胜利，华电水务石家庄有限公司（滹沱河污水处理厂）郭帆参与编写。全书由周长丽、任珂统稿，河北工业职业技术大学朱银惠教授、中国矿业大学张香兰教授主审。

本书中的动画、视频资源由秦皇岛博赫科技开发有限公司、北京东方仿真软件技术有限公司提供技术支持，在此深表感谢！

由于编者水平所限，书中不足之处在所难免，敬请广大读者批评指正。

编　者

2023年7月

目 录

绪 论 　　001

素质目标 …………………………………… 001
学习目标 …………………………………… 001
  一、化工原理课程的性质与任务 ………… 001
  二、化工过程与单元操作 ………………… 002
  三、化工单元操作过程中常用的基本概念 … 003
  四、混合物含量的表示方法 ……………… 004
  五、单位制及单位换算 …………………… 007
复习思考题 ………………………………… 009

项目一　流体流动　　011

素质目标 …………………………………… 011
学习目标 …………………………………… 011
生产案例 …………………………………… 012
任务一　流体的主要物理量及测定 ……… 013
  一、流体及其特征 ………………………… 013
  二、流体的密度 …………………………… 013
  三、流体的压强 …………………………… 015
  四、流量与流速 …………………………… 016
  五、管路直径的确定 ……………………… 017
  六、流体的黏度 …………………………… 018
  七、液体的表面张力 ……………………… 019
任务二　流体静力学基本方程式及应用 … 019
  一、流体静力学基本方程式 ……………… 019
  二、流体静力学基本方程的应用 ………… 021
任务三　流体动力学方程式及应用 ……… 024
  一、稳定流动与非稳定流动 ……………… 025
  二、连续性方程及应用 …………………… 025
  三、伯努利方程式及应用 ………………… 026
任务四　流体输送方式及管路 …………… 030
  一、流体输送方式的选择 ………………… 030
  二、管路的分类 …………………………… 031
  三、管路的构成 …………………………… 032
  四、管路的连接方式 ……………………… 037
  五、管路的布置与安装 …………………… 038
  六、管路常见故障及处理 ………………… 039
任务五　流体阻力损失计算 ……………… 040
  一、流体阻力的来源 ……………………… 040
  二、雷诺实验与流体流动类型判据 ……… 041
  三、管内流体阻力损失计算 ……………… 043
  四、降低管路系统流动阻力损失的措施 … 049
任务六　管路计算 ………………………… 049
  一、简单管路计算 ………………………… 050
  二、复杂管路计算 ………………………… 053
  三、适宜管径的选择 ……………………… 054
任务七　流量的测量 ……………………… 055
  一、测速管 ………………………………… 056
  二、孔板流量计 …………………………… 056
  三、文丘里流量计 ………………………… 058
  四、转子流量计 …………………………… 058
  五、涡轮流量计 …………………………… 059
  六、湿式气体流量计 ……………………… 060
复习思考题 ………………………………… 060

项目二　流体输送机械　　066

素质目标 …………………………………… 066
学习目标 …………………………………… 066
生产案例 …………………………………… 067
任务一　离心泵的性能与操作 …………… 067
  一、离心泵的基本结构和工作原理 ……… 067
  二、离心泵的性能参数与特性曲线 ……… 070
  三、离心泵的工作点与流量调节 ………… 074
  四、离心泵的汽蚀现象与安装高度 ……… 078
  五、离心泵的组合操作 …………………… 080
  六、离心泵的类型与选用 ………………… 082
  七、离心泵的安装、操作及维护 ………… 086
  八、离心泵常见故障及处理措施 ………… 088
任务二　往复泵的性能与操作 …………… 089
  一、往复泵的结构与工作原理 …………… 089
  二、往复泵的类型及流量 ………………… 089
  三、往复泵的扬程及流量调节 …………… 090
  四、往复泵的操作与维护 ………………… 091
  五、往复泵常见故障及处理方法 ………… 092
任务三　其他化工用泵的结构与操作 …… 092
  一、旋涡泵 ………………………………… 092

二、屏蔽泵 ………………………… 093
　　三、齿轮泵 ………………………… 094
　　四、计量泵 ………………………… 095
　　五、隔膜泵 ………………………… 095
　　六、螺杆泵 ………………………… 096
　　七、液下泵 ………………………… 096

任务四　气体输送机械 ………………… 096
　　一、通风机 ………………………… 097
　　二、鼓风机 ………………………… 100
　　三、压缩机 ………………………… 104
　　四、真空泵 ………………………… 113
复习思考题 ……………………………… 114

项目三　非均相物系的分离　　　　　　　　　　　　　　　　　　　　　　　　　　　　119

素质目标 ………………………………… 119
学习目标 ………………………………… 119
生产案例 ………………………………… 120
任务一　混合物分类与分离方法 ……… 120
　　一、混合物系的分类 ……………… 120
　　二、非均相物系的分离的目的 …… 121
　　三、非均相物系的分离方法 ……… 121
　　四、颗粒与流体的相对运动 ……… 122
任务二　沉降分离 ……………………… 123
　　一、重力沉降 ……………………… 124
　　二、离心沉降 ……………………… 129

任务三　过滤分离 ……………………… 136
　　一、过滤的基本概念 ……………… 136
　　二、过滤速率的基本方程式 ……… 138
　　三、恒压过滤 ……………………… 141
　　四、过滤设备 ……………………… 145
任务四　静电分离 ……………………… 151
　　一、静电除尘器 …………………… 151
　　二、静电除雾器 …………………… 153
任务五　湿洗分离 ……………………… 153
　　一、湿洗分离原理 ………………… 154
　　二、湿洗分离设备 ………………… 154
复习思考题 ……………………………… 155

项目四　传热操作　　　　　　　　　　　　　　　　　　　　　　　　　　　　　　　　159

素质目标 ………………………………… 159
学习目标 ………………………………… 159
生产案例 ………………………………… 160
任务一　传热方式及应用 ……………… 160
　　一、传热的基本方式 ……………… 160
　　二、传热在工业生产中的应用 …… 161
　　三、热交换的方式 ………………… 162
　　四、传热速率和热通量 …………… 163
　　五、稳态传热和非稳态传热 ……… 163
任务二　热传导过程的计算 …………… 164
　　一、傅里叶定律及热导率 ………… 164
　　二、平壁稳态热传导过程的计算 … 165
　　三、圆筒壁稳态热传导过程的计算 … 168
任务三　对流传热过程分析及应用 …… 170
　　一、对流传热过程分析 …………… 170
　　二、对流传热速率方程 …………… 171
　　三、对流传热系数及影响因素 …… 171
　　四、对流传热系数的获取 ………… 172

　　五、流体有相变时的对流传热过程分析 …… 173
任务四　传热过程计算 ………………… 175
　　一、热量衡算 ……………………… 175
　　二、平均温度差的计算 …………… 176
　　三、传热系数的获取 ……………… 178
　　四、污垢热阻 ……………………… 180
　　五、传热设备的壁温计算 ………… 181
　　六、强化传热的途径 ……………… 182
任务五　辐射传热过程分析 …………… 183
　　一、热辐射的基本概念 …………… 183
　　二、物体的辐射能力 ……………… 184
　　三、影响辐射传热的主要因素 …… 186
　　四、两固体表面间的辐射传热 …… 186
　　五、对流-辐射联合传热 …………… 187
任务六　换热设备及操作 ……………… 189
　　一、间壁式换热器的分类 ………… 189
　　二、列管换热器的型号及选用 …… 194
　　三、列管换热器的操作与维护 …… 195
复习思考题 ……………………………… 198

项目五　蒸馏操作　　　　　　　　　　　　　　　　　　　　　　　　　　　　　　　　202

素质目标 ………………………………… 202
学习目标 ………………………………… 202

生产案例 ………………………………… 203
任务一　蒸馏的分类及其过程分析 …… 203

一、蒸馏的分类 …………………… 203
　　二、蒸馏过程的分析 ………………… 204
任务二　双组分溶液的气-液相平衡分析 … 206
　　一、液体的饱和蒸气压与拉乌尔定律 …… 207
　　二、双组分理想溶液的气-液平衡相图分析 … 210
　　三、双组分非理想溶液的气-液平衡相图
　　　　分析 ……………………………… 211
　　四、双组分理想溶液的气液相平衡方程 …… 212
任务三　精馏原理与流程选择 ……………… 215
　　一、精馏原理 …………………………… 215
　　二、精馏流程的选择 …………………… 215
　　三、连续精馏装置的组成及其作用 …… 216
任务四　连续精馏过程的计算 ……………… 217
　　一、全塔物料衡算 ……………………… 217
　　二、进料热状况分析 …………………… 220
　　三、操作线方程与 q 线方程 ………… 223
　　四、理论板数的计算 …………………… 226

　　五、回流比和进料状况对精馏过程的影响 … 229
　　六、适宜回流比选择 …………………… 232
　　七、简捷法求理论塔板数 ……………… 235
　　八、精馏塔的操作型计算 ……………… 237
　　九、直接蒸汽加热的蒸馏塔 …………… 238
任务五　间歇精馏操作 ……………………… 239
　　一、间歇精馏操作的工艺、方式与特点 … 239
　　二、回流比恒定的操作 ………………… 240
　　三、馏出液组成恒定的操作 …………… 240
任务六　蒸馏设备及操作 …………………… 241
　　一、板式塔的结构及气液传质过程分析 … 241
　　二、工业上常用的板式塔 ……………… 243
　　三、塔板效率 …………………………… 245
　　四、塔高的确定 ………………………… 247
　　五、塔径的计算 ………………………… 249
　　六、板式塔的选用 ……………………… 251
　　七、板式精馏塔的操作与控制 ………… 252
复习思考题 ………………………………… 255

项目六　吸收操作　　260

素质目标 …………………………………… 260
学习目标 …………………………………… 260
生产案例 …………………………………… 261
任务一　吸收流程及其选择 ………………… 262
　　一、吸收操作目的 ……………………… 262
　　二、吸收操作分类 ……………………… 263
　　三、吸收的基本流程及其选择 ………… 264
　　四、吸收剂的选择 ……………………… 265
任务二　吸收过程的气-液相平衡 …………… 266
　　一、气-液相组成的表示方法 …………… 266
　　二、溶解度及溶解度曲线分析 ………… 267
　　三、气-液相平衡关系式 ………………… 268
任务三　吸收速率方程 ……………………… 272
　　一、吸收机理 …………………………… 272
　　二、吸收速率方程 ……………………… 273
　　三、吸收过程的控制 …………………… 276
　　四、提高吸收速率的途径 ……………… 277
任务四　吸收过程的计算 …………………… 279
　　一、全塔物料衡算和操作线方程 ……… 279

　　二、吸收剂用量的确定 ………………… 280
　　三、填料塔直径的计算 ………………… 283
　　四、填料层高度的计算 ………………… 283
　　五、吸收塔操作型计算 ………………… 288
任务五　解吸及其他类型的吸收操作 ……… 292
　　一、解吸目的与方法 …………………… 292
　　二、解吸塔的计算 ……………………… 293
　　三、其他类型的吸收 …………………… 295
任务六　吸收设备选择 ……………………… 297
　　一、吸收设备的一般要求 ……………… 297
　　二、常见吸收设备的结构和特点 ……… 298
　　三、填料吸收塔 ………………………… 299
任务七　吸收塔的操作与调节 ……………… 306
　　一、吸收塔操作的主要控制因素 ……… 306
　　二、强化吸收过程的措施 ……………… 307
　　三、吸收塔的调节 ……………………… 308
　　四、吸收操作常见故障与处理 ………… 308
　　五、吸收操作常见设备的故障与处理 … 309
复习思考题 ………………………………… 310

项目七　液-液萃取　　315

素质目标 …………………………………… 315
学习目标 …………………………………… 315
生产案例 …………………………………… 315
任务一　液-液萃取过程分析 ………………… 316

　　一、液-液萃取的基本原理 ……………… 316
　　二、液-液相平衡 ………………………… 317
　　三、萃取剂的选择 ……………………… 318
任务二　萃取流程的识读 …………………… 319

一、单级萃取流程 ………………… 319	四、萃取塔的操作 ………………… 326
二、多级萃取流程 ………………… 319	**任务四 超临界萃取** ……………………… 326
任务三 萃取设备的操作 ……………… 321	一、超临界萃取的基本原理 ………… 326
一、萃取设备的类型 ……………… 321	二、超临界萃取的流程 …………… 327
二、萃取设备的选用 ……………… 324	三、超临界萃取的特点及其工业应用 … 327
三、影响萃取操作的主要因素 ……… 325	**复习思考题** ……………………………… 329

项目八　干燥操作　　　　　　　　　　　　　　　　　　　　331

素质目标 ………………………………… 331	一、物料衡算 ……………………… 344
学习目标 ………………………………… 331	二、热量衡算 ……………………… 345
生产案例 ………………………………… 331	三、干燥器的热效率 ……………… 346
任务一 干燥过程分析 ………………… 332	四、干燥速率及其影响因素 ………… 349
一、固体物料的去湿方法 …………… 332	五、恒定干燥条件下干燥时间的计算 … 351
二、干燥操作的分类 ……………… 333	**任务五 干燥设备及其操作** ……………… 355
三、对流干燥过程分析 …………… 334	一、干燥器的基本要求 …………… 355
任务二 湿空气的性质及湿焓图的应用 … 334	二、干燥器的分类 ………………… 355
一、湿空气的性质 ………………… 334	三、常用对流干燥器 ……………… 355
二、湿焓图及其应用 ……………… 339	四、非对流式干燥器 ……………… 358
任务三 湿物料的性质分析 …………… 342	五、干燥器的选用原则 …………… 360
一、物料含水量的表示方法 ………… 342	六、常用干燥器的操作与维护 ……… 360
二、物料中水分的性质 …………… 343	七、干燥过程的节能措施 …………… 362
任务四 干燥过程的计算 ……………… 344	**复习思考题** ……………………………… 363

项目九　蒸发操作　　　　　　　　　　　　　　　　　　　　366

素质目标 ………………………………… 366	三、蒸发器传热面积 ……………… 371
学习目标 ………………………………… 366	**任务三 蒸发设备的结构及选择** ………… 372
生产案例 ………………………………… 366	一、蒸发器的结构及分类 …………… 373
任务一 蒸发操作及其流程的识读 …… 367	二、蒸发器的附属设备 …………… 375
一、蒸发操作的特点及其分类 ……… 367	三、蒸发器的选择 ………………… 376
二、蒸发操作的流程 ……………… 368	**任务四 蒸发设备的运行与操作** ………… 377
任务二 单效蒸发有关参数的计算 …… 370	一、蒸发器的生产强度 …………… 377
一、水分蒸发量 …………………… 370	二、蒸发操作的经济性 …………… 378
二、加热蒸汽消耗量 ……………… 370	三、蒸发系统的日常运行及开停车操作 … 379
	复习思考题 ……………………………… 380

项目十　吸附操作　　　　　　　　　　　　　　　　　　　　382

素质目标 ………………………………… 382	**任务二 吸附剂的选择** …………………… 385
学习目标 ………………………………… 382	一、吸附剂的基本要求 …………… 385
生产案例 ………………………………… 382	二、工业上常用的吸附剂 …………… 385
任务一 吸附过程分析 ………………… 384	三、吸附剂的性能 ………………… 386
一、吸附现象 ……………………… 384	**任务三 吸附平衡与吸附速率** …………… 387
二、吸附分类 ……………………… 384	一、吸附平衡 ……………………… 387
三、物理吸附过程分析 …………… 384	二、吸附速率 ……………………… 388

任务四　吸附装置的操作	389
一、吸附方法的选择	389
二、吸附装置的操作	389

三、吸附过程的强化与展望　393
复习思考题　393

项目十一　膜分离操作　395

素质目标	395
学习目标	395
生产案例	395
任务一　膜分离过程分析	397
一、膜分离过程及特点	397
二、膜及膜组件	398
任务二　反渗透过程分析	400
一、反渗透原理	401
二、反渗透工艺流程	401
三、影响反渗透过程的因素	402
任务三　电渗析过程分析	403
一、电渗析分离原理及特点	403
二、电渗析器构成与组装方式	404
三、电渗析典型工艺流程	404
四、电渗析技术的工业应用	404

任务四　超滤与微滤过程分析	406
一、超滤与微滤的基本原理	406
二、超滤膜与微滤膜	407
三、超滤与微滤操作流程	408
四、超滤与微滤的工业应用	410
任务五　气体膜分离过程分析	411
一、气体膜分离原理	411
二、影响气体膜分离效果的因素	412
三、气体膜分离流程	412
四、气体膜分离技术的应用	413
任务六　膜分离过程中的问题及处理	415
一、压密作用	415
二、水解作用	415
三、浓差极化与膜污染	415
复习思考题	416

附录　418

附录一　化工常用法定计量单位及单位换算	418
附录二　某些气体的重要物理性质（101.3 kPa）	420
附录三　某些有机液体的相对密度（液体密度与4 ℃时水的密度之比）	421
附录四　某些液体的重要物理性质	422
附录五　部分无机盐水溶液的沸点（101.3 kPa）	424
附录六　某些固体材料的重要物理性质	425
附录七　水的重要物理性质	426
附录八　饱和水蒸气表（按温度排列）	427
附录九　饱和水蒸气表（按压力排列）	428
附录十　液体饱和蒸气压p^0的安托因（Antoine）常数	429
附录十一　干空气的热物理性质（$p=1.013\times10^5$ Pa）	429

附录十二　水的黏度（0~100 ℃）	430
附录十三　液体黏度共线图	431
附录十四　气体黏度共线图	432
附录十五　气体热导率共线图（101.3 kPa）	433
附录十六　固体材料和某些液体的热导率	435
附录十七　液体比热容共线图	436
附录十八　气体比热容共线图（101.3 kPa）	437
附录十九　液体汽化热共线图	438
附录二十　液体表面张力共线图	440
附录二十一　管子规格	442
附录二十二　离心泵规格（摘录）	442
附录二十三　双组分溶液的气液相平衡数据	446
附录二十四　常用化学元素的原子量	447
附录二十五　基本物理常数	447

参考文献　448

二维码资源目录

序号	二维码编码	资源名称	资源类型	页码
1	M1.1	流体特征及主要物理量	微课	013
2	M1.2	流体静力学基本方程式及应用	微课	019
3	M1.3	煤气柜的结构	动画	024
4	M1.4	伯努利方程式及应用	微课	026
5	M1.5	流体输送方式及管路	微课	030
6	M1.6	弹簧式安全阀结构原理	动画	037
7	M1.7	Y型高压疏水阀结构原理	动画	037
8	M1.8	笼式调节阀结构原理	动画	037
9	M1.9	气动调节阀工作原理	动画	037
10	M1.10	流体阻力及计算	微课	040
11	M1.11	湍流流动形态	动画	041
12	M1.12	层流速度分布	动画	042
13	M2.1	离心泵的结构及工作原理	微课	067
14	M2.2	离心泵性能参数及特性曲线的测定	微课	070
15	M2.3	离心泵的工作点与流量调节	微课	074
16	M2.4	离心泵的汽蚀现象与安装高度	微课	078
17	M2.5	离心泵的类型与选用	微课	082
18	M2.6	多级离心泵的工作原理	动画	083
19	M2.7	往复泵及其他化工用泵	微课	089
20	M2.8	三联泵工作原理	动画	090
21	M2.9	活塞隔膜泵工作原理	动画	095
22	M2.10	气体输送设备	微课	096
23	M2.11	离心式压缩机的结构及工作原理	动画	110
24	M2.12	水环真空泵工作原理	动画	113
25	M3.1	沉降分离	微课	123
26	M3.2	降尘室工作过程	动画	127
27	M3.3	旋风分离器结构原理	动画	131
28	M3.4	过滤分离	微课	136
29	M3.5	Y型过滤器原理	动画	136
30	M3.6	饼层过滤过程	动画	137
31	M3.7	板框压滤机工作原理	动画	145
32	M3.8	板框过滤机的过滤和洗涤	动画	146
33	M3.9	转鼓真空过滤机	动画	148
34	M3.10	叶滤机结构原理	动画	149
35	M3.11	活塞推料离心机工作过程	动画	151
36	M3.12	湿式电除尘器	动画	153
37	M3.13	气体的其他净制方法	微课	153
38	M4.1	传热及热传导	微课	160
39	M4.2	对流传热过程分析	微课	170
40	M4.3	间壁式传热过程计算	微课	175

续表

序号	二维码编码	资源名称	资源类型	页码
41	M4.4	间壁式换热设备	微课	189
42	M4.5	热管式换热器	动画	191
43	M4.6	列管式换热器结构	动画	192
44	M4.7	固定管板式换热器结构	动画	192
45	M4.8	浮头式换热器	动画	193
46	M4.9	螺旋板式换热器	动画	193
47	M5.1	蒸馏概述及气液相平衡	微课	203
48	M5.2	沸点组成相图分析	微课	211
49	M5.3	精馏原理分析	微课	215
50	M5.4	连续精馏装置	动画	216
51	M5.5	连续精馏过程的计算	微课	217
52	M5.6	理论塔板数的计算	微课	226
53	M5.7	理论塔板数的绘制	动画	228
54	M5.8	蒸馏设备及操作	微课	241
55	M5.9	板式塔结构	动画	241
56	M5.10	板式塔操作状态	动画	242
57	M5.11	泡罩塔结构	动画	243
58	M5.12	筛板塔结构	动画	244
59	M5.13	浮阀塔板操作状态	动画	245
60	M5.14	板式塔漏液状态	动画	252
61	M6.1	吸收与解吸流程	动画	261
62	M6.2	吸收概述及气液相平衡	微课	266
63	M6.3	双膜理论	微课	272
64	M6.4	吸收剂消耗量的计算	微课	280
65	M6.5	塔径和填料层高度的计算	微课	283
66	M6.6	吸收设备及操作	微课	297
67	M6.7	板式吸收塔	动画	299
68	M6.8	填料塔操作状态	动画	299
69	M6.9	填料塔结构	动画	300
70	M6.10	填料塔液泛	动画	308
71	M7.1	单级萃取	动画	319
72	M7.2	多级错流萃取	动画	319
73	M7.3	多级逆流萃取	动画	320
74	M7.4	筛板萃取塔	动画	323
75	M7.5	单级转筒式离心萃取器	动画	324
76	M8.1	干燥概述	微课	332
77	M8.2	湿空气性质及湿焓图	微课	334
78	M8.3	干燥设备及其应用	微课	355
79	M8.4	厢式干燥器	动画	355
80	M8.5	转筒干燥器	动画	356
81	M8.6	单层流化床干燥器	动画	357

续表

序号	二维码编码	资源名称	资源类型	页码
82	M8.7	卧式多室流化床干燥器	动画	357
83	M8.8	气流干燥器	动画	358
84	M8.9	喷雾干燥器	动画	358
85	M9.1	中央循环管式蒸发器	动画	373
86	M9.2	外加热式蒸发器	动画	373
87	M9.3	强制循环蒸发器的原理	动画	374
88	M9.4	悬框式蒸发器	动画	374
89	M9.5	薄膜式蒸发器	动画	375
90	M9.6	刮板式薄膜蒸发器	动画	375
91	M10.1	固定床吸附操作流程	动画	390
92	M10.2	流化床－移动床联合吸附分离	动画	392
93	M11.1	螺旋卷式膜组件	动画	400
94	M11.2	渗透与反渗透过程	动画	401
95	M11.3	连续多级超滤操作流程	动画	409

绪 论

 素质目标

1. 树立"厚基础、强能力、高标准、严要求"的学习理念。
2. 培养"有理想、敢担当、能吃苦、肯奋斗"的新时代"化工人"。
3. 培养我国近代化工先驱范旭东、侯德榜那样的奋斗精神和爱国情怀。

 学习目标

技能目标
1. 能进行基本物理量的计算及换算。
2. 会识图查表。

知识目标
1. 掌握化工生产过程中常用的化工单元操作及分类。
2. 掌握单位制及单位换算的方法。

一、化工原理课程的性质与任务

化工原理课程是化工技术类、环境保护类、制药类及其他相近专业必修的一门专业核心课，是化工生产企业核心岗位对应的课程。本课程的知识点贯穿多个专业的核心课程，内容涉及多个专业的工作岗位，对整个专业知识的学习和核心技能的掌握起着重要的支撑作用。

化工原理课程的任务就是以典型化工单元操作为研究对象，应用基础学科的有关原理研究化工生产过程中化工单元操作的基本原理、有关过程的计算及典型设备的操作与故障处理，对各单元操作过程进行设计优化或操作优化。可以说，化工生产岗位上运用频率最高、范围最广的能力和知识大多数集中在化工原理课程中，因而该课程的学习是化工类专业学生综合职业能力培养和职业素质养成的重要支撑，为后续课程的学习打下坚实基础。

句话说，进入截面后的流体，也就具有与此功相当的能量，流体所具有的这种能量称为静压能或流动功。

质量为 m（kg）的流体的静压能为 $\dfrac{mp}{\rho}$，其单位为 J；1 kg 流体的静压能为 $\dfrac{p}{\rho}$，其单位为 J/kg。因此，质量为 m（kg）的流体在某截面上的总机械能为

$$mgz + \dfrac{1}{2}mu^2 + \dfrac{mp}{\rho} \text{（J）}$$

1 kg 流体在某截面上的总机械能为

$$gz + \dfrac{1}{2}u^2 + \dfrac{p}{\rho} \text{（J/kg）}$$

2. 伯努利方程式

(1) 理想流体的伯努利方程式　当理想流体在某一密闭管路中做稳定流动时，由能量守恒定律可知，进入管路系统的总能量应等于从管路系统带出的总能量。在无其他形式的能量输入和输出的情况下，理想流体在流动过程中任意截面上总机械能为常数，即

> 理想流体的含义

$$gz + \dfrac{1}{2}u^2 + \dfrac{p}{\rho} = 常数$$

如图 1-18 所示，将理想流体由截面 1—1′ 输送到截面 2—2′，根据机械能守恒原理，两截面间流体的总机械能相等，即

① 以单位质量为基准的理想流体的伯努利方程

$$gz_1 + \dfrac{1}{2}u_1^2 + \dfrac{p_1}{\rho} = gz_2 + \dfrac{1}{2}u_2^2 + \dfrac{p_2}{\rho} \text{（J/kg）} \tag{1-27}$$

② 以单位重量为基准的理想流体的伯努利方程

将式（1-27）等式的两边同除以 g，得出以单位重量流体为基准的理想流体的伯努利方程

$$z_1 + \dfrac{1}{2g}u_1^2 + \dfrac{p_1}{\rho g} = z_2 + \dfrac{1}{2g}u_2^2 + \dfrac{p_2}{\rho g} \text{（m）} \tag{1-27a}$$

③ 将式（1-27）等式两边同乘以密度（液体）

$$\rho z_1 g + \dfrac{1}{2}\rho u_1^2 + p_1 = \rho z_2 g + \dfrac{1}{2}\rho u_2^2 + p_2 \text{（Pa）} \tag{1-27b}$$

由上式可知，理想流体在不同两截面间流动，两截面间总的机械能相等，各种机械能可以相互转化。

(2) 实际流体的伯努利方程　在环境工程及化工生产中所处理的流体多数是实际流体，实际流体在流动过程中存在流体阻力，克服这部分流体阻力要消耗一部分机械能，这部分机械能称为能量损失或阻力损失。如图 1-19 所示，对于 1 kg 的流体而言，从截面 1—1′ 输送到截面 2—2′ 时，需克服两截面间各项阻力所损失的能量为 $\sum W_f$，单位为 J/kg。为了补充损失掉的能量需使用外加设

> $W_e = H_e g$

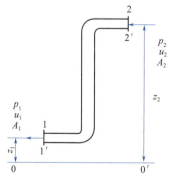

图 1-18　理想流体管路系统

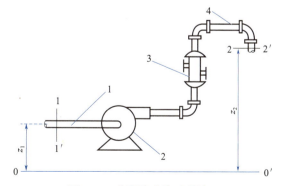

图 1-19　实际稳定流动系统

1—吸入管；2—输送机械；3—热交换器；4—排出管

备即流体输送机械（泵或风机）向流体做功。1 kg 流体从流体输送机械所获得的能量称为外加能量或称为外功，用 W_e 表示，其单位为 J/kg。

按照能量守恒及转化定律，输入系统的总机械能必须等于从系统中输出的总能量。即

① 以单位质量为基准的实际流体的伯努利方程

$$gz_1 + \frac{1}{2}u_1^2 + \frac{p_1}{\rho} + W_e = gz_2 + \frac{1}{2}u_2^2 + \frac{p_2}{\rho} + \sum W_f \quad (\text{J/kg}) \tag{1-28}$$

② 以单位重量为基准的实际流体的伯努利方程

将式（1-28）等式的两边同除以 g，得以单位重量流体为基准的实际流体的伯努利方程

$$z_1 + \frac{1}{2g}u_1^2 + \frac{p_1}{\rho g} + H_e = z_2 + \frac{1}{2g}u_2^2 + \frac{p_2}{\rho g} + \sum h_f \quad (\text{m}) \tag{1-28a}$$

式中，各项单位为 J/N 或 m，$H_e = \dfrac{W_e}{g}$，$\sum h_f = \sum W_f / g$，其中 z、$\dfrac{1}{2g}u^2$、$\dfrac{p}{\rho g}$ 分别称为位压头、动压头和静压头，H_e 为输送机械的有效压头，$\sum h_f$ 则为损失压头。

③ 将式（1-28）等式两边同乘以密度（液体）

$$\rho z_1 g + \frac{1}{2}\rho u_1^2 + p_1 + \rho W_e = \rho z_2 g + \frac{1}{2}\rho u_2^2 + p_2 + \rho \sum W_f \quad (\text{Pa}) \tag{1-28b}$$

（3）伯努利方程的讨论

① 当系统中的流体处于静止时，伯努利方程式变为

$$gz_1 + \frac{p_1}{\rho} = gz_2 + \frac{p_2}{\rho} \tag{1-29}$$

式（1-29）即为流体静力学基本方程式的另一种形式。

② 在伯努利方程式中，gz、$\dfrac{1}{2}u^2$、$\dfrac{p}{\rho}$ 分别表示单位质量流体在某截面上所具有的位能、动能和静压能；而 W_e、$\sum W_f$ 是指单位质量流体在两截面间获得或消耗的能量。特别是 W_e，即输送机械对 1 kg 流体所做的有效功，是输送机械的重要参数之一。

③ 伯努利方程式的推广。伯努利方程式适用于不可压缩流体，如液体；对于可压缩流体的流动，如气体，当 $\dfrac{p_1 - p_2}{p_1} < 20\%$ 时，仍可用式（1-28）计算，但式中的 ρ 要用两截面间的平均密度 ρ_m 代替。

> **拓展阅读**
>
> ### 伯努利方程式的由来
>
> 丹尼尔·伯努利（1700—1782），瑞士物理学家、数学家、医学家。瑞士的伯努利家族，一个家族3代人中产生了8位科学家，他们在数学、科学、技术、工程乃至法律、管理、文学、艺术等方面享有名望，有的甚至声名显赫。
>
> 丹尼尔·伯努利是著名的伯努利家族中最杰出的一位，是涉及科学领域较多的人，丹尼尔的博学使他成为了伯努利家族的代表。和他的父辈一样，他没有遵从家长要他经商的愿望，而是在多所大学坚持学习医学、哲学、伦理学、数学等，先后任解剖学、动力学、数学、物理学教授。在1725—1749年间，伯努利曾十次荣获法国科学院的年度奖。
>
> 1738年他出版了经典著作《流体动力学》，这是他最重要的著作。书中用能量守恒定律解决了流体的流动问题，写出了流体动力学的基本方程，后人称之为"伯努利方程"，提出了"流速增加、压强降低"的伯努利原理。

3. 伯努利方程式的应用

特别提示： 应用伯努利方程式时应注意以下问题。

（1）作图　根据题意画出流动系统的示意图，并指明流体的流动方向。

（2）截面的选取　确定上、下游截面，以明确流动系统的衡算范围。所选取的截面应与流体的流动方向相垂直，并且两截面间流体应是稳定连续流动；截面宜选在已知量多、计算方便处；截面的物理量均取该截面上的平均值。

（3）基准水平面的选取　基准水平面可以任意选取，但必须与地面平行。为计算方便，宜选取两截面中位置较低的截面为基准水平面。若截面不是水平面，而是垂直于地面，则基准面应选管子的中心线。

（4）单位必须一致　在应用伯努利方程式解题前，应把有关物理量换算成一致的单位，对于压力还应注意表示方法的一致。

【例 1-12】某车间用一高位槽向塔内供应液体，如附图所示，高位槽和塔内的压力均为大气压。液体在加料管内的速度为 2.2 m/s，管路阻力估计为 25 J/kg（从高位槽的液面至加料管入口之间），假设液面维持恒定，求高位槽内液面至少要在加料管入口以上多少米？

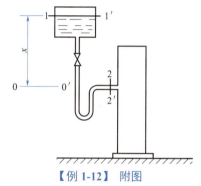

【例 1-12】附图

解　取高位槽液面为 1—1′ 截面，加料管入口处截面为 2—2′ 截面，并以 2—2′ 截面中心线为 0—0′ 截面，即基准面。在 1—1′ 至 2—2′ 两截面之间列伯努利方程，因两截面间无外功加入（$W_e=0$），故

$$gz_1+\frac{1}{2}u_1^2+\frac{p_1}{\rho}+W_e=gz_2+\frac{1}{2}u_2^2+\frac{p_2}{\rho}+\sum W_f$$

其中，$z_1=x$（待求值），$u_1\approx 0$，$p_1=0$（表压），$p_2=0$（表压），$u_2=2.2$ m/s，$z_2=0$，$\sum W_f=2.5$ J/kg，将已知数据代入上式

$$gz_1=\frac{p_2-p_1}{\rho}+\frac{u_2^2-u_1^2}{2}+\sum W_f=0+\frac{2.2^2}{2}+25=27.42\text{（J/kg）}$$

解出 $z_1=x=2.80$（m）。

计算结果说明高位槽的液面要在加料管入口以上 2.80 m。由本题可知，高位槽能连续供应液体是由于流体的位能转变为动能和静压能，并用于克服管路阻力。

【例 1-13】用泵将贮槽中密度为 1 200 kg/m³ 的溶液送到蒸发器内，如附图所示。贮槽内液面维持恒定，其上方压强为 101.33×10³ Pa，蒸发器上部蒸发室内的操作压强为 26 670 Pa（真空度），蒸发器进料口高于贮槽内液面 15 m，进料量为 20 m³/h，溶液流经全部管路的能量损失为 120 J/kg，已知管路的内直径为 60 mm，泵的效率为 65%，求泵的轴功率。

解　取贮槽液面为 1—1′ 截面，管路出口内侧为 2—2′ 截面，并以 1—1′ 截面为基准水平面，在 1—1′ 至 2—2′ 两截面间列伯努利方程

$$gz_1+\frac{1}{2}u_1^2+\frac{p_1}{\rho}+W_e=gz_2+\frac{1}{2}u_2^2+\frac{p_2}{\rho}+\sum W_f$$

式中，$z_1=0$，$z_2=15$ m，$p_1=0$（表压），$p_2=-26\ 670$ Pa（表压），$u_1=0$，$\sum W_f=120$ J/kg。

$$u_2=\frac{20}{0.785\times(0.06)^2\times 3\ 600}=1.97\text{（m/s）}$$

将上述各项数值代入，则

$$W_e=15\times 9.81+\frac{(1.97)^2}{2}+120-\frac{26\ 670}{1\ 200}=246.9\text{（J/kg）}$$

泵的有效功率 P_e 为

$$P_e=W_e q_m=W_e\rho q_V=246.9\times 1\ 200\times\frac{20}{3\ 600}=1\ 646\text{（W）}$$

实际上泵所消耗的功率（称轴功率）P 为

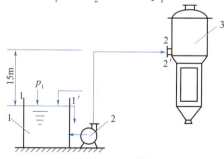

【例 1-13】附图
1—贮槽；2—泵；3—蒸发室

$$P = \frac{P_e}{\eta} = \frac{1\,646}{0.65} = 2\,532\,(W)$$

【例 1-14】用压缩空气将密闭容器（酸蛋）中的硫酸压送至敞口高位槽，如附图所示。输送量为 0.1 m³/min，输送管路为 ϕ 38 mm×3 mm 的无缝钢管。酸蛋中的液面离压出管口的位差为 10 m，且设在压送过程中不变。设管路的总压头损失为 3.5 m（不包括出口），硫酸的密度为 1 830 kg/m³，问酸蛋中应保持多大的压力？

解 以酸蛋中液面为 1—1′ 面，管出口内侧为 2—2′ 面，且以 1—1′ 面为基准水平面，在 1—1′ 至 2—2′ 两截面间列伯努利方程

$$\frac{p_1}{\rho g} + \frac{1}{2g}u_1^2 + z_1 = \frac{p_2}{\rho} + \frac{1}{2g}u_2^2 + z_2 + \sum h_f$$

上式简化为

$$\frac{p_1}{\rho g} = \frac{1}{2g}u_2^2 + z_2 + \sum h_f$$

【例 1-14】附图

其中

$$u_2 = \frac{q_V}{\frac{\pi}{4}d^2} = \frac{0.1/60}{0.785 \times 0.032^2} = 2.07\,(m/s)$$

代入

$$p_1 = \rho g\left(\frac{1}{2g}u_2^2 + z_2 + \sum h_f\right) = 1\,830 \times 9.81 \times \left(\frac{1}{2 \times 9.81} \times 2.07^2 + 10 + 3.5\right)$$
$$= 246.3\,(kPa)\,（表压）$$

【例 1-15】如附图所示，某鼓风机吸入管内径为 200 mm，在喇叭形进口处测得 U 形压差计读数 R=15 mm（指示液为水），空气的密度为 1.2 kg/m³，忽略能量损失。试求管道内空气的流量。

解 如附图所示，在 1—1′ 至 2—2′ 截面间列伯努利方程

$$gz_1 + \frac{p_1}{\rho} + \frac{1}{2}u_1^2 = gz_2 + \frac{p_2}{\rho} + \frac{1}{2}u_2^2 + \sum W_f$$

【例 1-15】附图

其中 $z_1=z_2$，$u_1 \approx 0$，$p_1=0$（表压），$\sum W_f = 0$

简化为

$$0 = \frac{p_2}{\rho} + \frac{1}{2}u_2^2$$

而

$$p_2 = -\rho_{H_2O}gR = -1\,000 \times 9.81 \times 0.015 = -147.15\,(Pa)$$

$$\frac{1}{2}u_2^2 = \frac{147.15}{1.2}$$

$$u_2 = 15.66\,(m/s)$$

$$q_V = \frac{\pi}{4}d^2u_2 = 0.785 \times 0.2^2 \times 15.66 = 0.492\,(m^3/s) = 1\,771\,(m^3/h)$$

流体输送方式及管路

任务四

流体输送方式及管路

一、流体输送方式的选择

流体输送必须要具有足够的机械能，才能将流体输送到一定的距离或提升到一定高度，达到

所需的压强，并克服流体流动过程中的阻力。完成流体输送可采用不同的输送方式，常见的流体输送方式有以下几种。

1. 设备输送

通常将液体输送设备称之为泵；气体输送设备称之为风机和压缩机。液体输送设备的种类很多，一般根据作用原理的不同可将液体输送设备分为离心式、回转式、往复式及流体作用式。其中，离心泵在化工生产中应用最为广泛。工业上常用的气体输送设备有通风机、鼓风机和压缩机。

在化工生产中如何选用既符合生产需要又比较经济合理的流体输送设备，同时在操作中安全可靠、高效率运行，除了熟知被输送流体的性质、工作条件外，还必须了解各类输送设备的工作原理、结构和特性，以便进行正确的选择和合理使用。工业中常用流体输送设备的基本结构、工作原理、操作及维护，将在项目二流体输送机械中详细介绍。

2. 压送和真空抽料

在一些特殊场合，特别是液体做近距离输送时，可以用压送或真空抽料的方法输送液体。压送方法是将液体先放入容器，然后通入压缩气体，在压力的作用下将液体输送至目标设备，如图1-20所示。压力输送用于酸或碱液的输送，利用压缩空气加压储槽内的酸或碱液在压力的作用下完成输送，可省去一个耐腐蚀泵，从而减少设备投资。压缩气体送料时，气体压力必须满足输送任务的工艺要求。

真空抽料也是将液体放入容器中，利用真空系统在液体输送目标设备内造成负压，从而使液体从容器1被吸到目标设备2内，经缓冲罐3去真空泵，如图1-21所示。真空抽料时，目标设备内的真空度必须满足输送任务的要求。

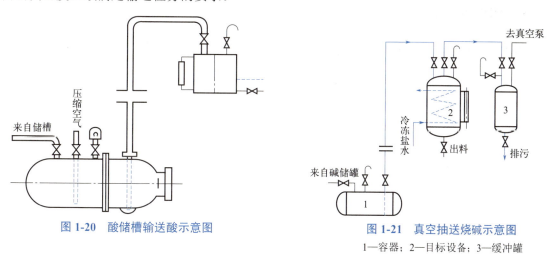

图1-20 酸储槽输送酸示意图　　图1-21 真空抽送烧碱示意图

1—容器；2—目标设备；3—缓冲罐

压送和真空抽料方法均适用于腐蚀性液体的输送，其结构简单，没有动件，但流量调节不方便，主要用在间歇输送流体的场合。必须注意真空抽料不能用于易挥发液体的输送。

3. 高位槽送料

当两设备有一定的位差，且要求将高位设备中的液体输送至低位设备中去，只要其位差高度能满足流量要求，将两设备用管道直接连接即可达到送料的目的，这就是高位槽送料。另外，对要求特别稳定的场合，也常设置高位槽，先将液体送到高位槽内，再利用位差将液体送到目标设备，这样可以避免输送机械带来的波动。高位槽送料时，高位槽的高度必须满足输送任务的要求。

二、管路的分类

管路在生产中的作用主要是用来输送各种流体介质（如气体、液体等），使其在生产中按工艺要求流动，以完成各个生产过程。某个生产过程是否正常与管路是否畅通有很大关系。因此，了解管路的一些基础知识和输送管路的布置、安装是非常必要的。化工生产过程中的管路通常以是否分出支管来分类，见表1-2。

表1-2 管路分类

类型		结果
简单管路	单一管路	直径不变，无分支的管路，如图1-22（a）所示
	串联管路	虽无分支但管径多变的管路，如图1-22（b）所示
复杂管路	分支管路	流体由总管流到几个分支，各分支出口不同，如图1-22（c）所示
	并联管路	所示并联管路中，分支管路最终又汇合到总管，如图1-22（d）

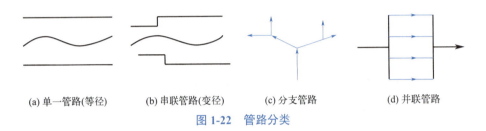

(a) 单一管路(等径)　　(b) 串联管路(变径)　　(c) 分支管路　　(d) 并联管路

图 1-22　管路分类

对于重要管路系统，如全厂或大型车间的动力管线（包括蒸汽、煤气、上水及其他循环管道等），一般均以并联管路辐射，以有利于提高能量的综合利用，减少因局部故障而造成的影响。

三、管路的构成

管路主要由管子、管件和阀门所构成，也包括一些管路的管架、管卡、管撑等附件。

1. 管子的种类与用途

管子按材质分为金属管、非金属管和复合管三大类。

【1】金属管　金属管主要有铸铁管、钢管（含合金钢管）和有色金属管等。

① 铸铁管。主要有普通铸铁管和硅铸铁管，其特点是价格低廉，耐腐蚀性比钢管强，但性脆、强度差，管壁厚而笨重，不可在压力下输送易爆炸气体和高温蒸汽。常用作埋在地下的低压给水总管、煤气管和污水管等。

② 钢管。主要包括有缝钢管和无缝钢管。

有缝钢管是用低碳钢焊接而成的钢管，又称为焊接管，分为水、煤气管和钢板电焊钢管。水、煤气管的主要特点是易于加工制造，价格低廉，但因为有焊缝而不适宜在0.8 MPa（表压）以上压力条件下使用。目前主要用于输送水、蒸汽、煤气、腐蚀性低的液体、压缩空气及用作真空管路等。因此，只作为无缝钢管的补充。

无缝钢管按制造方法分为热轧和冷拔（冷轧）两种，没有接缝。其质量均匀、强度高、管壁薄。能在各种压力和温度下输送液体，广泛应用于输送高压、有毒、易燃、易爆和强腐蚀性流体，并用于制作换热器、蒸发器、裂解炉等化工设备。

③ 有色金属管。有色金属管是用有色金属制造的管子的总称，包括紫铜管、黄铜管、铝管和铅管，适用于特殊的操作条件。

【2】非金属管　非金属管是用各种非金属材料制作而成的管子，常用的主要有玻璃管、塑料管、橡胶管、陶瓷管、水泥管等。

① 玻璃管。工业生产中的玻璃管主要是由硼玻璃和石英玻璃制成。玻璃管具有透明、耐腐蚀、易清洗、管路阻力小和价格低廉的优点。缺点是性脆、不耐冲击与振动，热稳定性差，不耐高压。常用于某些特殊介质的输送。

② 塑料管。塑料管是以树脂为原料加工制成的管子。包括聚乙烯管、聚氯乙烯管、酚醛塑料管、ABS 塑料管和聚四氟乙烯管等。塑料管具有很多优良性能，其特点是耐腐蚀性能较好、质轻、加工成型方便，能任意弯曲和加工成各种形状。但性脆、易裂、强度差、耐热性也差。塑料管的用途越来越广泛，很多原来用金属管的场合逐渐被塑料管所代替，如下水管等。

③ 橡胶管。橡胶管为软管，可以任意弯曲，质轻，耐温性、抗冲击性能较好，多用来作临时性管路。

④ 陶瓷管。陶瓷管耐酸碱腐蚀，具有优越的耐腐蚀性能，成本低廉，可节省大量的钢材。但陶瓷管性脆、强度低、不耐压，不宜输送剧毒及易燃、易爆的介质，多用于排除腐蚀性污水。

⑤ 水泥管。水泥管价廉、笨重，多用作下水道的排污水管，一般用于无压流体的输送。水泥管主要有无筋水泥管，内径范围在 100～900 mm；有筋水泥管的内径范围在 100～1 500 mm。水泥管的规格均以"ϕ 内径 × 壁厚"表示。

水泥管内径范围

【3】复合管 复合管是金属与非金属两种材料复合得到的管子，目的是满足节约成本、强度和防腐的需要，通常作用在一些管子的内层衬以适当材料，如金属、橡胶、塑料、搪瓷等。

随着化学工业的发展，各种新型耐腐蚀材料不断出现，如有机聚合物材料管、非金属材料管正在替代金属管。

特别提示：管子的规格通常是用"ϕ 外径 × 壁厚"来表示。ϕ 38 mm × 2.5 mm 表示此管子的外径是 38 mm，壁厚是 2.5 mm。但也有些管子是用内径来表示其规格的，使用时要注意。管子的长度主要有 3 m、4 m 和 6 m。有些可达 9 m、12 m，但以 6 m 最为普遍。

2. 常用的管件与阀门

【1】常用的管件

① 改变管路流向的管件有弯头、三通等，如图 1-23（a）、（b）所示。
② 连接管路支路的管件有三通、四通等，如图 1-23（b）、（c）所示。
③ 改变管路直径的管件有异径管，如图 1-23（d）所示。
④ 堵塞管路的有管件管帽、盲板、丝堵等，如图 1-23（f）、（g）、（h）所示。
⑤ 用以延长管路的管件有法兰、内外螺纹接头、活接头等，如图 1-23（j）、（e）、（k）所示。

一种管件可以起到上述作用中的一个或多个，例如弯头既是连接管路的管件，又是改变管路方向的管件。工业生产中的管件类型很多，还有塑料管件、耐酸陶瓷管件和电焊钢管管件等，管件已经标准化，可以从有关手册中查取。

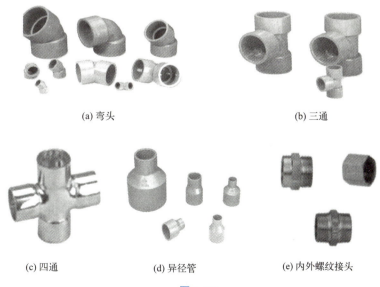

(a) 弯头　　　　　　　　　　　(b) 三通

(c) 四通　　　　(d) 异径管　　　　(e) 内外螺纹接头

图 1-23

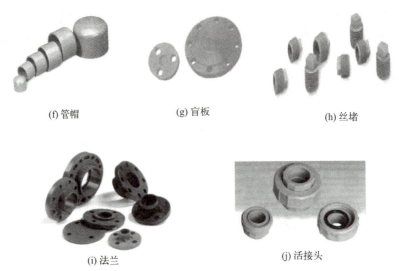

图 1-23　常用的普通铸铁管件

【2】常用的阀门　凡是用来控制流体在管路内流动的装置统称为阀门。在化工生产中阀门主要起到启闭作用、调节作用、安全保护作用和控制流体流向作用。阀门的种类很多,化工生产中常用的有截止阀、闸板阀、止回阀、球阀、蝶阀、节流阀和安全阀等。

① 截止阀。截止阀的主要部件为阀盘与阀座,如图1-24所示,它是依靠阀盘的上升或下降来改变阀盘与阀座的距离,以达到调节流量的目的。截止阀密封性好,可准确地调节流量,但结构复杂,阻力较大,适用于水、气、油品和蒸汽等管路。因截止阀流体阻力较大,开启较缓慢,不适用于带颗粒和黏度较大的介质。

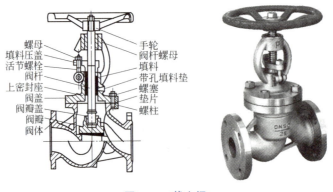

图 1-24　截止阀

② 闸板阀。闸板阀的主要部件为一闸板,如图1-25所示,通过闸板的升降来启闭管路。闸板与阀杆和手轮相连,转动手轮可使闸板上下活动。闸板阀体形较大,造价较高,但全开时流体阻力小,常用于大直径管路的开启和切断,一般不能用来调节流量的大小,也不适用于含有固体颗粒的物料。

③ 止回阀。止回阀也称为止逆阀或单向阀,是一种根据阀前、后的压力差自动启闭的阀门,其作用是使介质只做一定方向的流动。止回阀体内有一阀盖或摇板,当流体顺流时阀盖或摇板即升起或掀开,当流体倒流时阀盖或摇板即自动关闭。止回阀一般适用于清洁介质,安装时应注意介质的流向与安装方向。

根据阀门的结构形式不同,止回阀可分为升降式、旋启式和底阀三种。

· 升降式止回阀。中低压管路中的升降式止回阀如图1-26所示。阀体结构和截止阀相同,阀盘上有倒向杆,它可以在阀盖内的导向套内自由升降。当介质自左向右流动时,靠介质的压力将阀盘顶开,从而使管路沟通;若介质反向流动时,介质的压力作用在阀盘的上部,阀盘下落,截断通路。升降式止回阀安装在管路中时,必须使阀盘的中心线与水平面垂直,否则,阀盘难以灵活升降。

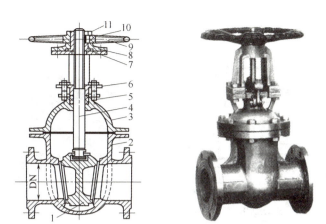

图 1-25　明杆式闸板阀

1—楔式闸板；2—阀体；3—阀盖；4—阀杆；5—填料；6—填料压盖；
7—套筒螺母；8—压紧环；9—手轮；10—键；11—压紧螺母

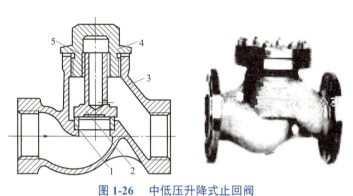

图 1-26　中低压升降式止回阀

1—阀座；2—阀盘；3—阀体；4—阀盖；5—导向套

·旋启式止回阀。旋启式止回阀如图 1-27 所示。其启闭件是摇板，当介质自左向右流动时，靠介质的压力将摇板顶开，从而使管路沟通；若介质反向流动时，介质的压力作用在摇板的右面，摇板关闭，截断通路。旋启式止回阀安装在水平和垂直的管路上均可，但必须使摇板的枢轴呈水平状态。

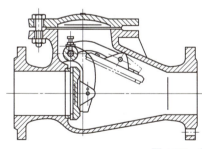 

图 1-27　旋启式止回阀

·底阀。底阀如图 1-28 所示。在使用时，必须将底阀没入水中，它的作用是防止吸水管中的水倒流，以便使水泵能正常启动。过滤网是为了过滤介质中的杂质，以防其进入泵内。

④ 球阀。球阀是一种以中间开孔的球体作阀芯，靠旋转球体来控制阀的开启和关闭，如图 1-29 所示。

在阀体内装有两个氟塑料制成的固定密封阀座，两个阀座之间夹紧浮动球球体。球体有较高的制作精度，借助于手柄和阀杆的转动，可以带动球体转动，以达到球阀开关的目的。

球阀的特点是结构比闸板阀和截止阀简单，启闭迅速，操作方便，体积小，质量轻，零部件少，流体阻力也小。但球阀的制作精度要求高，由于密封结构和材料的限制，这种阀不宜用于高温介质中，适用于低温高压及黏度较大的介质，但不宜用于调节流量。

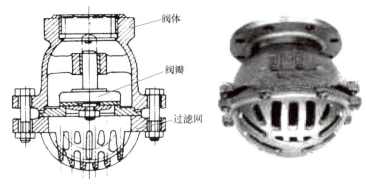

图 1-28　底阀

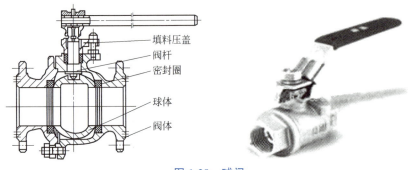

图 1-29　球阀

⑤ 蝶阀。蝶阀的关闭件为一圆盘形蝶板，蝶板能绕其轴旋转90°，板轴垂直流体的流动方向。当驱动手柄旋转时，带动阀杆和蝶板一起转动，使阀门开启或关闭。电动蝶阀如图1-30所示。蝶阀结构简单，维修方便，开关迅速，适用于低温低压管路。

⑥ 节流阀。节流阀如图1-31所示。它的结构与截止阀基本相同，只是阀盘改制成了圆锥形或针形，从而有较好的流量和压力调节作用。

图 1-30　电动蝶阀　　　　　　　　图 1-31　节流阀

节流阀的特点是外形尺寸小，质量小，制造精度要求高。由于流速较大，易冲蚀密封面。适用于温度较低、压力较高的介质，不适用于黏度大和含有固体颗粒的介质，不宜作隔断阀。

⑦ 安全阀。安全阀是为了管道、设备的安全保险而设置的截断装置，它能根据工作压力而自动启闭，从而将管道、设备的压力控制在某一数值以下，以保证其安全。主要用在蒸汽锅炉及高压设备上。

常用的安全阀有杠杆式和弹簧式两种。弹簧式安全阀分为封闭式和不封闭式。封闭式用于易燃、易爆和有毒介质。弹簧式封闭安全阀如图1-32所示。不封闭式用于蒸汽或惰性气体。

⑧ 疏水阀。疏水阀的功能是自动地、间断地排除蒸汽管路和加热器等蒸汽设备系统中的冷凝

水,又能阻止蒸汽泄出。目前使用较多的是热动力疏水阀,如图1-33所示。它是利用蒸汽和冷凝水的动压和静压的变化来自动开启和关闭,以达到排水阻汽的目的。

图 1-32　弹簧式封闭安全阀

图 1-33　热动力疏水阀

⑨ 笼式调节阀。笼式调节阀是一种压力平衡式调节阀,采用高耐磨性进口密封环作为平衡原件,集合单座调节阀的低泄漏率和套孔双座调节阀阀芯平衡结构的优点而开发出的新系列调节阀。阀内件采用套筒导向的先导式阀芯,密封形式采用单座密封,流量特性曲线精度高。调节阀动态稳定性好,噪声低,适宜控制各种温度的高压差流体。配用多弹簧薄膜执行机构或电动执行机构,其结构紧凑,输出力大。

⑩ 气动调节阀。气动调节阀就是以压缩气体为动力源,以气缸为执行器,并借助于阀门定位器、转换器、电磁阀、保位阀、储气罐、气体过滤器等附件去驱动阀门,实现开关量或比例式调节,接收工业自动化控制系统的控制信号来完成调节管道介质的流量、压力、温度、液位等各种工艺过程参数。气动调节阀的特点就是控制简单,反应快速,且本质安全,不需另外再采取防爆措施。

四、管路的连接方式

管路的连接通常是管子与管子、管子与管件、管子与阀件、管子与设备之间的连接,其连接形式主要有四种,即螺纹连接、法兰连接、承插式连接及焊接,如图1-34所示。

【1】**螺纹连接**　螺纹连接是一种可拆卸连接,它是在管道端部加工外螺纹,利用螺纹与管箍、管件和活管接头配合固定,把管子与管路附件连接在一起。螺纹连接的密封则主要依靠锥管螺纹的咬合和在螺纹之间加敷的密封材料来实现。常用的密封材料是白漆加麻丝或四氟膜,缠绕在螺纹表面,然后将螺纹配合拧紧。密封的材料还可以用其他填料或涂料代替。

【2】**法兰连接**　法兰连接是最常用的连接方法,适用于管径、温度及压力范围大,密封性能要求高的管子连接。广泛用于各种金属管、塑料管的连接,还适用于管子与阀件、设备之间的连接。

法兰连接的主要特点是实现了标准化,装拆方便,密封可靠,但费用较高。管路连接时,为了保证接头处的密封,需在两法兰盘间加垫片密封,并用螺丝将其拧紧。法兰连接密封的好坏与选用的垫片材料有关,应根据介质的性质与工作条件选用适宜的垫片材料,以保证不发生泄漏。

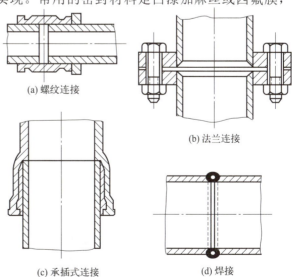
图 1-34　管子的连接方式

(3)承插式连接　承插式连接是将管子的一端插入另一管子的插套内，并在形成的空隙中装填麻丝或石棉绳，然后塞入胶合剂，以达到密封的目的，主要用于水泥管、陶瓷管和铸铁管的连接，其特点是安装方便，对各管段中心重合度要求不高，但拆卸困难，不能耐高压。多用于地下给排水管路的连接。

(4)焊接　焊接是一种不可拆的连接结构。它是用焊接的方法将管道和各管件、阀门直接连成一体。这种连接密封非常可靠，结构简单，便于安装，但给清理检修工作带来不便。广泛适用于钢管、有色金属管和聚氯乙烯管的连接，但需要经常拆卸的管段不能用焊接法连接。焊接主要用在长管路和高压管路中，但当管路需要经常拆卸时，或在易燃易爆的车间，不宜采用焊接法连接管路。

五、管路的布置与安装

工业上在管路布置和安装时，要从安装、检修、操作方便，安全、费用以及设备布置、物料性质、建筑结构、美观等诸多方面进行综合考虑。因此，管路的布置和安装应遵守一定的原则。

1. 化工管路的标准化

> 标准件的含义

化工管路的标准化是指制订化工管路主要构件包括管子、管件、阀件（门）、法兰、垫片等的结构、尺寸、连接、压力等的标准并实施的过程。其中，压力标准与直径标准是制订其他标准的依据，也是选择管子、管件、阀件、法兰、垫片等附件的依据，已由国家标准详细规定，使用时可以参阅有关资料。管子、管件与阀门应尽量采用标准件，以便于安装与维修。

2. 管路布置与安装原则

(1)管路的安装　管路的安装应保证横平竖直，其偏差不大于15 mm/10 m，但其全长水平偏差不能大于50 mm，垂直管偏差不能大于10 mm。

各种管线应平行铺设，便于共用管架；要尽量走直线，少拐弯，少交叉，以节省管材，减小阻力，同时力求做到整齐美观。但平行管路的排列应考虑到管路之间的相互影响，一般要求是热管路在上，冷管路在下；高压管路在上，低压管路在下；无腐蚀的在上，有腐蚀的在下；高压管靠内，低压管靠外；不经常检修的管路靠内，需要经常检修的管路靠外。

为了减少基建费用，便于安装和检修，以及操作上的安全，除下水道、上水总管和煤气总管外，管路铺设应尽可能采用明线。

(2)管件和阀门的排列　为了便于安装和检修，并列管路上的管件和阀门应互相错开。所有管线，特别是输送腐蚀性流体的管路，在穿越通道时，不得装设各种管件、阀门等可拆卸连接，以防止因滴漏造成对人体的伤害。

(3)管与墙的安装距离　在车间内，管路应尽可能沿厂房墙壁安装，管与管之间和管与墙之间的距离以能容纳活接管或法兰以便于维修为宜。具体数据见表1-3。

表1-3　管与墙的安装距离

公称管径/mm	25	40	50	80	100	125	150
管中心与墙的距离/mm	120	150	170	170	190	210	230

(4)管路的安装高度　管路离地面的高度以便于检修为准，但通过人行道时，最低离地面不得小于2 m；通过公路时不得小于4.5 m，与铁路路轨的净距不得小于6 m。

(5)管路的跨距　不同管径的跨距（两支座之间的距离）不同，一般不得超过表1-4的规定。

表1-4 管路的跨距

公称管径/mm	50	76	100	125	150	200	250	300	400
跨距/mm	3.0	4.0	4.5	5.0	6.0	7.0	8.0	8.0	9.0

(6) 管路的防静电措施　静电是一种常见的带电现象，输送易燃易爆物料时，由于在物料流动时常有静电产生而使管路成为带电体。为了防止静电积聚，必须将管路可靠接地。对蒸汽输送管路，每隔一段距离，应安装凝液排放装置。

(7) 管路的热补偿　随着季节的变化以及管道中介质温度的影响，管路工作温度与安装时温度相差较大，由于热胀冷缩的作用，可能使管路变形、弯曲以至破裂。通常管路在335 K以上工作时，应当考虑安装伸缩器以解决冷热变形的补偿问题。管路的热补偿的方法主要有两种：一是依靠弯管的自然补偿；二是利用补偿器进行补偿。常用的热补偿器有Π形、Ω形、波形和填料函式等，如图1-35所示。

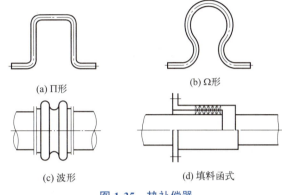

图 1-35　热补偿器

(8) 管路的保温与涂色　为了维持生产需要的高温或低温条件，节约能源，保证劳动条件，必须减少管路与环境的热量交换，即管路的保温。保温的方法是在管道外包上一层或多层保温材料，可参见有关资料。

工厂中的管路很多，为了方便操作者区别各种类型的管路，常在管外（保护层外或保温层外）涂上不同的颜色，称为管路的涂色。如水管为绿色，氨管为黄色等。具体颜色可查阅有关规定。

(9) 管路的水压试验　管路在投入运行之前，必须保证其强度和严密性符合要求，因此，管路安装完毕后，应做强度与严密度试验，验证是否有漏气或漏液现象。未经试验合格，焊缝及连接处不得涂漆和保温。管路在第一次使用前需用压缩空气或惰性气吹扫。

(10) 特殊管路的安装　对于各种非金属管路及特殊介质的管路的布置和安装，还应考虑某些特殊问题。如聚氯乙烯管应避开热的管路，氧气管路在安装前应脱油等。

六、管路常见故障及处理

管路常见故障及处理方法见表 1-5。

表 1-5　管路常见故障及处理方法

常见故障	原　因	处理方法
管泄漏	裂纹、孔洞（管内外腐蚀、磨损）、焊接不良	装旋塞、缠带、打补丁、箱式堵漏、更换
管堵塞	不能关闭、杂质堵塞	阀或管段热接旁通，设法清除杂质
管振动	流体脉动、机械振动	用管支撑固定或撤掉管支撑件，但必须保证强度
管弯曲	管支撑不良	用管支撑固定或撤掉管支撑件，但必须保证强度
法兰泄漏	螺栓松动、密封垫片损坏	箱式堵漏，紧固螺栓；更换螺栓；更换密封垫、法兰
阀泄漏	压盖填料不良、杂质附着在其表面	紧固填料函；更换压盖填料；更换阀部件或阀；阀部件磨合

中国故事

国家战略：西气东输、南水北调等宏大工程

无论是西气东输的天然气管线还是南水北调中部分管线都涉及管路的选择、安装和管路阻力的计算。

西气东输："西气"主要是指中国新疆、青海、川渝和鄂尔多斯四大气区生产的天然气；"东输"主要是指将上述地区的天然气输往长江三角洲地区。西气东输是我国距离最长、口径最大的输气管道。全线采用自动化控制，供气范围覆盖中原、华东、长江三角洲地区。东西横贯新疆、甘肃、宁夏、陕西、山西、河南、安徽、江苏、上海9个省区，全长4 200 km。2002年7月动工建设，2004年12月正式向上海等地输气。

西气东输工程创造了我国管道建设史上诸多第一，该工程的建成使我国引进中亚天然气成为可能。来自中亚的天然气管道与西气东输管道相连，惠及4亿人口。这对于调整我国能源结构，缓解中东部地区能源紧张的矛盾，改善大气环境质量，提高人民生活水平，推动沿线各地经济社会发展具有极其重要的意义。

南水北调：南水北调工程是中国历史上规模最大的水利工程之一，也是跨越千年的大国工程。该工程的主要目的是将长江、珠江流域的水资源通过引水工程调配到黄河、海河流域，以缓解北方地区的水资源短缺问题，同时提高南方地区的水资源利用率。南水北调工程分东、中、西三条调水线路，中线是南水北调工程的主干线，它从长江干流的江苏扬州开始，向北穿越河南、山东、河北等，最终抵达北京市，全长约1 432公里；东线是南水北调工程的第一条支线，它从江苏淮安开始，向北穿越山东、河北等，最终抵达天津市，全长约1 420公里；西线是南水北调工程的第二条支线，它从四川省广元市开始，向北穿越陕西、甘肃、宁夏等，最终抵达北京市，全长约1 432公里。通过三条调水线路与长江、黄河、淮河和海河四大江河的联系，构成以"四横三纵"为主体的总体布局，以利于实现中国水资源南北调配、东西互济的合理配置格局。中线、东线工程（一期）已经完工并向北方地区调水，西线工程尚处于规划阶段。

任务五

流体阻力损失计算

流体在流动时会产生阻力，为克服阻力而消耗的能量称为能量损失。从伯努利方程可以看出，只有在能量损失已知的情况下，才能进行管路计算。因此流体流动阻力的计算是十分重要的。

一、流体阻力的来源

当流体在圆管内流动时，管内任一截面上各点的速度并不相同，管中心处的速度最大，愈靠近管壁速度愈小，在管壁处流体质点附着于管壁上，其速度为零。可以想象，流体在圆管内流动时，实际上被分割成无数极薄的圆筒层，一层套着一层，各层以不同的速度向前运动，层与层之间具有内摩擦力。

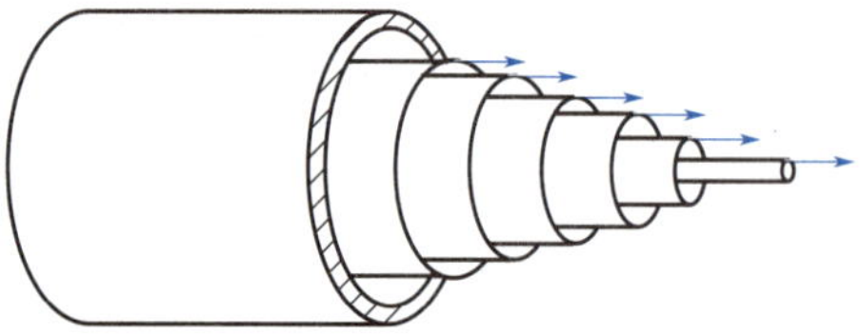

如图1-36所示，这种内摩擦力总是起着阻止流体层间发生相对运动的作用。因此，内摩擦力是流体流动时阻力产生的根本原因。

黏度作为表征流体黏性大小的物理量，其值越大，

图1-36 流体在圆管内分层流动

说明在同样流动条件下流体阻力就越大。于是，不同流体在同一条管路中流动时，流动阻力的大小是不同的。而同一种流体在同一条管路中流动时因流速不相等流动阻力的大小也不同。因此，决定流动阻力大小的因素除了流体黏度和流动的边界条件外，还取决于流体的流动状况，即流体的流动类型。

二、雷诺实验与流体流动类型判据

1. 雷诺试验

为了研究流体流动时内部质点的运动情况及其影响因素，1883年雷诺设计了雷诺实验装置，如图1-37所示。

在水箱内装有溢流装置，以维持水位恒定。箱的底部接一段直径相同的水平玻璃管，管出口处有阀门调节流量。水箱上方装有带颜色液体的小瓶，有色液体可经过细管注入玻璃管中心处。在水流经玻璃管的过程中，有色液体也随水一起流动。

实验结果表明，在水温一定的情况下，当流速较小时，从细管引到水流中心的有色液体成一条直线平稳地流过整玻璃管，说明玻璃管内水的质点沿着与管轴平行的方向做直线运动，不产生横向运动，此时称为层流，如图1-38（a）所示。

若逐渐提高水的流速，有色液体的细线出现波浪。水的流速再高些，有色细线完全消失，与水完全混为一体，此时称为湍流，如图1-38（b）所示。

层流与湍流最本质的区别是有无径向脉动。湍流的流体质点除了沿管轴方向向前流动外，还有径向脉动，质点的脉动是湍流运动的最基本特点。自然界和工程上遇到的流动大多为湍流。

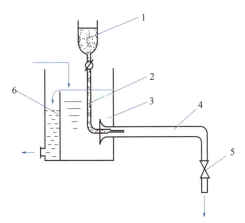

图1-37 雷诺实验装置

1—小瓶；2—细管；3—水箱；4—玻璃管；5—阀门；6—溢流装置

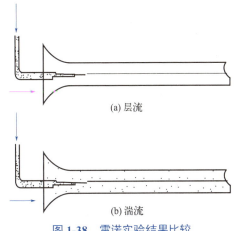

(a) 层流

(b) 湍流

图1-38 雷诺实验结果比较

雷诺实验的定义及现象

湍流流动形态

拓展阅读

雷诺实验

奥斯鲍恩·雷诺（1842—1912），英国力学家、物理学家、工程师。早年做技术工作，1867年毕业于剑桥大学王后学院。1868年起任曼彻斯特欧文学院工程学教授，1877年当选为皇家学会会员。1888年获皇家奖章。

雷诺在流体力学方面最主要的贡献是发现流动的相似律，他引入表征流动中流体惯性力和黏性力之比的一个量纲为1的数，即雷诺数。对于几何条件相似的各个流动，即使它们的尺寸、速度、流体不同，只要雷诺数相同，则这个流动是动力相似的。

1883年雷诺通过管道中平滑流线性型流动（层流）向不规则带旋涡的流动（湍流）过渡的实验，即雷诺实验，阐明了这个比数的作用。在雷诺以后，分析有关的雷诺数成为研究流体流动特别是层流向湍流过渡的一个标准步骤。

2. 流体流动类型的判据

凡是几个有内在联系的物理量按无量纲条件组合起来的数群，称为准数或无量纲数群。雷诺数 Re 反映了流体质点的湍流程度，并用作流体流动类型的判据。

$$Re = \frac{d\rho u}{\mu} \tag{1-30}$$

式中　Re——雷诺数，量纲为1；
　　　d——管子的内径，m；
　　　u——管内流体的流速，m/s；
　　　ρ——流体的密度，kg/m³；
　　　μ——流体的黏度，Pa·s。

雷诺数 Re 是一个无量纲数群，无论采用何种单位制，只要数群中各物理量的单位制一致，所算出的 Re 数值必相等。

根据经验，对于流体在直管内的流动，雷诺数 Re 是流体流动类型的判据，其范围为：

① 当 $Re < 2\,000$ 时，流动为层（滞）流，此区称为层流区；
② 当 $Re > 4\,000$ 时，出现湍流，此区称为湍流区；
③ 当 $2\,000 \leqslant Re \leqslant 4\,000$ 时，流动可能是层流，也可能是湍流，该区称为不稳定的过渡区。

根据雷诺数 Re 的大小将流体流动分为三个区域：层流区、过渡区、湍流区，但流动类型只有层流与湍流两种。

3. 圆管内流体速度分布

流体在管内无论是滞流或湍流，在管道任意截面上，流体质点的速度沿管径而变化，管壁处速度为零，离开管壁以后速度渐增，到管中心处速度最大。速度在管道截面上的分布规律因流型而异，如图1-39所示。

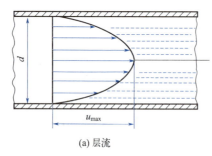
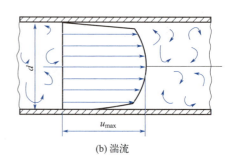

(a) 层流　　　　　　　　　　(b) 湍流

图 1-39　圆管内流体速度分布

【1】**层流时速度分布**　由实验和理论分析得出，层流时的速度分布为抛物线形状，如图1-39（a）所示。截面上各点速度是轴对称的，管中心处速度为最大，管壁处速度为零。经推导可得管截面上的平均速度与中心最大流速之间的关系为

$$u = \frac{1}{2}u_{\max} \tag{1-31}$$

【2】**湍流时速度分布**　流体在管内作湍流流动时，由于流体质点的强烈分离与混合，使截面上靠管中心部分各点速度彼此扯平，速度分布比较均匀，所以速度分布曲线不再是严格的抛物线，如图1-39（b）所示。

实验证明，当 Re 值愈大时，曲线顶部的区域就愈广阔平坦，但靠管壁处质点的速度骤然下

降,曲线较陡。由实验测得,湍流时管截面上的平均速度与中心区最大流速之间的关系为

$$u \approx 0.8 u_{max} \tag{1-32}$$

三、管内流体阻力损失计算

流体在管路中流动时的阻力可分为直管阻力和局部阻力两部分。直管阻力是指流体流经一定管径的直管时,由于流体和管壁之间的摩擦而产生的阻力;局部阻力是指流体流经管路中的管件、阀门及截面扩大或缩小等局部位置时,由于速度的大小或方向改变而引起的阻力。伯努利方程式中的 $\sum W_f$ 是指所研究的管路系统的总能量损失(也称总阻力损失),它是管路系统中的直管阻力损失和局部阻力损失之和。

1. 直管阻力损失

(1) 圆形直管阻力损失计算通式　推导圆形直管阻力损失计算通式的基础是流体作稳定流动时受力的平衡。流体以一定速度在圆管内流动时,受到方向相反的两个力的作用:一个是推动力,其方向与流动方向一致;另一个是摩擦阻力,其方向与流动方向相反。当这两个力达到平衡时,流体作稳定流动。

不可压缩流体以速度 u 在一段水平直管内作稳定流动时所产生的阻力损失可用下式计算

能量损失
$$W_f = \lambda \frac{l}{d} \times \frac{u^2}{2} \tag{1-33}$$

压头损失
$$h_f = \frac{W_f}{g} = \lambda \frac{l}{d} \times \frac{u^2}{2g} \tag{1-33a}$$

压力损失
$$\Delta p_f = \rho W_f = \lambda \frac{l}{d} \times \frac{\rho u^2}{2} \tag{1-33b}$$

式中　W_f——流体在圆形直管中流动时的损失能量,J/kg;
　　　λ——摩擦系数,量纲为1;
　　　l——管长,m;
　　　d——管内径,m;
　　　u——管内流体的流速,m/s。
　　　h_f——压头损失,m;
　　　Δp_f——压力损失,Pa。

式(1-33)、式(1-33a)与式(1-33b)是计算圆形直管阻力所引起能量损失的通式,称为<u>范宁公式</u>。此式对湍流和层流均适用,式中 λ 为摩擦系数,量纲为1,其值随流型而变,湍流时还受管壁粗糙度的影响,但不受管路铺设情况(水平、垂直、倾斜)所限制。

(2) 摩擦系数 λ　按材料性质和加工情况,将管道分为两类:一类是水力光滑管,如玻璃管、黄铜管、塑料管等;另一类是粗糙管,如钢管、铸铁管、水泥管等。其粗糙度可用绝对粗糙度 ε 和相对粗糙度 ε/d 表示。一些工业管道的绝对粗糙度 ε 列于表1-6中。

表1-6　一些工业管道的绝对粗糙度

管道类别		绝对粗糙度 ε/mm	管道类别		绝对粗糙度 ε/mm
金属管	无缝黄铜管、铜管及铅管	0.01～0.05	非金属管	干净玻璃管	0.0015～0.01
	新的无缝钢管、镀锌铁管	0.1～0.2		橡胶软管	0.01～0.03
	新的铸铁管	0.3		木管道	0.25～1.25
	有轻度腐蚀的无缝钢管	0.2～0.3		陶土排水管	0.45～6.0
	有显著腐蚀的无缝钢管	0.5以上		平整良好的水泥管	0.33
	旧的铸铁管	0.85以上		石棉水泥管	0.03～0.8

① <u>层流时的摩擦系数 λ</u>。流体作层流流动时,摩擦系数 λ 只与雷诺数 Re 有关,而与管壁的

粗糙程度无关。通过理论推导，可以得出 λ 与 Re 的关系为

$$\lambda = \frac{64}{Re} \tag{1-34}$$

若流体在圆形直管内层流流动时，将式（1-34）分别代入式（1-33）和式（1-33b），整理得能量损失的计算式为

$$W_f = \frac{32\mu l u}{\rho d^2} \text{（J/kg）} \tag{1-35}$$

$$\Delta p_f = \frac{32\mu l u}{d^2} \text{（Pa）} \tag{1-36}$$

式（1-36）称为哈根-泊谡叶（Poiseuille）方程，此式表明层流时阻力与速度的一次方成正比。

② 湍流时的摩擦系数 λ。当流体呈湍流流动时，摩擦系数 λ 与雷诺数 Re 及管壁相对粗糙度都有关。

$$\lambda = f\left(Re, \frac{\varepsilon}{d}\right)$$

由于湍流时质点运动的复杂性，现在还不能从理论上推算 λ 值，在工程计算中为了避免试差，一般是将通过实验测出的 λ 与 Re 和 $\frac{\varepsilon}{d}$ 的关系，以 $\frac{\varepsilon}{d}$ 为参变量，以 λ 为纵坐标，以 Re 为横坐标，标绘在双对数坐标纸上。如图 1-40 所示，此图称为莫狄摩擦系数图。

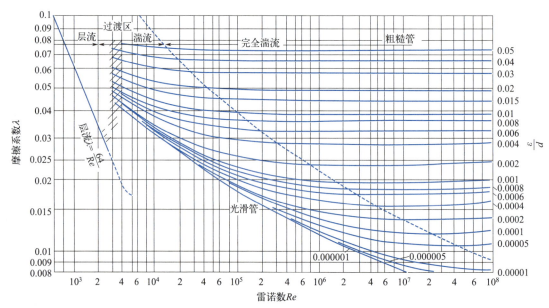

图 1-40 摩擦系数 λ 与雷诺数 Re 及相对粗糙度的关系（莫狄摩擦系数图）

由图 1-40 可以看出，摩擦系数图可以分为以下四个区。

层流区 $Re<2\,000$，λ 与 $\frac{\varepsilon}{d}$ 无关，与 Re 成直线关系，即 $\lambda = \frac{64}{Re}$。

过渡区 $Re=2\,000 \sim 4\,000$，在此区内，流体的流型可能是层流，也可能是湍流，视外界的条件而定，在管路计算时，工程上为安全起见，常作湍流处理。

湍流区 $Re>4\,000$，这个区域内，管内流型为湍流，因此由图中曲线分析可知，当 $\frac{\varepsilon}{d}$ 一定时，Re 增大，λ 减小；当 Re 一定时，$\frac{\varepsilon}{d}$ 增大，λ 增大。

完全湍流区 图中虚线以上的区域。此区域内 λ-Re 曲线近似为水平线，即 λ 与 Re 无关，只与 $\frac{\varepsilon}{d}$ 有关，故称为完全湍流区。对于一定的管道，$\frac{\varepsilon}{d}$ 为定值，λ 为常数，阻力损失与 u^2 成正比，所以完全湍流区又称阻力平方区。由图 1-40 可知，$\frac{\varepsilon}{d}$ 愈大，达到阻力平方区的 Re 愈小。

中国故事

顾毓珍公式

顾毓珍（1907—1968），祖籍江苏无锡，是化学工程专家、中国液体燃料与油脂工艺研究的开拓者、中国流体传热理论研究的先行者。1921年考入清华，1927年赴美留学，1932年获美国麻省理工学院化学工程博士学位。其博士论文中提出流体在圆管内流动时的摩擦系数与雷诺数的关联式，称之为"顾毓珍公式"，获得国际化工界认可和肯定，是中国科学家早期在化学工程学科领域的贡献之一。1933年顾毓珍回国，致力于液体燃料、油脂工业研究和化学工业开发，先后编写了《化工计算》《油脂制备学》《油脂工业》等书，是中国早期液体燃料、制油工业难得的学习参考用书，为国内液体燃料、油脂工业生产奠定了理论和实践基础。

【例1-16】计算10 ℃水以2.7×10^{-3} m³/s的流量流过 ϕ 57 mm×3.5 mm、长20 m水平钢管的能量损失、压头损失及压力损失（设管壁的绝对粗糙度为0.5 mm）。

解

$$u = \frac{q_V}{0.785d^2} = \frac{2.7\times10^{-3}}{0.785\times0.05^2} = 1.376 \text{（m/s）}$$

查附录七可知10 ℃水的物性：$\rho = 999.7$ kg/m³，$\mu = 130.77\times10^{-5}$ Pa·s

$$Re = \frac{du\rho}{\mu} = \frac{0.05\times1.376\times999.7}{1.308\times10^{-3}} = 5.27\times10^4 > 4\,000 \text{（湍流）}$$

$$\frac{\varepsilon}{d} = \frac{0.5}{50} = 0.01$$

由 $\varepsilon/d = 0.01$，查图1-40得 $\lambda = 0.041$

$$W_f = \lambda\frac{l}{d}\times\frac{u^2}{2} = 0.041\times\frac{20}{0.05}\times\frac{1.376^2}{2} = 15.53 \text{（J/kg）}$$

$$h_f = \frac{W_f}{g} = \frac{15.53}{9.81} = 1.583 \text{（m）}$$

$$\Delta p_f = W_f\rho = 15.53\times999.7 = 15\,525 \text{（Pa）}$$

【例1-17】如附图所示，用泵将贮槽中的某油品以40 m³/h的流量输送至高位槽。两槽的液位恒定，且相差20 m，输送管内径为100 mm，管子总长为45 m（包括所有局部阻力的当量长度）。已知油品的密度为890 kg/m³，黏度为0.487 Pa·s，试求所需外加的功。

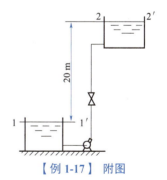

【例1-17】附图

解

$$u = \frac{q_V}{\frac{\pi}{4}d^2} = \frac{40/3\,600}{0.785\times0.1^2} = 1.415 \text{（m/s）}$$

$$Re = \frac{du\rho}{\mu} = \frac{0.1\times1.415\times890}{0.487} = 258.6 < 2\,000 \text{（层流）}$$

故

$$\lambda = \frac{64}{Re} = \frac{64}{258.6} = 0.247$$

在贮槽1—1′截面到高位槽2—2′截面间列伯努利方程得

$$gz_1 + \frac{p_1}{\rho} + \frac{1}{2}u_1^2 + W_e = gz_2 + \frac{p_2}{\rho} + \frac{1}{2}u_2^2 + \sum W_f$$

简化为

$$W_e = gz_2 + \sum W_f$$

而

$$\sum W_f = \lambda\frac{l+\sum l_e}{d}\times\frac{u^2}{2} = 0.247\times\frac{45}{0.1}\times\frac{1.415^2}{2} = 111.2 \text{（J/kg）}$$

能保证不发生汽蚀的最小 Δh 值，称为允许汽蚀余量 $\Delta h_{允}$。离心泵允许汽蚀余量亦为泵的性能，其值通过实验测定，标示在泵样本、性能图或汽蚀性能图中。实验条件为 20 ℃清水，一般不用校正。

(2) **最大安装高度** 离心泵最大安装高度是指泵的吸入口高于贮槽液面最大允许的垂直高度，用 $H_{g\,max}$ 表示。如图2-15所示，在贮槽液面0—0′和泵入口1—1′截面间列伯努利方程

$$z_0 + \frac{p_0}{\rho g} + \frac{u_0^2}{2g} = z_1 + \frac{p_1}{\rho g} + \frac{u_1^2}{2g} + h_{f_{0-1}}$$

将 $H_g = z_1 - z_0$，$u_0 \approx 0$ 及式（2-9）代入上式，有

$$H_{g\,max} = \frac{p_0}{\rho g} - \frac{p_V}{\rho g} - \Delta h_{允} - h_{f_{0-1}} \tag{2-10}$$

式中 $h_{f_{0-1}}$——吸入管路的压头损失，m；
$H_{g\,max}$——泵的允许安装高度，m；
p_0——贮槽液面上方的压强，Pa（贮槽敞口时，$p_0 = p_a$，p_a 为当地大气压强）；
u_1——泵入口处液体流速（按操作流量计），m/s。

式（2-10）即为泵的最大安装高度。

特别提示： 为了保证泵的操作不发生汽蚀，必须注意：
① 泵的实际安装高度 H_g 必须低于或等于 $H_{g\,max}$，通常 $H_g = H_{g\,max} - (0.5 \sim 1.0)$ m，否则在操作时，将有发生汽蚀的危险。
② 离心泵的 $\Delta h_{允}$ 与流量有关，流量大则 $\Delta h_{允}$ 大，因此计算时以最大流量计算。
③ 对于一定的离心泵，$\Delta h_{允}$ 一定，若吸入管路阻力愈大，液体的蒸气压愈高或外界大气压强愈低，则泵的最大安装高度愈低。为减少管路的阻力，离心泵安装时，应尽量选用大直径进口管路，缩短长度，尽量减少弯头、阀门等管件，使吸入管短而直，以减少进口阻力，提高安装高度，或在同样 H_g 下避免发生汽蚀。
④ 当使用条件允许时，尽量将泵直接安装在贮液槽液面以下，液体利用位差即可自动灌入泵内。

【例2-5】某台离心水泵，从样本上查得汽蚀余量 $\Delta h_{允}$ 为 2.5 m（水柱）。现用此泵输送敞口水槽中 40 ℃清水，若泵吸入口距水面以上 5 m 高度处，吸入管路的压头损失为 1 m（水柱），当地环境大气压力为 0.1 MPa。

试求：①该泵的安装高度是否合适？②若水槽改为封闭，槽内水面上压力为 30 kPa，将水槽提高到距泵入口以上 5 m 高处，是否可用？

解 ① 查附录八 40 ℃水的饱和水蒸气压 p_V=7.377 kPa，查附录七密度 ρ=992.2 kg/m³
已知 $p_0 = 100$ kPa，$h_{f_{0-1}} = 1$ m（水柱），$\Delta h_{允}$=2.5 m（水柱）
代入式（2-10）中，可得泵的最大安装高度为

$$H_{g\,max} = \frac{p_0}{\rho g} - \frac{p_V}{\rho g} - \Delta h_{允} - h_{f_{0-1}}$$

$$= \frac{(100 - 7.377) \times 10^3}{992.2 \times 9.81} - 2.5 - 1 = 6.01 \text{（m）}$$

实际安装高度 H_g=5 m，小于 6.01 m，故合适。

② $$H_{g\,max} = \frac{p_0}{\rho g} - \frac{p_V}{\rho g} - \Delta h_{允} - h_{f_{0-1}} = \frac{(30 - 7.377) \times 10^3}{992.2 \times 9.81} - 2.5 - 1 = -1.18 \text{（m）}$$

以槽内水面为基准，泵的实际安装高度 $H_g = -5$ m，小于 -1.18 m，故合适。

【例2-6】用一台 IS80-50-250 型离心泵从一敞口水池向外输送 35 ℃的水，水池水位恒定，流量为 50 m³/h，进水管路总阻力为 1 mH₂O。已知 35 ℃水的饱和蒸气压 p_V 为 5.8×10^3 Pa，密度为 993.7 kg/m³，当地大气压强为 9.82×10^4 Pa。求此泵可装于距液面多高处？如果水温变为 80 ℃时，

进口管的总阻力增至 3 mH₂O 时，又怎样安装此泵？

【例2-6】 IS80-50-250型离心泵的性能参数表（2 900 r/min）

流量/（m³/h）	扬程/m	轴功率/kW	效率/%	$\Delta h_允$/m
50	80	17.3	63	2.8

解 ① 输送 35 ℃水时，p_0=9.82×10⁴ Pa，p_V=5.8×10³ Pa，ρ=993.7 kg/m³，$h_{f_{0-1}}$ = 1 mH₂O，根据式（2-10）得泵的最大安装高度为

$$H_{gmax} = \frac{p_0}{\rho g} - \frac{p_V}{\rho g} - \Delta h_允 - h_{f_{0-1}}$$

$$= \frac{9.82 \times 10^4}{993.7 \times 9.81} - \frac{0.58 \times 10^4}{993.7 \times 9.81} - 2.8 - 1 = 5.68 \text{（m）}$$

② 输送 80 ℃水时，p_0=9.82×10⁴ Pa，$h_{f_{0-1}}$ =3 mH₂O，再查附录七可知，p_V=4.74×10⁴ Pa，ρ=971.8 kg/m³，再根据式（2-10）得泵的最大安装高度为

$$H_{gmax} = \frac{p_0}{\rho g} - \frac{p_V}{\rho g} - \Delta h_允 - h_{f_{0-1}}$$

$$= \frac{9.82 \times 10^4}{971.8 \times 9.81} - \frac{4.74 \times 10^4}{971.8 \times 9.81} - 2.8 - 3 = -0.47 \text{（m）}$$

输送 80 ℃水时 H_{gmax} 为负值，说明此种情况下泵入口只能位于液槽的液面以下才能避免汽蚀。

五、离心泵的组合操作

在实际生产中，当单台泵不能满足输送任务所要求的流量和压头时，可采用数台离心泵组合使用，组合方式通常有两种，即并联和串联。下面以两台性能完全相同的离心泵讨论其组合后的特性及其运行状况。

1. 离心泵的并联组合

当单台泵达不到流量要求时，采用并联组合。两台离心泵并联操作的流程如图2-16(a)所示。设两台离心泵型号相同，并且各自的吸入管路也相同，则两台泵的流量和压头必相同。因此，两台相同的离心泵并联，理论上讲在同样的压头下，其提供的流量应为单泵的2倍。因而依据单泵特性曲线1[图2-16（b）]上一系列点，保持纵标（H）不变，使横标（q_V）加倍，绘出两台泵并联后的特性曲线2，如图2-16（b）中曲线2。图中，单台泵的工作点为A，两台泵并联后的工作点为B。

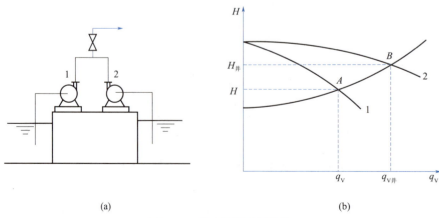

图 2-16 离心泵的并联操作

并联泵的实际流量和压头由工作点决定，由图 2-16（b）可知，并联后压头有所增加，但由于受管路特性曲线制约，管路阻力增大，两台泵并联的总输送量小于原单泵输送量的 2 倍（生产中三台以上泵的并联不多）。

2. 离心泵的串联组合

当单台泵达不到压头要求时，采用串联组合，如图 2-17（a）所示。两台完全相同的离心泵串联，从理论上讲，在同样的流量下，其提供的压头应为单泵的 2 倍。因而依据单泵特性曲线 1 ［图 2-17（b）］上一系列坐标点，保持横标（q_V）不变，使纵标（H）加倍，绘出两泵串联后的合成特性曲线 2，如图 2-17（b）中曲线 2 所示。

由图 2-17（b）可知，串联泵的操作流量和压头由工作点决定，串联后流量亦有所增加，但两台泵串联的总压头小于原单泵压头的 2 倍。

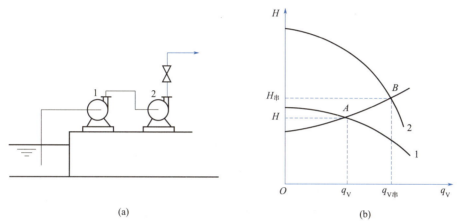

图 2-17 离心泵的串联操作

3. 组合方式的选择

综上所述，两台相同的离心泵经过串联或并联组合后，流量、压头均有所增加，但生产中究竟采取何种组合方式才能获得最佳经济效果，还要考虑输送任务的具体要求及管路的特性。一般来说：当单泵压头远达不到要求时，必须采用串联；在某些情况下，并联、串联都可提高流量和压头，这时与管路特性有关。

① 如果单台泵所提供的最大压头小于管路上下游的 $(\Delta z + \Delta p / \rho g)$ 值，则只能采用串联操作。

② 对于高阻输送管路，其管路特性较陡峭（图 2-18 中曲线 2），泵串联操作的流量及压头大于泵并联操作的流量及压头，宜采用串联组合方式，对于此种管路，还要采取措施，减少管路的阻力。

③ 对于低阻输送管路，其管路特性较平坦（图 2-18 中曲线 1），泵并联操作的流量及压头大于泵串联操作的流量及压头，宜采用并联组合方式。

④ 在连续生产中泵均是并联安装的，但这并不是并联操作，而是一台操作，一台备用。

必须指出，上述泵的并联与串联操作，虽可以增大流量及压头以适应管路的需求，但一般来说，其操作要比单台泵复杂，所以通常并不随意采用。多台泵串联，相当于一台多级离心泵，而多级离心泵比多台泵串联结构要紧凑，安装维修更方便，故当需要时，应尽可能使用多级离心泵。双吸泵相当于两台泵的并联，宜采用双吸泵代替两泵的并联操作。

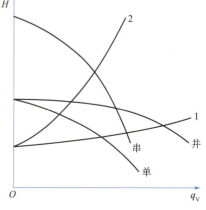

图 2-18 组合方式的选择

【例 2-7】用离心泵向设备送水。已知泵特性方程为 $H = 40 - 0.01 q_V^2$，管路特性方程为 $H_e = 25 + 0.03 q_V^2$，两式中

q_V 的单位均为 m³/h, H 的单位为 m。试求：

① 泵的输送量；

② 若有两台相同的泵串联操作，则泵的输送量又为多少？

解 ①
$$\begin{cases} H = 40 - 0.01q_V^2 \\ H_e = 25 + 0.03q_V^2 \end{cases}$$

联立得 $\qquad 40 - 0.01q_V^2 = 25 + 0.03q_V^2$

解得 $\qquad q_V = 19.36$（m³/h）

② 两泵串联后：

并联泵的特性 $\qquad H' = 2H = 2 \times (40 - 0.01q_V'^2)$

与管路特性联立 $\qquad 25 + 0.03q_V'^2 = 2 \times (40 - 0.01q_V'^2)$

解得 $\qquad q_V = 33.17$（m³/h）

【例 2-8】 用两台泵向高位槽送水，单泵的特性曲线方程为 $H = 25 - 1 \times 10^6 q_V^2$，管路特性曲线方程为 $H_e = 10 + 1 \times 10^5 q_V^2$（两式中 q_V 的单位均为 m³/s，H 的单位为 m）。求：两泵并、串联时的流量及压头。

解 单泵时：

$$\begin{cases} H = 25 - 1 \times 10^6 q_V^2 \\ H_e = 10 + 1 \times 10^5 q_V^2 \end{cases}$$

联立得 $\qquad 25 - 1 \times 10^6 q_V^2 = 10 + 1 \times 10^5 q_V^2$

解得 $\qquad q_V = 3.69 \times 10^{-3}$（m³/s），$H = 11.36$（m）

① 并联时：H 不变，$q_V' = 2q_V$，即每台泵流量 q_V 为管中流量 q_V' 的 1/2

故 $\qquad 25 - 1 \times 10^6 \left(\frac{1}{2}q_V'\right)^2 = 10 + 1 \times 10^5 q_V'^2$

$\qquad q_V' = 6.55 \times 10^{-3}$（m³/s），$H' = 14.29$（m）

② 串联时：$H'' = 2H$，$q_V'' = q_V$，$H = \frac{1}{2}H''$

即每台泵提供的压头仅为管路压头的 1/2，故泵特性曲线方程为

$\qquad 2(25 - 1 \times 10^6)q_V''^2 = 10 + 1 \times 10^5 q_V''^2$

$\qquad q_V'' = 4.36 \times 10^{-3}$（m³/s），$H'' = 11.9$（m）

六、离心泵的类型与选用

1. 离心泵的类型

实际生产过程中，由于被输送液体的性质相差悬殊，对流量和扬程的要求千变万化，为了适应实际需要，因而设计和制造出的离心泵种类繁多。离心泵分类方式如下：

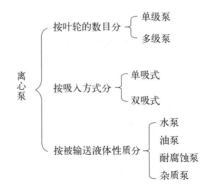

离心泵的类型与选用

各种类型的泵按其结构特性各成为一个系列，每个系列中各有不同的规格，用不同的字母和数字加以区别。下面介绍几种常见类型的离心泵。

（1）水泵　用于输送工业用水，锅炉给水，地下水及物理、化学性质与水相近的清洁液体。

① IS 型离心水泵。当压头不太高，流量不太大时，采用单级单吸悬臂式离心泵，系列代号 IS，如图 2-19 所示。泵壳和泵盖采用铸铁制成，扬程为 8～98 m，流量为 4.5～360 m³/h。

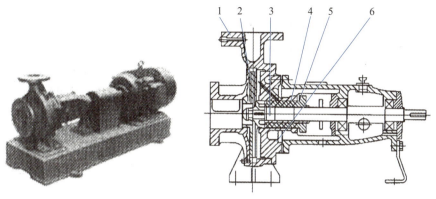

图 2-19　IS 型离心水泵结构

1—泵体；2—叶轮；3—泵轴；4—填料；5—填料压盖；6—托架

② D 型水泵。当压头较高，流量不太大时采用多级泵，系列代号 D。叶轮一般 2～9 个，多的达 12 个。扬程为 14～351 m，流量为 10.8～850 m³/h，如图 2-20 所示。D 型泵的型号如"100D45×4"，其中，"100"表示吸入口的直径为 100 mm，"45"表示每一级的扬程为 45 m，"4"为泵的级数。

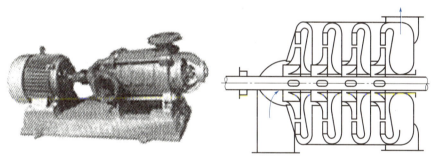

图 2-20　D 型单吸多级离心泵

多级离心泵的工作原理

③ S 型水泵。当要求的流量很大时，可采用双吸式离心泵。其系列代号为 S 型、SH 型，但 S 型泵是 SH 型泵的更新产品，其工作性能比 SH 型泵优越，效率和扬程均有提高。因此，S 型泵主要用在流量相对较大但扬程相对不大的场合，其外形及结构如图 2-21 所示。S 型泵的吸入口与

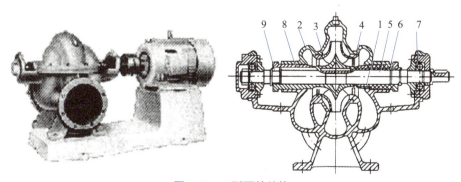

图 2-21　S 型泵的结构

1—泵体；2—泵盖；3—叶轮；4—密封环；5—轴；6—轴套；7—轴承；8—填料；9—填料压盖

排出口均在水泵轴心线下方，与轴线垂直呈水平方向的泵壳上开口，检修时无须拆卸进、出水管路及电动机（或其他原动机）。从联轴器向泵的方向看去，水泵为顺时针方向旋转。

S 型泵的全系列扬程为 9～140 m，流量为 120～12 500 m³/h。S 型泵的型号如"100S90A"，其中，"100"表示吸入口的直径为 100 mm，"90"表示设计点的扬程为 90 m，"A"指泵的叶轮经过一次切割。

(2) 油泵 用于输送具有易燃易爆的石油化工产品的泵称为油泵，油泵分单吸和双吸两种，系列号分别为"Y"和"YS"。由于油品易燃易爆，因此要求油泵具有良好的密封性能。当输送 200 ℃以上的热油时，还需有冷却装置，一般在热油泵的轴封装置和轴承处均装有冷却水夹套，运转时通冷水冷却。其扬程为 60～603 m，流量为 6.25～500 m³/h。

(3) 耐腐蚀泵 耐腐蚀泵是用于输送酸、碱、盐等腐蚀性液体的泵，系列代号为"F"。所有与液体接触的部件均用防腐材料制造，其轴封装置多采用机械密封。其特点是采用不同耐腐蚀材料制造或衬里，密封性能好。扬程为 15～105 m，流量为 2～400 m³/h。

F 型泵的型号：在"F"之后加上材料代号，如"80FS24"，其中，"80"表示吸入口的直径为 80 mm，"S"为材料聚三氟氯乙烯塑料的代号，"24"表示设计点的扬程为 24 m，其他材料代号可查有关手册。注意：用玻璃、陶瓷和橡胶等材料制造的小型耐腐蚀泵，不在 F 泵的系列之中。

(4) 杂质泵 在环境保护的实际工作中，经常会输送含有固体杂质的污液，需要使用杂质泵，此类泵大多采用敞开式叶轮或半闭式叶轮，流道宽，叶片少，用耐磨材料制造，在某些使用场合采用可移动式而不固定。

为了适应各类介质输送的需要，杂质泵类型很多，根据其具体用途分为污水泵（PW）、砂泵（PS）、泥浆泵（PN）等，可根据需要选择。

(5) 磁力泵 磁力泵是一种高效节能的特种离心泵，其结构特点是通过一对永久磁性联轴器将电机力矩透过隔板和气隙传递给一个密封容器，带动叶轮旋转。其特点是没有轴封、不泄漏、转动时无摩擦，因此安全节能。特别适合输送不含固体颗粒的酸、碱、盐溶液，易燃、易爆液体，挥发性液体和有毒液体等，但被输送介质的温度不宜大于 90 ℃。

磁力泵的系列代号为"C"，全系列流量为 0.1～100 m³/h，扬程为 1.2～100 m。

除以上介绍的这些泵外，还有用于汲取地下水的深井泵，用于输送液化气体的低温泵，用于输送易燃、易爆、剧毒及具有放射性液体的屏蔽泵，安装在液体中的液下泵等，在此不一一介绍，使用时可参阅有关资料，也可以在网上查找各生产厂家的产品介绍。

2. 离心泵的选用

离心泵的类型很多，选用时应参阅各类泵的样本及产品说明书，并根据生产任务进行合理选用，选用步骤如下。

(1) 根据输送液体性质以及操作条件来选定泵类型。
① 液体性质：密度、黏度、腐蚀性等。
② 操作条件：压强影响压头；温度影响泵的允许吸上高度。

(2) 确定输送系统的流量和压头 一般液体的输送量由生产任务决定。如果流量在一定范围内变化，应根据最大流量选泵，并根据情况计算最大流量下的管路所需的压头（根据管路条件，利用伯努利方程求 H_e）。

(3) 根据 H_e、q_V 查泵样本表或产品目录中性能曲线或性能表，确定泵规格。

> **特别提示：**
> ① 流量和压头比实际需要多 10%～15% 余量；
> ② 考虑到生产的变动，按最大量选取；
> ③ 当遇到几种型号的泵同时在最佳工作范围内满足流量和压头的要求时，应该选择效率最高者，并参考泵的价格作综合权衡；

④ 选出泵的型号后，应列出泵的有关性能参数和转速。

(4) 校核轴功率 若输送液体的密度大于水的密度，则要用式（2-4）重新核算泵的轴功率，以选择合适的电机。

【例2-9】 常压贮槽内装有某石油产品，在储存条件下其密度为760 kg/m³。现将该油品送入反应釜中，输送管路为φ57 mm×2 mm，由液面到设备入口的升扬高度为5 m，流量为15 m³/h。釜内压力为148 kPa（表压），管路的压头损失为5 m（不包括出口阻力）。试选择一台合适的油泵。

解 设石油在输送管路中的流速为 u

$$u = \frac{q_V}{\frac{\pi}{4}d_2^2} = \frac{15 \div 3600}{0.785 \times 0.053^2} = 1.89 \text{（m/s）}$$

在贮槽液面 1—1' 与输送管口内侧 2—2' 面间列伯努利方程，简化为

$$H_e = \Delta z + \frac{\Delta p}{\rho g} + \frac{u_2^2}{2g} + \sum h_f$$

$$H_e = 5 + \frac{148 \times 10^3}{760 \times 9.81} + \frac{1.89^2}{2 \times 9.81} + 5 = 30.03 \text{（m）}$$

由 q_V=15 m³/h 及 H_e=30.05 m，查附录二十二，选油泵65Y-60B，其性能为：流量 19.8 m³/h，压头 38 m，轴功率 3.75 kW。

【例2-10】 现有一送水任务，流量为100 m³/h，需要压头为76 m。现有一台型号为IS125-100-250的离心泵，其铭牌上的流量为120 m³/h，扬程为87 m。问：

① 此泵能否用来完成这一任务？

② 如果输送的是含有杂质的城市污水，是否可以用此泵完成输送任务？

解 ① IS型泵是单级单吸水泵，主要用来输送水及与水性质相似的液体，本任务是输送水，因此可以作为备选泵。又因为此离心泵的流量与扬程分别大于任务需要的流量与扬程，因此可以完成输送任务。

使用时，可以根据铭牌上的功率选用电机，因为介质为水，故不需校核轴功率。

② 如果被输送介质为城市污水，则不可以用IS125-100-250离心泵，因为污水中杂质的存在会造成该泵的堵塞或磨损，应该按选泵程序在污水泵中选取一合适型号的泵。

【例2-11】 用离心泵从敞口贮槽向密闭高位容器输送稀酸溶液，两液面位差为20 m，容器液面上压力表的读数为49.1 kPa。泵的吸入管和排出管均为内径为50 mm的不锈钢管，管路总长度为86 m（包括所有局部阻力的当量长度），液体在管内的摩擦系数为0.023。要求酸液的流量为12 m³/h，其密度为1 350 kg/m³。试选择适宜型号的离心泵。

解 稀酸具腐蚀性，故选 F 型离心泵。

选型号：流量已知，压头计算如下

$$u_2 = \frac{q_V}{A} = \frac{12}{3600 \times \frac{\pi \times 0.05^2}{4}} = 1.698 \text{（m/s）}$$

$$\sum h_f = \lambda \frac{l + \sum l_e}{d} \times \frac{u_2^2}{2g} = 0.023 \times \frac{86}{0.05} \times \frac{1.698^2}{2 \times 9.81} = 5.81 \text{（m）}$$

在敞口贮槽液面与密闭容器液面之间列伯努利方程：

$$H = \Delta z + \frac{\Delta u^2}{2g} + \frac{\Delta p}{\rho g} + \sum h_f = 20 + 0 + \frac{49.1 \times 10^3}{1350 \times 9.81} + 5.81 = 29.52 \text{（m）}$$

据 q_V=12 m³/h 及 H=29.52 m，查附录二十二，选取 50F-40A 型耐腐蚀离心泵。有关性能参数为

q_V=13.1 m³/h, H=32.5 m, P=2.64 kW, η=44%, n=2 900 r/min, Δh=4 m

因酸液密度大于水密度，故需校核泵的轴功率为

$$P = \frac{Hq_V\rho}{102\eta} = \frac{29.52 \times 12 \times 1350}{3\,600 \times 102 \times 0.44} = 2.96\,(\text{kW}) > 2.64\,(\text{kW})$$

虽然实际输送所需轴功率较大，但所配电机功率为 7.5 kW，故尚可维持正常操作。

> **拓展阅读**
>
> ### 泵站的建设
>
> 泵站作为水利工程的重要组成部分，主要用于将水从低处抽送到高处，以满足城市供水、农田灌溉、工业生产等需要。泵站通常包括水泵、管道、阀门、控制设备等设施，通过机械力将水抽送至设定的目标地点。泵站的运行和管理需要考虑水源的稳定性、管道的布局和维护、设备的运行效率等因素，以确保水资源的有效利用和供应的可靠性。随着城市化的进程和人口的增长，泵站在水利工程中扮演着不可或缺的角色，对于保障人民的生活和经济发展具有重要意义。

七、离心泵的安装、操作及维护

离心泵出厂时，说明书上对泵的安装与使用均做了详细说明，在安装使用前必须认真阅读。下面仅对离心泵的安装和使用作简要说明。

1. 离心泵的安装

① 应尽量将泵安装在靠近水源、干燥明亮的场所，以便于检修。
② 应有坚实的基础，以避免振动。通常用混凝土地基，地脚螺栓连接。
③ 泵轴与电机转轴应严格保持水平，以确保运转正常，提高寿命。
④ 安装高度要严格控制，以免发生汽蚀现象。泵的实际安装高度应低于式（2-10）计算得到的允许最大安装高度值。
⑤ 应当尽量缩短吸入管路的长度和减少其中的管件，泵吸入管的直径通常均大于或等于泵入口直径，以减小吸入管路的阻力。
⑥ 往高位或高压区输送液体的泵，在泵出口应设置止逆阀，以防止突然停泵时大量液体从高压区倒冲回泵造成水锤而破坏泵体。
⑦ 在吸入管径大于泵的吸入口径时，变径连接处要避免存气，以免发生气缚现象。

2. 离心泵的开、停车操作

（1）离心泵的操作环节

① 灌泵。泵启动前须向泵内灌满被输送液体，以防止气缚现象的发生，并检查泵轴转动是否灵活。
② 预热。对输送高温液体的热油泵或高温水泵，在启动与备用时均需预热。因为泵是设计在操作温度下工作的，如果在低温下启动，各构件间的间隙因为热胀冷缩会发生变化，造成泵的磨损与破坏。预热时应使泵各部分均匀受热，并一边预热一边盘车。其他泵的开车不需预热。
③ 盘车。用手使泵轴绕运转方向转动的操作，每次以 180° 为宜，并不得反转。其目的是检查润滑情况，密封情况，是否有卡轴现象，是否有堵塞或冻结现象等。备用泵也要经常盘车。
④ 开车。启动时应关闭出口阀门，启动后先打开进口阀，待运行平稳后，缓缓开启出口阀。防止轴功率突然增大，损坏电机。
⑤ 调节流量。缓慢打开出口阀，调节到指定流量。

⑥ 停车。停车时，要先关闭出口阀，再关电机，以免高压液体倒灌，造成叶轮反转，引起事故。在寒冷地区，短时停车要采取保温措施，长期停车必须排净泵内及冷却系统内的液体，以免冻结胀坏系统。

⑦ 检查。要经常检查泵的运转情况，比如轴承温度、润滑情况、压力表及真空表读数等，发现问题应及时处理。在任何情况下都要避免泵的干转现象，以避免干摩擦，造成零部件损坏。

(2) 离心泵启动前的安全检查与准备工作
① 确认泵座、护罩牢固；
② 手动盘车，转动灵活，无摩擦声；
③ 检查油位和冷却水是否正常；
④ 确认槽内液位正常，打开泵的入口阀；
⑤ 对泵进行排气处理；
⑥ 确认压力表根部阀打开；
⑦ 打开泵的冲洗、密封水。

(3) 开车操作
① 通知电气操作人员送电，启动泵，观察泵的转向无误；
② 待泵出口压力升压后，缓慢打开泵的出口阀，调整压力达到设计指标；
③ 运行 5 min，待泵无异常现象方可离开，并记录开泵。

(4) 停车操作
① 关闭泵出口阀；
② 按下停泵按钮；
③ 关泵入口阀；
④ 排净泵内液体，关闭导淋阀；
⑤ 关闭密封水上水阀；
⑥ 在寒冷地区，短时停车要采取保温措施，长期停车必须排净泵内及冷却系统内的液体，以免冻结胀坏系统。

(5) 倒泵操作　按开泵步骤开启备用泵，泵运行正常后，缓慢打开备用泵出口阀，同时缓慢关闭运行泵的出口阀，应注意两人密切协调配合，防止流量大幅波动，待运行泵出口阀全关后，备用泵一切指标正常，按下运行泵的停车按钮，关闭运行泵的进口阀，排净泵内液体，交付检修或备用。

> 倒泵操作注意事项

(6) 紧急停车操作　无论何种类型的泵，有下列情况之一时，必须紧急停车：
① 泵内发生严重异常声响；
② 泵突然发生剧烈振动；
③ 泵流量下降；
④ 轴承温度突然上升，超过规定值；
⑤ 电流超过额定值持续不降。

3. 离心泵的维护

① 检查泵进口阀前的过滤器的滤网是否破损，如有破损应及时更换，以免焊渣等颗粒进入泵体，定时清洗滤网。
② 泵壳及叶轮进行解体、清洗重新组装。调整好叶轮与泵壳间隙。叶轮有损坏及腐蚀情况的应分析原因并及时做出处理。
③ 清洗轴封、轴套系统。更换润滑油，以保持良好的润滑状态。
④ 及时更换填料密封的填料，并调节至合适的松紧度。采用机械密封的应及时更换动环和密封液。
⑤ 检查电机。长期停车后，再开工前应将电机进行干燥处理。

⑥ 检查现场及遥控的一、二次仪表的指示是否正确及灵活好用，对失灵的仪表及部件进行维修或更换。

⑦ 检查泵的进、出口阀的阀体是否有因磨损而发生内漏等情况，如有内漏应及时更换阀门。

八、离心泵常见故障及处理措施

离心泵常见故障及处理措施见表2-2。

表2-2 离心泵常见故障及处理措施

常见故障	原因分析	处理方法
泵打不起压	①泵内有空气 ②旋转方向不对 ③入口压头过低	①排气 ②调整旋转方向 ③降低安装高度
流量不足	①吸入式排出阻力过大 ②叶轮阻塞 ③泵漏气	①疏通吸入排出管 ②清理叶轮 ③加强泵体密封
电流过大	①填料压得过紧 ②流量过大 ③轴承损坏	①松填料压盖 ②减小流量 ③更换轴承
轴承过热	①泵与电机轴承不同心 ②轴承缺油 ③转速过高 ④流量过大 ⑤断冷却水	①调整同心度 ②补油 ③降低转速 ④减少流量 ⑤加冷却水
泵体振动	①地脚螺栓松动 ②泵与电机轴承不同心 ③泵汽蚀 ④叶轮损坏严重	①拧紧地脚螺栓 ②调整同心度 ③降低物料温度 ④更换叶轮
流量波动	①入口滤网不畅 ②介质温度太高 ③槽液位太低	①清理滤网 ②降低介质温度 ③向槽内补液或停泵
泵内异常响声	①泵内有异物 ②汽蚀 ③泵漏气	①拆检，清理异物 ②降低介质温度 ③加强密封

> **中国故事**
>
> ### 吹沙填海造陆地，永暑礁变成永暑岛
>
> 很多人都知道中国南海的永暑礁，以前只是一个不起眼的小礁，一个海浪就能淹没，如今变成了南海战略中举足轻重的永暑岛，这全靠中国的吹沙填海技术和大国神器天鲲号挖沙船。中国的工程师们在填海造陆中采用了围堰技术，将围堰中的水抽出后，依靠我国的天鲲号挖沙船深入海底，吸取泥沙，搅拌礁石吹到6 000 m外的固定位置，以千钧之力，耗资百亿打造了一座占地仅2.8 km²的人工岛即永暑岛。它是中国在南海最大、最先进、最具战略意义的军事和民事基地之一。
>
> 永暑岛的建设体现了中国维护国家主权的决心和实力，也展示了中国填海造陆、海洋观测、绿化生态等方面的先进技术和创新精神，弘扬了民族自信心。河北唐山的曹妃甸也是吹沙填海造出来的陆地。

项目二 　流体输送机械

任务二
往复泵的性能与操作

往复泵及其他化工用泵

一、往复泵的结构与工作原理

往复泵是活塞泵、柱塞泵和隔膜泵的总称,属于应用较广泛的容积式泵,即正位移泵,它是利用活塞的往复运动将能量传递给液体以达到吸入和排出液体的目的。

1. 往复泵的结构

往复泵主要由泵缸、活塞、活塞杆、吸入阀和排出阀(均为单向阀)组成,如图2-22所示。活塞杆与传动机械相连,带动活塞在泵缸内做往复运动。活塞与阀门间的空间称为工作室。

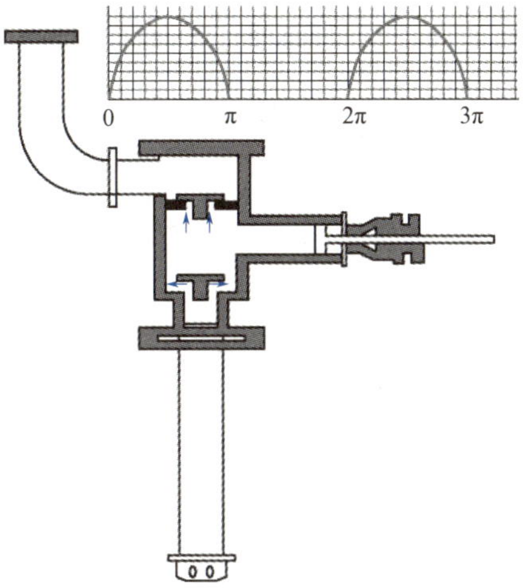

2. 往复泵的工作原理

往复泵的工作原理可分为吸入和排出两个过程。

(1) 吸入过程　当活塞从泵缸左端向右端移动时,泵

图 2-22　单动往复泵示意

缸内工作室的容积逐渐增大,同时压强降低,排出阀紧闭,贮槽的液体在大气压力作用下顶开吸入阀沿吸入管进入工作室,直至活塞移动到最右端,泵缸内充满液体。

(2) 排出过程　当活塞往左移动时,工作室内液体受到挤压,压强逐渐增高,顶开排出阀从排出管排出,直到活塞移动到最左端,泵缸内液体被全部排出。

活塞不断地做往复运动,泵就不断地输送液体。在一次工作循环中,吸液和排液各交替进行一次,其液体的输送是不连续的,活塞往复非等速,故流量有起伏。活塞由一端至另一端的距离为活塞的行程或冲程。

二、往复泵的类型及流量

1. 往复泵的类型

往复泵按照作用方式的不同可分为以下几类。

(1) 单动往复泵　如图2-22所示,活塞往复一次,吸液和排液各完成一次,其瞬时流量不均匀,形成了不连续的单动泵流量曲线。

(2) 双动往复泵　其主要构造和原理如图2-23所示,与单动泵相似,但活塞两侧均没有吸入阀和排出阀,活塞往复一次,吸液和排液各两次,即活塞无论向哪一个方向移动,都能同时进行吸液和排液,流量连续,但仍有起伏。

(3) 三联泵　用三台单动泵连接在同一根曲轴的三个曲柄上,各台泵活塞运动的相位差为$2\pi/3$,分别推动三个缸的活塞,如图2-24所示。曲轴每转一周,三个泵缸分别进行一次吸液和排液,联合起来就有三次排液,改善了流量的均匀程度。

2. 往复泵的流量

往复泵理论流量 q_{VT} 原则上应等于单位时间内活塞在泵缸中扫过的体积,它只与泵缸的尺寸和冲程、活塞的往复次数有关,而与泵的压头、管路等无关。

三联泵工作原理

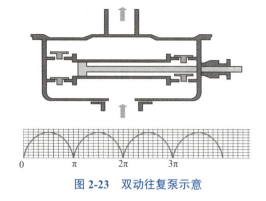

图 2-23 双动往复泵示意 　　　　　图 2-24 三联泵示意

单缸、单动往复泵的理论流量

$$q_{VT} = ASn \quad (2-11)$$

单缸、双动往复泵的理论流量

$$q_{VT} = (2A-a)Sn \quad (2-12)$$

式中　q_{VT}——往复泵理论流量，m³/min；
　　　A——活塞截面积，m²；
　　　a——活塞杆截面积，m²；
　　　S——活塞的冲程，m；
　　　n——活塞每分钟往复次数。

实际上，由于泄漏、吸入阀和排出阀启闭不及时等，实际流量小于理论流量。

实际流量

$$q_V = \eta_V q_{VT} \quad (2-13)$$

式中　η_V——往复泵的容积效率，其值在 0.85～0.99 的范围内，一般来说，泵越大，容积效率愈高。

特别提示：流量不均匀是往复泵的严重缺点，因此不能用于某些对流量均匀性要求较高的场合。由于管路中的液体处于变速运动状态，不但增加了能量损失，而且易产生冲击，造成水锤现象，并会降低泵的吸入能力。

三、往复泵的扬程及流量调节

1. 往复泵的扬程

往复泵扬程 H 的大小与流量以及泵的几何尺寸无关，仅取决于管路特性，这种性质为正位移特性，具有这种特性的泵统称正位移泵，往复泵为正位移泵之一，正位移泵没有离心泵那样的特性曲线。

往复泵在恒定转速下的特性曲线如图 2-25 所示，只是在扬程（或排出压力）较高时，容积效率降低，流量稍有减少。往复泵的工作点仍由管路特性曲线与泵的 H-q_V 特性曲线交点确定。往复泵的最大允许扬程（或最大允许排出压力）由泵的机械强度、密封性能及电动机的功率等决定，工作点的扬程不应超过最大允许扬程。

2. 往复泵的流量调节

由于往复泵属于正位移泵，其流量与管路特性无关，安装调节阀不但不能改变流量，而且还会造成危险，一旦出口阀门完全关闭，泵缸内的压强将急剧上升，导致机件破损或电机烧毁，所以，往复泵流量调节不能用出口阀门来调节流量。往复泵的流量调节一般采取如下调节手段。

（1）旁路调节　　因往复泵的流量一定，通过旁路阀门调节旁路流量，使一部分压出流体返回吸入管路，便可以达到调节主管流量的目的，一般容积式泵都采用这种流量调节方法，如图2-26所示。显然，这种调节方法造成了功率损失，很不经济，但对于流量变化幅度较小的经常性调节，操作非常方便，生产上常采用。

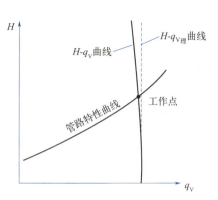

图 2-25　往复泵特性曲线及工作点

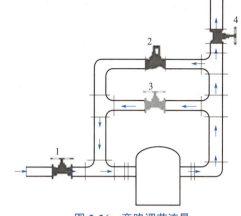

图 2-26　旁路调节流量

1—吸入管路阀；2—安全阀；3—旁路阀；4—排出管路阀

往复泵为什么不能用出口阀门调节流量？

(2) 改变曲柄转速和活塞行程　因电动机是通过减速装置与往复泵相连接的，所以改变减速装置的传动比可以更方便地改变曲柄转速，达到流量调节的目的，而且能量利用合理，但不适于经常性流量调节的操作。

往复泵具有自吸能力。由于往复泵的低压是靠工作室容积扩张造成的，当泵内存有空气时，启动后也能吸液，因此启动时无须灌泵。但启动前最好灌泵，以缩短启动时间。

往复泵和离心泵一样，其吸上真空度亦随外界大气压、液体输送条件变化，故其安装高度也有一定限制。应按照泵性能和实际的操作条件确定其实际安装高度。

往复泵与离心泵相比，结构较复杂、体积大、成本高、流量不连续。当输送压力较高的液体或高黏度液体时效率较高，一般在 72%～93%，但不能输送有固体颗粒的混悬液。

四、往复泵的操作与维护

1. 往复泵的操作

由于往复泵属于正位移泵，往复泵在运行中应注意以下问题。

① 启动前应检查各种附件是否齐全好用，压力表指示是否为零，润滑油是否符合要求，连杆和十字头螺母是否松动，进出口阀和支路阀开关是否正确。

② 盘车 2～3 转，检查有无异常。

③ 启动前先用液体灌满泵体，以排除泵内存留的空气，缩短启动过程，避免干摩擦。

④ 启动前，必须先将出口阀门打开，否则，泵内的压强将因液体排不出而急剧升高，造成事故。

⑤ 打开所有阀门，启动时，关闭放空阀，用支路阀调整泵的流量至需要值。

⑥ 严禁泵在超压、超速和排空状态下运行。

⑦ 泵在运行中，要经常检查缸内有无冲击声和吸入排出滑阀有无破碎声。

⑧ 发现进出口压力波动大时，要检查滑阀和阀门是否结疤堵塞，并应及时处理。

2. 往复泵的维护

① 每日检查机体内及油杯内润滑油液面，如需加油应立即补足。

② 经常检查进出口阀及冷却水阀，如有泄漏及时修理或更换。

③ 轴承、十字头等部位应经常检查，如有过热现象应及时检修。

④ 检查活塞杆填料，如遇太松或损坏应及时更换新填料。

⑤ 定期更换润滑油，对泵的各个摩擦部位进行全面检查，遇有磨损不平应予修整。

⑥ 定期进行大修，对所有零部件进行拆洗、维护和重新组装。

五、往复泵常见故障及处理方法

往复泵常见故障及处理方法见表2-3。

表2-3 往复泵常见故障及处理方法

常见故障	原因	处理方法
密封泄漏	①填料没压紧 ②填料或密封圈损坏 ③柱塞磨损或产生沟痕 ④超过额定压力	①适当压紧填料压盖 ②更换 ③修理或更换柱塞 ④调节压力
流量不足	①柱塞密封泄漏 ②进出口阀关闭不严 ③泵内有气体 ④往复次数不够 ⑤进出口阀开启度不够或阻塞 ⑥过滤器阻塞 ⑦液位过低	①修理或更换 ②修理或更换 ③排出气体 ④调节 ⑤检查修理 ⑥清洗过滤器 ⑦增高液位
压力表指示波动	①安全阀、单向阀工作不正常 ②进出口管道堵塞或漏气 ③管路安装不合理有振动 ④压力表失灵	①检查调整 ②检查处理 ③修理配管 ④修理或更换
油温过高	①油质不符合规定 ②冷却不良 ③油位过高或过低	①更换 ②改善冷却 ③调整油位
产生异常声响或振动	①轴承间隙过大 ②传动机构损坏 ③螺栓松动 ④进出口阀零件损坏 ⑤缸内有异物 ⑥液位过低	①调整或更换 ②修理或更换 ③紧固 ④更换阀件 ⑤清除异物 ⑥提高液位
轴承温度过高	①润滑油质不符合要求 ②油量不足或过多 ③轴瓦与轴颈配合间隙过小 ④轴承装配不良 ⑤轴弯曲	①换油 ②排除故障，调整油量 ③调整间隙 ④更换轴承 ⑤校直轴
油压过低	①吸入过滤网堵塞 ②油泵齿轮磨损严重 ③油位过低 ④压力表失灵	①清理过滤网 ②调整间隙 ③加油 ④修理或更换

任务三

其他化工用泵的结构与操作

一、旋涡泵

1. 旋涡泵的结构和工作原理

旋涡泵是一种特殊类型的离心泵，主要由叶轮和泵体组成。它的叶轮是一个圆盘，四周铣有凹槽，呈辐射状排列，如图2-27所示。

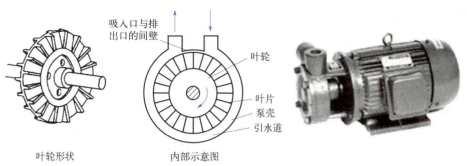

图 2-27 旋涡泵

> 旋涡泵与离心泵的区别是什么？

旋涡泵的工作原理和离心泵相似。当叶轮高速转动时，在叶片的凹槽内的液体从叶片顶部被抛向流道，动能增加。在流道内液体流速变慢，使部分动能转变为静压能。同时，由于凹槽内侧液体被甩出而形成低压，在流道中部分高压液体经过叶片根部又重新流入叶片间的凹槽内，再次接受叶片给予的动能，又从叶片顶部进入流道中，使液体在叶片间形成旋涡运动，并在惯性力作用下沿流道前进。这样液体从入口进入，连续多次做旋涡运动，多次提高静压能，达到出口时就获得较高的压头。旋涡泵叶轮的每一个叶片相当于一台微型单级离心泵，整个泵就像由许多叶轮所组成的多级离心泵。

2. 旋涡泵的特点

① 压头和功率随流量增加下降较快，因此启动时应打开出口阀。改变流量时，旁路调节比安装调节阀经济。

② 在叶轮直径和转速相同的条件下，旋涡泵的压头比离心泵高出2～4倍，它适用于高压头、小流量且黏度小的液体，不适于输送含固体颗粒的液体。

③ 结构简单、加工容易，且可采用各种耐腐蚀材料制造。

④ 由于在剧烈运动时进行能量交换，能量损失大，效率低，一般为20%～50%。输送液体的黏度不宜过大，否则泵的压头和效率都将大幅度下降。

⑤ 旋涡泵工作时液体在叶片间的运动是由于离心力作用，因此在启动前泵内也应灌满液体。

3. 旋涡泵的操作及维护

(1) 旋涡泵的操作

① 检查泵的各个部件是否完好，转动联轴器，确认电机和泵均完好备用。

② 打开吸入管路阀，灌满泵，关闭排气阀和出口压力表阀。

③ 开车时，应打开出口阀，以减小电机的启动功率，同时开出口阀，开压力表，调整近路阀开度使压力表正常。

④ 在泵出口管路上安装一个旁路阀，利用旁路阀的开度来控制流量。

⑤ 旋涡泵停车时先关压力表，开旁路阀，停电机，关出口阀，关入口阀。

(2) 旋涡泵的日常维护 旋涡泵的操作及维护与离心泵相类似。

二、屏蔽泵

1. 屏蔽泵的结构及工作原理

屏蔽泵的特点是泵与电机组成一体，旋转部分全部浸在液体中，不需填料，完全无漏。泵本身的性能及特点基本上与一般离心泵相同，如图2-28所示的屏蔽泵为基本型，是应用最多的形式，部分输送液由泵出口，经过过滤器，通过循环管，从电动机后部进入定、转子腔的气隙，再回到泵腔内，起到润滑石墨轴承和冷却电动机的作用。电动机的定子和转子之间用一个称为屏蔽套的薄壁圆筒封闭起来，使电动机绕组不与被输送的液体接触。

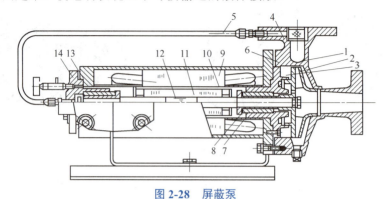

图 2-28　屏蔽泵

1—泵体；2—叶轮；3—前轴承室；4—过滤器；5—循环管路；6—垫片；7—轴承；8—轴套；9—定子；
10—定子屏蔽套；11—转子；12—轴；13—垫片；14—后轴承室

2. 屏蔽泵常见故障与处理方法

屏蔽泵常见故障与处理方法见表2-4。

表2-4　屏蔽泵常见故障与处理方法

常见故障	原　因	处理方法
流量不足	①叶轮流道堵塞 ②进出口管道及阀门堵塞 ③吸入管道漏气 ④叶轮密封环磨损过大 ⑤叶轮腐蚀、磨损严重	①清除叶轮内堵塞物 ②清除进出口管道及阀门内异物 ③检查并消除吸入管道漏气现象 ④更换密封环 ⑤更换叶轮
泵体过热	①出口阀未打开 ②泵内无介质 ③液体循环管堵塞 ④冷却管道堵塞 ⑤石墨轴承磨损过大，转子磨定子套	①打开出口阀 ②向泵内灌入介质 ③检查清洗循环管路 ④检查清洗冷却水管路 ⑤更换石墨轴承，修理或更换转子或定子
泵体振动有异常响声	①石墨轴承磨损过大 ②泵轴弯曲 ③叶轮磨损腐蚀，转子不平衡 ④叶轮与泵壳摩擦 ⑤泵壳或叶轮内有金属异物 ⑥地脚螺栓松动	①更换石墨轴承 ②校直或更换泵轴 ③检查更换叶轮，转子找平衡 ④调整轴向间隙 ⑤清除异物 ⑥拧紧地脚螺栓
电流表指示过大	①石墨轴承磨损过大 ②泵轴磨损 ③反相 ④缺相或接触不良	①更换石墨轴承 ②检查处理或更换轴 ③检查处理 ④检查处理

三、齿轮泵

齿轮泵也是正位移泵的一种，如图2-29所示。主要部件由主动齿轮、从动齿轮、泵体和安全阀等组成，两齿轮轴装在泵体内，泵体、齿轮和泵盖构成的密封空间即为泵的工作腔。泵壳内的两个齿相互啮合，按图中所示方向转动。

吸入腔一侧的啮合齿分开，形成低压区，液体被吸入泵内，进入轮齿间分两路沿泵体内壁被送到排出腔；排出腔一侧的轮齿啮合时形成高压，随着齿轮不断地旋转液体不断排出。为防止排出管路堵塞而发生事故，在泵体上装有安全阀（图中未画出）。当排出腔压力超过允许值时，安全阀自动打开，高压液体卸流，返回低压的吸入腔。

齿轮泵制造简单、运行可靠、有自吸能力，虽流量较小但扬程较高，流量比往复泵均匀。常用于输送黏稠液体和膏状物料，但不能用于输送含颗粒的混悬液。

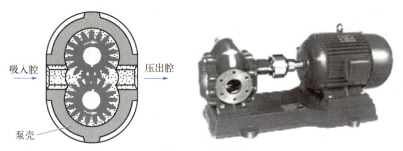

图 2-29　齿轮泵

四、计量泵

计量泵是往复泵的一种形式，其结构如图 2-30 所示，它的传动装置是通过偏心轮把电机的旋转运动变成柱塞的往复运动。偏心轮的偏心距是可调的，用来改变柱塞的冲程，这样就可以达到严格地控制和调节流量的目的。若用一台电动机同时带动几台计量泵，可使每台泵的液体按一定比例输出，故这种泵又称为比例泵。计量泵通常用于要求流量精确而且便于调整的场合，特别适用于几种液体以一定配比输送的场合。

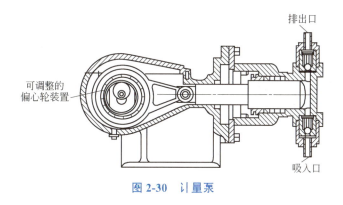

图 2-30　计量泵

五、隔膜泵

当输送腐蚀性液体或悬浮液时，可采用隔膜泵，隔膜泵的工作原理如图 2-31（a）所示。隔膜泵实际上是柱塞泵，其结构特点是借弹性薄膜将被输送液体与活柱隔开，从而使得活柱和泵缸得以保护而不受腐蚀。

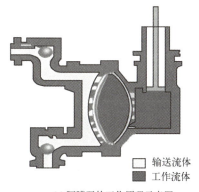

(a) 隔膜泵的工作原理示意图

(b) 气动双隔膜泵

图 2-31　隔膜泵

活塞隔膜泵
工作原理

隔膜左侧为输送液体，与其接触部件均用耐腐蚀材料制成或涂有耐腐蚀物质。隔膜右侧则充满水和油。当活柱做往复运动时，迫使隔膜交替地向两边弯曲，使液体经球形活门吸入和排出。适于定量输送剧毒、易燃、易爆、腐蚀性液体和悬浮液。

六、螺杆泵

螺杆泵如图 2-32 所示，主要由泵壳、一根或多根螺杆组成。

单螺杆泵是通过螺杆在具有内螺旋的泵壳内偏心转动，将液体沿轴间推进，最后从排出口排出。

双螺杆泵的原理与齿轮泵相似，通过两根螺杆的相互啮合来达到输送液体的目的。当需要较高压头时可采用较长的螺杆或多螺杆泵。

螺杆泵的优点是运行平稳、效率高、压头高、噪声小，适用于高黏度液体的输送；流量调节时用旁路（回流装置）调节；螺杆泵有良好的自吸能力，启动时不用灌泵。缺点是加工困难。

七、液下泵

液下泵是将泵体置于液体中的一种泵，如图 2-33 所示。由于泵体置于贮槽液体中，因而轴封要求不高。吸入口顺着轴线方向，压出口与轴线平行，泵轴加长，立式电机置于液体外部支架上。

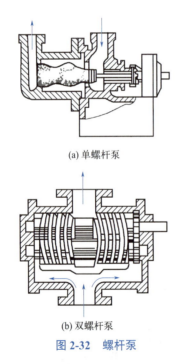

(a) 单螺杆泵

(b) 双螺杆泵

图 2-32　螺杆泵

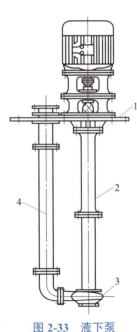

图 2-33　液下泵

1—安装平板；2—轴套管；3—泵体；4—压出导管

任务四

气体输送机械

气体输送设备种类很多，若按其结构与工作原理可分离心式、往复式、旋转式及流体作用式；若按终压和压缩比可分通风机、鼓风机、压缩机及真空泵，见表 2-5。

小于 1，而且颗粒形状与球形颗粒差别愈大，球形度愈小。当颗粒为球形时，球形度为 1。

对于非球形颗粒，必须有两个参数才能确定其特征。通常选用体积、当量直径和球形度来表征非球形颗粒的体积、表面积和比表面积，即

体积
$$V_p = \frac{1}{6}\pi d_e^3 \tag{3-6}$$

表面积
$$S_p = \frac{S}{\phi_s} = \frac{\pi d_e^2}{\phi_s} \tag{3-7}$$

比表面积
$$a = \frac{S_p}{V_p} = \frac{6}{\phi_s d_e} \tag{3-8}$$

2. 颗粒与流体的相对运动

当流体以一定速度通过静止的固体颗粒流动时，由于流体的黏性，会对颗粒有作用力，如图 3-5(a) 所示。反之，当颗粒在静止流体中移动，流体同样会对颗粒有作用力，如图 3-5(b) 所示，这两种情况的作用力性质相同，通常称为曳力或阻力。

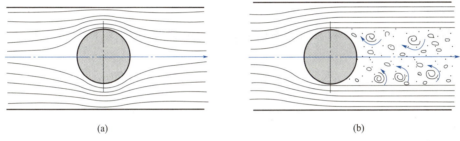

图 3-5 流体绕过颗粒的流动

只要颗粒与流体之间有相对运动，就会有这种阻力产生。除了上述两种相对运动情况外，还有颗粒在静止流体中做沉降时的相对运动，或运动着的颗粒与流动着的流体之间的相对运动。对于一定的颗粒和流体，无论何种相对运动，只要相对运动速度相同，流体对颗粒的阻力就一样。

当流体密度为 ρ，黏度为 μ，颗粒直径为 d_p，颗粒在运动方向上的投影面积为 A，颗粒与流体的相对运动速度为 u，则颗粒所受的阻力 F_d 可用下式计算：

$$F_d = \zeta A \frac{\rho u^2}{2} \tag{3-9}$$

式中，阻力系数 ζ（无量纲）是流体相对于颗粒运动时的雷诺数 Re_t 的函数，即 $\zeta = f(Re_t) = f\left(\dfrac{d_s u_t \rho}{\mu}\right)$，此函数关系需由实验测定。

任务二
沉降分离

沉降分离

沉降分离是借助于某种外力的作用，利用分散物质与分散介质的密度差异，使之发生相对运动而分离的过程。根据外力的不同，沉降又分为重力沉降、离心沉降和惯性沉降。

一、重力沉降

在重力的作用下,使流体与颗粒之间发生相对运动的分离过程称为重力沉降,一般用于气、固混合物和混悬液的分离。例如,污水处理厂对污水进行沉降处理、中药生产中的中药浸提液的静止澄清工艺等,都是利用重力沉降来实现分离的典型操作。

1. 重力沉降速度

以固体颗粒在流体中的沉降为例,颗粒的沉降速度与颗粒的形状有很大关系,为了便于理论推导,先分析光滑球形颗粒的自由沉降速度。

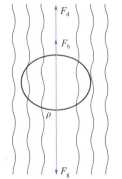

图3-6 静止流体中颗粒受力情况

自由沉降是指在沉降过程中,任一颗粒的沉降不因其他颗粒的存在而受到干扰,即流体中颗粒的浓度很低,颗粒之间距离足够大,并且容器壁面的影响可以忽略。例如,较稀的混悬液或含尘气体中固体颗粒的沉降可视为自由沉降。

【1】**球形颗粒的自由沉降速度**　一个表面光滑的刚性球形颗粒置于静止流体中,当颗粒密度大于流体密度时,颗粒将下沉。若颗粒做自由沉降运动,在沉降过程中,颗粒受到三个力的作用:重力F_g,方向垂直向下;浮力F_b,方向向上;阻力F_d,方向向上,如图3-6所示。

设球形颗粒的直径为d_s,颗粒密度为ρ_s,流体的密度为ρ,则颗粒所受的重力F_g、浮力F_b和阻力F_d分别为

$$F_g = \frac{\pi}{6}d_s^3 \rho_s g \quad F_b = \frac{\pi}{6}d_s^3 \rho g \quad F_d = \zeta A \frac{\rho u^2}{2}$$

式中　A——沉降颗粒沿沉降方向的最大投形面积,对于球形颗粒,$A = \frac{\pi}{4}d_s^2$,m^2;

　　　u——颗粒相对于流体的降落速度,m/s;

　　　ζ——沉降阻力系数。

对于一定的颗粒与流体,重力与浮力的大小一定,而阻力随沉降速度而变。根据牛顿第二定律,有

$$F_g - F_b - F_d = ma \tag{3-10}$$

式中　m——颗粒的质量,kg;

　　　a——加速度,m/s^2。

当颗粒开始沉降的瞬间,u为零,阻力也为零,加速度a为最大值;颗粒开始沉降后,随着u逐渐增大,阻力也逐渐增大,直到速度增大到一定值u_t后,重力、浮力、阻力三者达到平衡,加速度为零,此时颗粒等速度下做匀速运动。此匀速运动时的速度即为颗粒的自由沉降速度,用u_t表示,单位为m/s,即

$$F_g - F_b - F_d = 0 \tag{3-10a}$$

将重力F_g、浮力F_b和阻力F_d分别代入式(3-10a)整理得

$$u_t = \sqrt{\frac{4d_s g(\rho_s - \rho)}{3\rho \zeta}} \tag{3-11}$$

对于微小颗粒,沉降的加速阶段时间很短,可以忽略不计,因此,整个沉降过程可以视为匀速沉降过程,加速度a为零。在这种情况下可直接将u_t用于重力沉降速度的计算。

【2】**沉降阻力系数**　用式(3-11)计算重力沉降速度u_t时,必须确定沉降阻力系数ζ,并且ζ是颗粒对流体做相对运动时的雷诺数Re_t的函数。

$$\zeta = f(Re_t) = f\left(\frac{d_s u_t \rho}{\mu}\right) \tag{3-12}$$

ζ 与 Re_t 的关系一般由实验测定，如图 3-7 所示。图中球形颗粒（$\phi_s=1$）的曲线可分为三个区域，各区域中 ζ 与 Re_t 的函数关系分别表示为

层流区
$$\zeta = \frac{24}{Re_t}, \quad 10^{-4} < Re_t < 1 \tag{3-13}$$

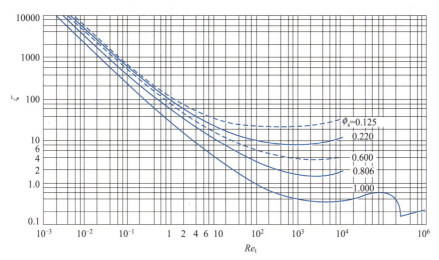

图 3-7　球形颗粒自由沉降的 ζ-Re_t 关系

过渡区
$$\zeta = \frac{18.5}{Re_t^{0.6}}, \quad 1 < Re_t < 10^3 \tag{3-14}$$

湍流区
$$\zeta = 0.44, \quad 10^3 < Re_t < 2\times 10^5 \tag{3-15}$$

将式（3-13）、式（3-14）和式（3-15）分别代入式（3-11），可得各区域的沉降速度公式为

层流区　　　$10^{-4} < Re_t < 1$
$$u_t = \frac{d_s^2 g(\rho_s - \rho)}{18\mu} \tag{3-16}$$

过渡区　　　$1 < Re_t < 10^3$
$$u_t = 0.27\sqrt{\frac{d_s(\rho_s - \rho)g}{\rho} Re_t^{0.6}} \tag{3-17}$$

湍流区　　　$10^3 < Re_t < 2\times 10^5$
$$u_t = 1.74\sqrt{\frac{d_s(\rho_s - \rho)g}{\rho}} \tag{3-18}$$

式（3-16）、式（3-17）和式（3-18）分别称为斯托克斯公式、艾仑公式和牛顿公式。由这三个公式可以看出，在整个区域内，d_s 及（ρ_s-ρ）越大则沉降速度 u_t 越大。在层流区由于流体黏性引起的表面摩擦阻力占主要地位，因此层流区的沉降速度与流体黏度 μ 成反比。从式（3-16）可以看出，影响颗粒分离的主要因素是颗粒与流体的密度差（ρ_s-ρ）。

当 $\rho_s > \rho$ 时，u_t 为正值，表示颗粒下沉，u_t 值表示沉淀速度；

当 $\rho_s < \rho$ 时，u_t 为负值，表示颗粒上浮，u_t 值的绝对值表示上浮速度；

当 $\rho_s = \rho$ 时，u_t 值为零，表示颗粒不下沉，也不上浮，说明这种颗粒不能用重力沉降分离法去除。

由式（3-16）还可以看出，层流区沉速 u_t 与颗粒直径 d_s 的平方成正比，说明加大颗粒的粒径有助于提高沉淀效率。

流体的黏度 μ 与颗粒的沉淀速度成反比例关系，而 μ 值则与流体本身的性质（温度等条件）有关，水温是其主要决定因素，一般来说，水温上升，μ 值下降，因此，提高水温有助于提高颗粒的沉淀效率。

在计算沉降速度 u_t 时，可使用试差法，即先假设颗粒沉降属某个区域，选择相对应的计算公式进行计算，然后再将计算结果进行 Re_t 校核。

(3) 非球形颗粒的自由沉降速度　　颗粒最基本的特性是其形状和大小，由于颗粒形成的方法和原因不同，使它们具有不同的尺寸和形状。工业上遇到的固体颗粒大多是非球形颗粒，非球形

颗粒虽然不像球形颗粒那样容易求出体积、表面积和比表面积，但可以用当量直径和球形度来表示其特性。详见式（3-4）和式（3-5）。

非球形颗粒的自由沉降速度也可用式（3-11）计算，式中的 d_s 用 d_e 代替，同样式（3-16）~式（3-18）也适用于非球形颗粒，d_s 均用 d_e 代替。

非球形颗粒的几何形状及投影面积 A 对沉降速度都有影响。颗粒向沉降方向的投影面积 A 愈大，沉降阻力愈大，沉降速度愈慢。一般情况下，相同密度的颗粒，球形或接近球形颗粒的沉降速度大于同体积非球形颗粒的沉降速度。

2. 沉降速度的影响因素

如前所述，颗粒在沉降过程中将受到周围颗粒、流体、器壁等因素的影响，一般来说，实际沉降速度小于自由沉降速度。沉降速度的影响因素如下：

（1）颗粒含量的影响　在实际沉降过程中，颗粒含量较大，周围颗粒的存在和运动将改变原来单个颗粒的沉降过程，使颗粒的沉降速度较自由沉降时小。例如，由于大量颗粒下降，将转换下方流体并使之上升，从而使沉降速度减小。颗粒含量越大，这种影响越大，达到一定沉降要求所需的沉降时间越长。

（2）颗粒形状的影响　对于同一性质的固体颗粒，非球形颗粒的沉降阻力比球形颗粒大得多，因此其沉降速度较球形颗粒要小一些。

（3）颗粒大小的影响　从斯托克斯定律可以看出：其他条件相同时，粒径越大，沉降速度越大，越容易分离，如果颗粒大小不一，大颗粒将对小颗粒产生撞击，其结果是大颗粒的沉降速度减小，而对沉降起控制作用的小颗粒的沉降速度加快，甚至因撞击导致颗粒聚集而进一步加快沉降。

（4）流体性质的影响　流体与颗粒的密度差越大，沉降速度越大；流体黏度越大，沉降速度越小。因此，对于高温含尘气体的沉降，通常需先散热降温，以便获得更好的沉降效果。

（5）流体流动的影响　流体的流动会对颗粒的沉降产生干扰，为了减少干扰，进行沉降时要尽可能控制流体处于稳定的低速流动。因此，工业上的重力沉降设备，通常尺寸很大，其目的之一就是降低流速，消除流动干扰。

（6）器壁的影响　器壁对沉降的干扰主要有两个方面：一是因摩擦干扰，颗粒的沉降速度下降；二是因吸附干扰，颗粒的沉降距离缩短。当容器较小时，容器的壁面和底面均能增加颗粒沉降时的曳力，使颗粒的实际沉降速度较自由沉降速度低。因此，器壁的影响是双重的。

需要指出的是，为简化计算，实际沉降可近似按自由沉降处理，由此引起的误差在工程上是可以接受的。只有当颗粒含量很大时，才需要考虑颗粒之间的相互干扰。

【例3-1】试计算直径为 30 μm 的球形石英颗粒（其密度为 2 650 kg/m³），在 20 ℃水中和 20 ℃常压空气中的自由沉降速度。

解　已知 d_s=30 μm，ρ_s=2 650 kg/m³

① 20 ℃水：μ=1.01×10⁻³ Pa·s，ρ =998 kg/m³

设沉降在层流区，根据式（3-16）有

$$u_t = \frac{d_s^2(\rho_s - \rho)g}{18\mu} = \frac{(30\times10^{-6})^2 \times (2\,650 - 998) \times 9.81}{18 \times 1.01 \times 10^{-3}} = 8.02 \times 10^{-4} \text{（m/s）}$$

校核流型

$$Re_t = \frac{d_s u_t \rho}{\mu} = \frac{30\times10^{-6} \times 8.02\times10^{-4} \times 998}{1.01\times10^{-3}} = 2.38\times10^{-2} \in (10^{-4} \sim 1)$$

假设成立，u_t = 8.02×10⁻⁴ m/s 为所求。

② 20 ℃常压空气：μ =1.81×10⁻⁵ Pa·s，ρ =1.21 kg/m³

设沉降在层流区

$$u_t = \frac{d_s^2(\rho_s - \rho)g}{18\mu} = \frac{(30\times10^{-6})^2 \times (2\,650 - 1.21) \times 9.81}{18 \times 1.81 \times 10^{-5}} = 7.18\times10^{-2} \text{（m/s）}$$

校核流型

$$Re_t = \frac{d_s u_t \rho}{\mu} = \frac{30 \times 10^{-6} \times 7.18 \times 10^{-2} \times 1.21}{1.81 \times 10^{-5}} = 0.144 \in (10^{-4} \sim 2)$$

假设成立，$u_t = 7.18 \times 10^{-2}$ m/s 为所求。

【例 3-2】密度为 2 150 kg/m³ 的球形颗粒在 20 ℃空气中滞流沉降的最大颗粒直径是多少？

解 已知 $\rho_s = 2\ 150$ kg/m³，查 20 ℃空气，$\mu = 1.81 \times 10^{-5}$ Pa·s，$\rho = 1.21$ kg/m³

当 $Re_t = \dfrac{d_s u_t \rho}{\mu} = 2$ 时，是颗粒在空气中滞流沉降的最大粒径，根据式（3-16）并整理得

$$\frac{d_s u_t \rho}{\mu} = \frac{d_s^3 (\rho_s - \rho) g \rho}{18 \mu^2} = 2$$

所以

$$d_s = \sqrt[3]{\frac{36 \mu^2}{(\rho_s - \rho) g \rho}} = \sqrt[3]{\frac{36 \times (1.81 \times 10^{-5})^2}{(2\ 150 - 1.21) \times 9.81 \times 1.21}} = 7.73 \times 10^{-5}\ (m) = 77.3\ (\mu m)$$

3. 重力沉降设备

（1）**降尘室** 降尘室是含尘气体的分离设备，凭借重力沉降除去气体中尘粒。

① 降尘室的生产能力。如图 3-8 所示，含尘气体沿水平方向缓慢通过降尘室，气流中的尘粒除了与气体一样具有水平速度 u 外，因受重力作用还具有向下的沉降速度 u_t。设降尘室的高为 H，长为 L，宽为 B，三者的单位均为 m。

若气流在整个流动截面上分布均匀，并使气体在降尘室内有一定的停留时间，在这个时间内颗粒若沉到了室底，则颗粒就能从气体中除去。为保证尘粒从气体中分离出来，则颗粒沉降至底部所用的沉降时间必须小于等于气体通过沉降室的停留时间。

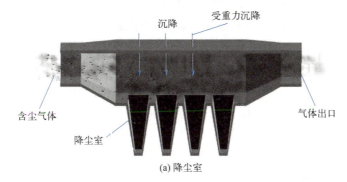

(a) 降尘室

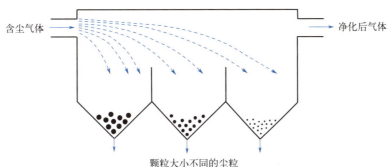

(b) 尘粒在降尘室的运动情况

图 3-8 降尘室

降尘室工作过程

含尘气体的停留时间为
$$\theta = \frac{L}{u} \quad (3-19)$$

颗粒沉降所需的沉降时间为
$$\theta_t = \frac{H}{u_t} \quad (3-20)$$

含尘气体在降尘室内分离的必要条件

沉降分离满足的基本条件为

$$\theta \geq \theta_t \quad \text{或} \quad \frac{L}{u} \geq \frac{H}{u_t} \quad (3-21)$$

设 q_V 为降尘室所处理的含尘气体的体积流量,单位为 m³/s,即降尘室的最大生产能力为

$$q_V \leq BLu_t \quad (3-22)$$

式(3-22)表明,降尘室生产能力只与降尘室的底面积 BL 及颗粒的沉降速度 u_t 有关,而与降尘室高度 H 无关,所以降尘室一般采用扁平的几何形状,或在室内加多层隔板,形成多层降尘室,如图 3-9 所示,以提高其生产能力和除尘效率。若降尘室内设置 n 层水平隔板,则 n 层降尘室的生产能力为

$$q_V = (n+1)BLu_t \quad (3-22a)$$

q_V 与降尘室高度的关系

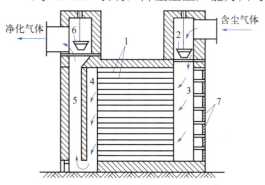

图 3-9 多层隔板降尘室
1—隔板;2,6—调节闸阀;3—气体分配道;
4—气体集聚道;5—气道;7—清灰口

降尘室结构简单,流动阻力小,但设备庞大、效率低,通常只适用于分离粗颗粒(一般指直径大于 50 μm 的颗粒),一般作为预分离除尘设备使用。多层降尘室虽能分离较细的颗粒,且节省占地面积,但清灰比较麻烦。

② 临界粒径。由于含尘气体中的尘粒大小不一,颗粒大者沉降速度快,颗粒小者较慢。设其中有一种粒径能满足式(3-22)中的条件,即

$$u_{tc} = \frac{q_V}{BL} \quad (3-23)$$

满足式(3-23)中条件的颗粒粒径称为能 100% 除去的最小粒径,或称为临界粒径,以 d_{sc} 表示。u_{tc} 为临界粒径颗粒的沉降速度。只要粒径为 d_{sc} 的颗粒能够沉降下来,则比其大的颗粒在离开降尘室之前都能沉降下来。

假如尘粒的沉降速度处于层流区(斯托克斯定律区),将式(3-23)的临界粒径 d_{sc} 所对应的沉降速度 u_{tc},代入沉降速度计算式(3-16),可求出临界粒径 d_{sc},即

$$d_{sc} = \sqrt{\frac{18\mu}{(\rho_s - \rho)g} u_{tc}} = \sqrt{\frac{18\mu q_V}{(\rho_s - \rho)gBL}} \quad (3-24)$$

式中 d_{sc}——颗粒的临界粒径,m;
u_{tc}——与临界粒径对应的沉降速度,m/s;
μ——流体的黏度,Pa·s;
ρ——流体的密度,kg/m³;
ρ_s——颗粒的密度,kg/m³;
g——自由落体加速度,m/s²;
q_V——含尘气体的体积流量,m³/s;
B——降尘室宽度,m;
L——降尘室长,m。

由式(3-23)与式(3-24)可知,当 q_V 一定时,d_{sc} 及 u_{tc} 与降尘室的底面积 BL 成反比,而与高度 H 无关。同时,当 d_{sc} 及 u_{tc} 一定时,q_V 与底面积 BL 成正比,而与高度 H 无关。

③ 降尘室的计算。从层流区(斯托克斯定律区)的计算式(3-16)可知,降尘室的计算问题可分为下列三类。

第一类:若已知气体处理量 q_V、物性数据(气体密度 ρ,黏度 μ 及颗粒密度 ρ_s)及要求除去的最小颗粒直径(临界粒径 d_{sc}),则可计算降尘室的底面积 BL。

第二类:若已知降尘室底面积 BL、物性数据及临界粒径 d_{sc},则可计算气体处理量 q_V。

第三类：若已知降尘室底面积 BL、物性数据及气体处理量 q_V，则可计算临界粒径 d_{sc}。

【例 3-3】 用高 2 m、宽 2.5 m、长 5 m 的重力降尘室分离空气中的粉尘。在操作条件下空气的密度为 0.779 kg/m³，黏度为 2.53×10⁻⁵ Pa·s，流量为 1.25×10⁴ m³/h。粉尘的密度为 2 000 kg/m³。试求粉尘的临界直径。

解 用式（3-23）计算 u_{tc}

$$u_{tc} = \frac{q_V}{BL} = \frac{1.25 \times 10^4 / 3600}{2.5 \times 5} = 0.278 \text{（m/s）}$$

假设临界粒径颗粒的沉降属于层流区，用式（3-24）计算粉尘的临界粒径，即

$$d_{sc} = \sqrt{\frac{18\mu}{(\rho_s - \rho)g} u_{tc}} = \sqrt{\frac{18 \times 2.53 \times 10^{-5}}{(2000 - 0.779) \times 9.81} \times 0.278} = 80.3 \times 10^{-6} \text{（m）} = 80.3 \text{（μm）}$$

验算流型

$$Re_t = \frac{d_{sc} u_{tc} \rho}{\mu} = \frac{80.3 \times 10^{-6} \times 0.278 \times 0.779}{2.53 \times 10^{-5}} = 0.687 \text{（<2）}$$

故属于层流区，与假设相符。

（2）沉降槽 依靠重力沉降从悬浮液中分离出固体颗粒的设备称为沉降槽或增浓器。如用于低浓度悬浮液分离时亦称为澄清器；用于中等浓度悬浮液的浓缩时，常称为浓缩器或增浓器。沉降槽可分为间歇式、半连续式和连续式三种。

在化工生产中常用连续操作的沉降槽，如图 3-10 所示，它是一个带锥形底的圆池，悬浮液由位于中央的进料口加至液面以下，经一水平挡板折流后沿径向扩展，随着颗粒的沉降，液体缓

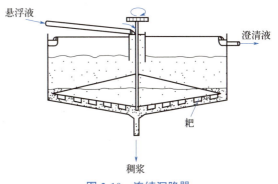

图 3-10 连续沉降器

慢向上流动，经溢流堰流出，从而得到清液，颗粒则下沉至底部形成沉淀层，由缓慢转动的耙将沉渣移至中心，从底部出口排出。间歇沉降槽的操作过程是将装入的料浆静置足够时间后，上部清液使用虹吸管或泵抽出，下部沉渣从底部出口排出。

沉降槽有澄清液体和增稠悬浮液的双重作用，与降尘室类似，沉降槽的生产能力与高度无关，只与底面积及颗粒的沉降速度有关，故沉降槽一般均制造成大截面、低高度。大的沉降槽直径可达 10～100 m、深 2.5～4 m。

沉降槽一般适于处理颗粒不太小、浓度不太高，但处理量较大的悬浮液的分离。常见的污水处理器就是一例，经该设备处理后的沉渣中还含有大约 50% 的液体，必要时再用过滤机等作进一步处理。

沉降槽具有结构简单、可连续操作且增稠物浓度较均匀的优点，缺点是设备庞大、占地面积大、分离效率较低。

对于含有颗粒直径小于 1 μm 的液体，一般称为溶胶，由于颗粒直径小，较难分离。为使小颗粒增大，常加电解质混凝剂或絮凝剂使小粒子变成大粒子，提高沉降速度。例如，净化河水时加明矾 $[KAl(SO_4)_2 \cdot 12H_2O]$，使水中细小颗粒沉降。常用的电解质，除了明矾还有氧化铝、绿矾、氯化铁等，一般用量为 40～200 mg/kg。近年来，已研究出某些高分子絮凝剂。

二、离心沉降

离心沉降是利用惯性离心力的作用而实现的沉降过程。在重力沉降的讨论中已经得知，颗粒的重力沉降速度 u_t 与颗粒的直径 d 及液体与颗粒的密度差 $(\rho_s - \rho)$ 成正比，与重力加速度 g 成正比。d 越大，两相密度差越大，则 u_t 越大。换言之，对一定的非均相物系，其重力沉降速度是恒定的，

人们无法改变其大小，因此，在分离要求较高时，用重力沉降就很难达到要求。此时，若采用离心沉降，由于离心加速度远大于重力加速度，则沉降速度可大大提高，提高了分离效率，缩小了沉降设备的尺寸。

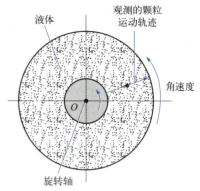

图 3-11 转筒内颗粒在流体中的离心运动

1. 离心沉降速度

如图 3-11 所示，当流体围绕某一中心轴做圆周运动时，便形成惯性离心力场。现对其中一个颗粒的受力与运动情况进行分析。在离心沉降设备中，当流体带着颗粒旋转时，如果颗粒的密度大于流体的密度，则惯性离心力将会使颗粒在径向上与流体发生相对运动而飞离中心，与颗粒在重力场中受到的三个作用力相似。惯性离心力场中颗粒在径向上也受到三个力的作用，即惯性离心力、向心力（相当于重力场中的浮力，其方向为沿半径指向旋转中心）和阻力（与颗粒的运动方向相反，其方向为沿半径指向中心）。如果球形颗粒的直径为 d_s、密度为 ρ_s，流体密度为 ρ，颗粒与中心轴的距离为 R，切向速度为 u_t，则上述三个作用力分别为

$$惯性离心力 = \frac{\pi}{6}d_s^3 \rho_s \frac{u_t^2}{R}$$

$$向心力 = \frac{\pi}{6}d_s^3 \rho \frac{u_t^2}{R}$$

$$阻力 = \zeta \frac{\pi}{4}d_s^2 \frac{\rho u_t^2}{R}$$

上述三个力达到平衡时，三个力的代数和为零，整理得颗粒在径向上相对于流体的运动速度 u_r，即是它在此位置上的离心沉降速度。

$$u_r = \sqrt{\frac{4d_s(\rho_s - \rho)}{3\rho\zeta}\left(\frac{u_t^2}{R}\right)} \tag{3-25}$$

由式（3-25）可见，离心沉降速度与重力沉降速度计算式形式相同，只是将重力加速度 g（重力场强度）换成了离心加速度 u_t^2/R（离心力场强度）。但重力场强度 g 是恒定的，而离心力场强度却随半径和切向速度而变，即可以人为控制和改变，这就是采用离心沉降的优点——选择合适的转速与半径，就能够根据分离要求完成分离任务。

颗粒做离心沉降时，若颗粒与流体的相对运动处于层流区，则阻力因数 ζ 也符合斯托克斯定律。将 $\zeta=24/Re_t$ 代入式（3-25）得

$$u_r = \frac{d_s^2(\rho_s - \rho)u_t^2}{18\mu R} \tag{3-26}$$

式中　u_t——含尘气体的进口气速，m/s；
　　　R——颗粒的旋转半径，m。

2. 离心分离因数

离心分离因数是离心分离设备的重要性能指标。工程上，常将离心加速度 u_t^2/R 与重力加速度 g 之比称为离心分离因数。

$$K_c = \frac{u_t^2}{Rg} \tag{3-27}$$

K_c 越高，其离心分离效率越高。离心分离因数的数值一般为几百到几万，旋风分离器和旋液分离器的分离因数一般在 5～2 500，某些高速离心机的 K_c 可高达数十万，因此，同一颗粒在离心场中的沉降速度远远大于其在重力场中的沉降速度。显然离心沉降设备的分离效果远比重力沉降设备好，用离心沉降可将更小的颗粒从流体中分离出来。

【例 3-4】 直径为 10 μm，密度为 2 650 kg/m³ 的石英颗粒随 20 ℃的水做旋转运动，在旋转半径 $R=0.05$ m 处的切向速度为 12 m/s，求该处的离心沉降速度和离心分离因数。

解 已知 $d_s=10$ μm，$R=0.05$ m，$u_t=12$ m/s　20 ℃水：$\mu=1.01\times10^{-3}$ Pa·s，$\rho=998$ kg/m³

设沉降在滞流区，根据式（3-26）有

$$u_r = \frac{d_s^2(\rho_s - \rho)}{18\mu} \cdot \frac{u_t^2}{R} = \frac{10^{-10}\times(2\,650-998)}{18\times1.01\times10^{-3}}\times\frac{12^2}{0.05} = 0.026\,2 \ (\text{m/s}) = 2.62 \ (\text{cm/s})$$

校核流型

$$Re_t = \frac{d_s u_r \rho}{\mu} = \frac{10^{-5}\times0.026\,2\times998}{1.01\times10^{-3}} = 0.259 \in (10^{-4}\sim1)$$

$u_r = 0.026\,2$ m/s 为所求。

所以

$$K_c = \frac{u_t^2}{Rg} = \frac{12^2}{0.05\times9.81} = 294$$

3. 离心沉降设备

通常，根据设备在操作时是否转动，将离心沉降设备分为两类：一类是设备静止不动，悬浮物系做旋转运动的离心沉降设备，如旋风分离器和旋液分离器；另一类是设备本身旋转的离心沉降设备，称为沉降离心机。

一般地，气-固非均相物质的离心沉降在旋风分离器中进行，液-固悬浮物系的离心沉降可在旋液分离器或沉降离心机中进行。

【1】旋风分离器结构

① 旋风分离器的结构和工作原理。如图 3-12 所示。图 3-12（a）所示的普通旋风分离器主体的上部为圆筒形，下部为圆锥形，中央有一升气管。含尘气体从侧面的矩形进气管切向进入分离器内，然后在圆筒内做自上而下的圆周运动。颗粒在随气流旋转过程中被抛向器壁，沿器壁落下，自锥底排出。由于操作时旋风分离器底部处于密封状态，所以，被净化的气体到达底部后折向上，沿中心轴旋转着从顶部的中央排气管排出。气体在旋风分离器内的工作情况如图 3-12（b）所示。标准型旋风分离器的结构如图 3-13 所示。

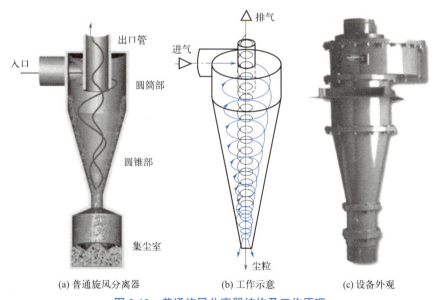

(a) 普通旋风分离器　(b) 工作示意　(c) 设备外观

图 3-12　普通旋风分离器结构及工作原理

旋风分离器结构简单紧凑、无运动部件，操作不受温度和压强的限制，价格低廉、性能稳定，可满足中等粉尘捕集要求，故广泛应用于多种工业部门。一般可分离气体中直径为 5～75 μm 的非纤维、非黏性干燥粉尘，对 5 μm 以下的细微颗粒分离效率较低。

② 旋风分离器的主要性能参数。临界粒径、分离效率、压力降和气体处理量是旋风分离器的

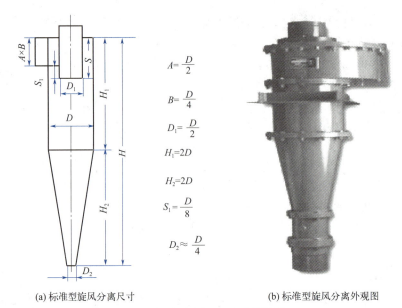

图 3-13 标准型旋风分离器结构

主要性能参数，一般作为选型和操作控制的依据，也作为评价旋风分离器性能好坏的主要指标。

a. 临界粒径。临界粒径即旋风分离器能够分离出的最小颗粒直径。临界粒径的大小是判断旋风分离器分离效率高低的重要依据。

临界粒径的计算式为

$$d_c = \sqrt{\frac{9\mu B}{\pi N \rho_s u_t}} \tag{3-28}$$

式中 u_t——含尘气体的进口气速，m/s；
B——旋风分离器的进口宽度，m；
N——气流的旋转圈数，对于标准旋风分离器，可取 $N=5$；
ρ_s——颗粒的密度，kg/m³；
μ——流体的黏度，Pa·s。

b. 分离效率。旋风分离器的分离效率通常有两种表示方法，即

总效率

$$\eta_0 = \frac{C_1 - C_2}{C_1} \tag{3-29}$$

粒级效率

$$\eta_i = \frac{C_{1i} - C_{2i}}{C_{1i}} \tag{3-30}$$

总效率

$$\eta_0 = \sum \eta_i x_i \tag{3-31}$$

式中 C_1，C_2——旋风分离器进、出口气体含尘浓度，g/m³；
C_{1i}，C_{2i}——进、出口气体含某段粒径范围的颗粒的浓度，g/m³；
x_i——某段粒径范围的颗粒占全部颗粒的质量分数。

总效率是工程计算中常用的，也是最容易测定的，但它却不能准确代表该旋风分离器的分离性能。因为含尘气体中颗粒粒径通常是大小不均的，不同粒径的颗粒通过旋风分离器分离的百分率是不同的。因此，只有对相同粒径范围的颗粒分离效果进行比较，才能得知该分离器分离性能的好坏。特别是对细小颗粒的分离，用粒级效率则更有意义。如果已知粒级效率，并且已知含尘气体中粒径分布数据，则可根据式（3-31）计算其总效率。

粒级效率与颗粒的对应关系可用曲线表示，称为粒级效率曲线，这种曲线可通过实测进出气流中所含尘粒的浓度及粒度分布而获得。某旋风分离器实测的粒级效率曲线如图 3-14 所示。

c. 压力降。压力降是评价旋风分离器性能的重要指标。分离设备压力降的大小是决定分离过程能耗和合理选择风机的依据。仿照压力降计算方法得

$$\Delta p = \zeta \frac{\rho u_t^2}{2} \quad (3-32)$$

式中 ζ——阻力系数,对一定的旋风分离器型式,ζ 为一定值。如图 3-13 所示的标准型旋风分离器,$\zeta=8.0$。

受整个工艺过程对总压降的限制及节能降耗的要求,气体通过旋风分离器的压降应尽可能低。压降的大小除了与设备的结构有关外,主要取决于气体的速度。气体速度越小,压降越低,但气速过小,又会使分离效率降低。因而要选择适宜的气速以满足对分离效率和压降的要求。一般进口气速在 10～25 m/s 为宜,最高不超过 35 m/s,同时压降应控制在 2 kPa 以下。

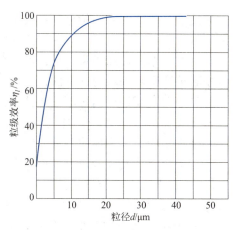

图 3-14 粒级效率曲线

选用旋风分离器时,一般是先确定其类型,然后根据气体的处理量和允许压降,选定具体型号。如果气体处理量较大,可以采用多个旋风分离器并联操作。

【例 3-5】 已知含尘气体中尘粒的密度为 2 300 kg/m³。气体流量为 1 000 m³/h、黏度为 3.6×10^{-5} Pa·s、密度为 0.674 kg/m³,若用如图 3-13 所示的标准型旋风分离器进行除尘,分离器圆筒直径为 400 mm,试估算其临界粒径及气体压强降。

解 已知 $\rho_s=2\,300$ kg/m³, $q_V=1\,000$ m³/h, $\mu=3.6 \times 10^{-5}$ Pa·s, $\rho=0.674$ kg/m³,

$$D=400 \text{ mm}=0.4 \text{ m}$$

根据标准旋风分离器 $\quad H=\dfrac{D}{2}, \quad B=\dfrac{D}{4}$

故该分离器进口截面积 $\quad A=BH=\dfrac{D^2}{8}$

所以 $\quad u_t = \dfrac{q_V}{A} = \dfrac{1\,000 \times 8}{3\,600 \times 0.4^2} = 13.89$ (m/s)

根据式(3-28)取标准旋风分离器 $N=5$,则

$$d_c = \sqrt{\frac{9\mu B}{\pi N \rho_s u_t}} = \sqrt{\frac{9 \times 3.6 \times 10^{-5} \times 0.4/4}{3.14 \times 5 \times 2\,300 \times 13.89}}$$

$$= 0.8 \times 10^{-5} \text{ (m)} = 8 \text{ (μm)}$$

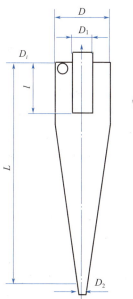

图 3-15 旋液分离器

根据式(3-32)取 $\zeta=8.0$

$$\Delta p = \zeta \frac{\rho u_t^2}{2} = 8.0 \times \frac{0.674 \times 13.89^2}{2} = 520 \text{ (Pa)}$$

(2) 旋液分离器 旋液分离器是利用离心沉降原理分离液-固混合物的设备,其结构和操作原理与旋风分离器类似。

如图 3-15 所示,设备主体也是由圆筒体和圆锥体两部分组成,悬浮液由入口管切向进入,并向下做螺旋运动,固体颗粒在惯性离心力作用下,被甩向器壁后随旋流降至锥底。由底部排出的稠浆称为底流。清液和含有微细颗粒的液体则形成内旋流螺旋上升,从顶部中心管排出,称为溢流。内旋流中心为处于负压的气柱,这些气体是由料浆中释放出来或由于溢流管口暴露于大气时将空气吸入器内的,气柱有利于提高分离效果。

旋液分离器的结构特点是直径小而圆锥部分长，其进料速度为 2～10 m/s，可分离的粒径为 5～200 μm。若料浆中含有不同密度或不同粒度的颗粒，可令大直径或大密度的颗粒从底流送出，通过调节底流量与溢流量比例，可控制两股流中的颗粒大小，这种操作称为分级。用于分级的旋液分离器称为水力分离器。

旋液分离器还可用于不互溶液体的分离、气液分离以及传热、传质及雾化等操作中，因而广泛应用于多种工业领域。与旋风分离器相比，其压降较大，且随着悬浮液平均密度的增大而增大。在使用中设备磨损较严重，应考虑采用耐磨材料做内衬。

旋液分离器又分为压力式水力旋流器和重力式水力旋流器两种。

① 压力式水力旋流器。压力式水力旋流器如图 3-16 所示，用于分离比重较大的悬浮颗粒。整个设备是由钢板焊接制成。上部是直径为 D 的圆筒，下部则呈锥体形。进水管以逐渐收缩的形式，按切线方向与圆筒相接，通过水泵将进液以切线方向送入器内，在进口处的流速可达 6～10 m/s，并在器内沿器壁向下运动（一次涡流），然后再向上旋转（二次涡流），澄清液通过清液排出中心管流到器的上部，然后由出水管排出器外。

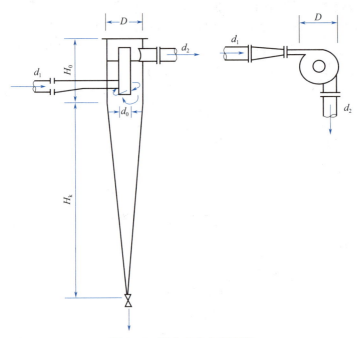

图 3-16　压力式水力旋流器

在离心力的作用下，水中较大的悬浮固体被甩向器壁，并在其本身重力的作用下，沿器壁向下滑动，在底部形成的固体颗粒浓液经排出管连续排出。

② 重力式水力旋流器。重力式水力旋流器又称水力旋流沉淀池。废水以切线方向进入器内，借进、出水的水头差在器内呈旋转流动。与压力式水力旋流器相比，这种设备的容积大，电能消耗低。

(3) 沉降式离心机　沉降式离心机的主体为一无孔的转鼓，混悬液或乳浊液自转鼓中心进入后被转鼓带动高速旋转时，密度较大的物相向转鼓内壁沉降，密度较小的物相趋向旋转中心自转鼓端部溢出而使两相分离。

沉降式离心机中的离心分离原理与离心沉降原理相同，不同的是在旋风分离器或旋液分离器中的离心力场是靠高速流体自身旋转产生的，而离心机中的离心力场是由离心机的转鼓高速旋转带动液体旋转产生的。

① 管式离心机。如图 3-17 所示，悬浮液由空心轴下端进入，在转鼓带动下，密度小的液体最终由顶端溢流而出，固体颗粒则被甩向器壁实现分离。管式离心机有实验室型和工业型两种。实验室型的转速大，处理能力小；而工业型的转速较小，但处理能力大，是工业上分离效率较高的沉降离心机。

管式离心机的结构简单,长度和直径比大(一般为4~8),转速高,通常用来处理固体浓度低于1%的悬浮液,可以避免过于频繁的除渣和清洗。

② 管式高速离心机。管式高速离心机也是沉降式离心机。如图3-18所示,主要结构为细长的管状机壳和转鼓等部件。常见的转鼓直径为0.1~0.15 m,长度约1.5 m,转速为8 000~50 000 r/min,其分离因数K_c为15 000~65 000。这种离心机可用于分离乳浊液及含细颗粒的稀悬浮液。

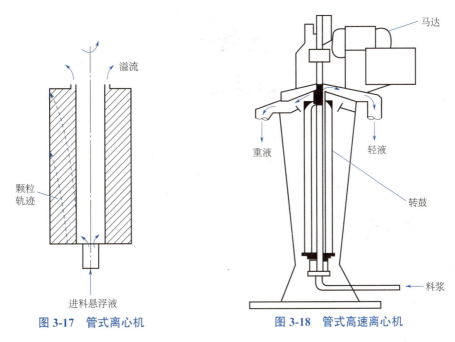

图3-17 管式离心机　　图3-18 管式高速离心机

当用于分离乳浊液时,乳浊液从底部进口引入,在管内自下而上运行的过程中,因离心力作用,依比重不同而分成内外两个同心层。外层为重液层,内层为轻液层。到达顶部后,分别自轻液溢流口与重液溢流口送出管外。

当用于分离混悬液时,则将重液出口关闭,只留轻液出口,而固体颗粒沉降在转鼓的鼓壁上,可间歇地将管取出加以清除。

本机分离因数大,分离效率高,故能分离一般离心机难以分离的物料,如两相密度差较小的乳浊液或含微细混悬颗粒的混悬液。

③ 无孔转鼓沉降离心机。这种离心机的外形与管式离心机很相像,但长度和直径比较小。因为转鼓澄清区长度比进料区短,因此分离效率较管式离心机低。转鼓离心机按设备主轴的方位分为立式和卧式,图3-19所示为一立式无孔转鼓离心机。这种离心机的转速为450~3 500 r/min,处理能力大于管式离心机,适于处理固含量在3%~5%的悬浮液,主要用于泥浆脱水及从废液中回收固体,常用于间歇操作。

④ 螺旋型沉降离心机。这种离心机的特点是可连续操作,如图3-20所示,转鼓可分为柱锥

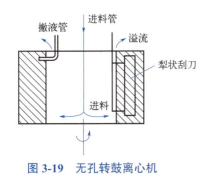

图3-19 无孔转鼓离心机

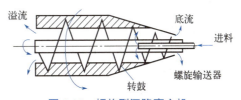

图3-20 螺旋型沉降离心机

形或圆锥形，长度与直径比为 1.5～3.5。悬浮液由轴心进料管连续进入，鼓中螺旋卸料器的转动方向与转鼓旋转方向相同，但转速相差 5～100 r/min。当固体颗粒在离心机作用下甩向转鼓内壁并沉积下来后，被螺旋卸料器推至锥端排渣口排出。

螺旋型沉降离心机转速可达 1 600～6 000 r/min，可从固体浓度 2%～50% 的悬浮液中分离中等和较粗颗粒。它广泛用于工业上回收晶体和聚合物、城市污泥及工业污泥脱水等方面。

任务三

过滤分离

过滤分离

过滤是分离悬浮液最常用和最有效的单元操作。过滤与沉降分离相比，过滤操作可使悬浮液分离得更迅速、更彻底。过滤可用于污水的预处理，也可用于最终处理，其出水可供循环使用或重复利用。因此在污水深度处理过程中，普遍采用过滤技术。

一、过滤的基本概念

1. 过滤

过滤是在外力的作用下，使悬浮液中的液体通过多孔介质的孔道而固体颗粒被截留下来，从而实现固-液分离的单元操作。

2. 过滤推动力

过滤推动力是过滤介质两侧的压力差。压力差产生的方式有滤液自身重力、离心力和外加压力，过滤设备中常以后两种方式产生的压力差作为过滤操作的推动力。

Y型过滤器原理

用沉降法（重力、离心力）处理悬浮液，往往需要较长时间，而且沉渣中液体含量较多，而过滤操作可使悬浮液得到迅速分离，滤渣中的液体含量也较低。当被处理的悬浮液含固体颗粒较少时，一般先在增稠器中进行沉降，然后将沉渣送至过滤机，此种情况下过滤是沉降的后续操作。

3. 过滤方式

工业上的过滤操作主要分为饼层过滤和深层过滤两种。

（1）饼层过滤　如图 3-21（a）所示，过滤时非均相混合物即滤浆置于过滤介质的一侧，固体沉积物在介质表面堆积、架桥［图 3-21（b）］而形成滤饼层。由于滤饼层截留的固体颗粒粒径小于介质孔径，因此饼层形成前得到的是混浊的初滤液，待滤饼形成后应将初滤液返回滤浆槽重新过滤，饼层形成后所收集的滤液为符合要求的滤液。也就是说，在一般的过滤操作下，滤饼层是有效过滤层，随着操作的进行其厚度逐渐增加，过滤速度逐渐减小。饼层过滤适用于处理固体含量较高的混悬液。

（2）深层过滤　如图 3-22 所示，过滤介质是较厚的粒状介质的床层，过滤时悬浮液中的颗粒沉积在床层内部的孔道壁面上，而不形成滤饼。深层过滤适用于生产量大而悬浮颗粒的粒径小、固含量低或是黏软的絮状物的混悬液的分离。如自来水厂的饮水净化、合成纤维纺丝液中除去固体物质、中药生产中药液的澄清过滤等。

4. 过滤介质

过滤操作所用的多孔性介质称为过滤介质。性能优良的过滤介质除了能够达到所需的分离要求外，还应具有足够的机械强度，尽可能小的流过阻力，较高的耐腐蚀性和一定的耐热性，最好表面光滑，滤饼剥离容易。

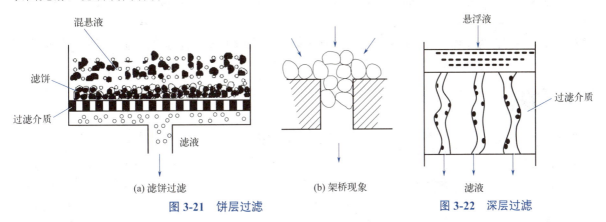

图 3-21　饼层过滤　　　　　　　　　　图 3-22　深层过滤

饼层过滤过程

常用的过滤介质主要有织物介质、多孔性固体介质、粒状介质和微孔滤膜等。

(1) 织物介质　由天然或合成纤维、金属丝等编织而成的筛网、滤布，适用于滤饼过滤，一般可截留粒径在5 μm以上的固体微粒。

(2) 多孔性固体介质　具有很多微细孔道的固体材料，如多孔陶瓷、多孔塑料及多孔金属制成的管或板，适用于含黏软性絮状悬浮颗粒或腐蚀性混悬液的过滤，一般可截留粒径在1～3 μm的微细粒子。

(3) 粒状介质　由各种固体颗粒（砂石、木炭、石棉）或非编织纤维（玻璃棉等）堆积而成。多用于深层过滤，如制剂用水的预处理。

(4) 微孔滤膜　由高分子材料制成的薄膜状多孔介质称为微孔滤膜。适用于精滤，可截留粒径0.01 μm以上的微粒，尤其适用于滤除0.02～10 μm的混悬微粒。

5. 滤饼的压缩性和助滤剂

(1) 滤饼的压缩性　若构成滤饼的颗粒是不易变形的坚硬固体颗粒，则当滤饼两侧压力差增大时，颗粒形状和颗粒间空隙不发生明显变化，这类滤饼称为不可压缩滤饼。有的悬浮颗粒比较软，所形成的滤饼受压容易变形，当滤饼两侧压力差增大时，颗粒的形状和颗粒间的空隙有明显改变，这类滤饼称为可压缩滤饼。中药浸提液中的混悬颗粒大多数是由有机物构成的絮状悬浮颗粒，形成的滤饼比较黏软，属于可压缩滤饼。

滤饼的压缩性对过滤效率及滤材的寿命影响很大，常作为设计过滤工艺和选择过滤介质的依据。

(2) 助滤剂　为了减小可压缩滤饼的过滤阻力，可添加助滤剂以改变滤饼结构，提高滤饼的刚性和孔隙率。助滤剂是某种质地坚硬而能形成疏松饼层的固体颗粒或纤维状物质，将其混入悬浮液或预涂于过滤介质上，可以很好地改善饼层的性能，使滤液得以畅流。

助滤剂的作用

对助滤剂的基本要求如下：
① 形成多孔饼层的颗粒应具有较好的刚性颗粒，以使滤饼有良好的渗透性及较低的流动阻力；
② 应具有化学稳定性，不与悬浮液发生化学反应，也不溶解于液相中；
③ 在过滤操作的压力差范围内，应具有不可压缩性，以保持较高的孔隙率。

通常只有在以获得清净滤液为目的时才使用助滤剂。常用的助滤剂有硅藻土、活性炭、纤维粉、珍珠岩粉等。由于助滤剂混在滤饼中不易分离，所以当滤饼是产品时一般不使用助滤剂。

6. 滤饼的洗涤

过滤终了时在滤饼的颗粒间隙中总会残留一定量的滤液，通常要用洗涤液（一般为清水）进行滤饼的洗涤，以回收滤液或得到较纯净的固体颗粒。洗涤速率取决于洗涤压强差、洗涤液通过的面积及滤饼厚度。

7. 过滤速率及其影响因素

过滤速率是指单位时间内得到的滤液体积，增大过滤面积可增大过滤速率，增大压力差通常可加快过滤速率，而对于可压缩滤饼，增大压力差则会使过滤速率变慢。悬浮液的性质和操作温度对过滤速率也有影响。提高温度，液体的黏度降低，从而可提高过滤机的过滤速率。但在真空过滤时，提高温度会使真空度下降，从而降低过滤速率。

> **拓展阅读**
>
> ### 陶瓷过滤技术
>
> 多孔陶瓷是一种以耐火原料为骨料，配以结合剂，经过高温烧结而制成的陶瓷过滤材料，其结构内部具有大量的微细气孔。它除具有耐高温、高压，耐酸、碱腐蚀等特性外，还具有孔径均匀、透气性高等特点。因此，可广泛用作过滤、分离、布气和消音材料。多孔陶瓷产品已标准化、系列化，多孔陶瓷做过滤元件进行上、下水净化，矿泉水除菌，含油气体净化等。过滤器在分离、净化领域中已得到较全面的推广应用。如石化行业中液-固、气-固分离；制药、酿造行业中的无菌净化处理；环保行业中高温烟气除尘等。陶瓷过滤器以其独特的功能特性，在各分离、净化领域中已成为一种不可替代的产品。主要产品包括：各种规格的微孔陶瓷过滤元件和微孔陶瓷过滤器、高性能陶瓷膜过滤元件及陶瓷膜过滤装置、高温气体净化的陶瓷过滤材料及高温陶瓷除尘器、陶瓷净水器、陶瓷曝气器、陶瓷消声器、各种陶瓷电解隔膜等。产品已广泛应用于化工、制药、冶金、水处理及环保工业等方面。

二、过滤速率的基本方程式

1. 滤液通过饼层流动的特点

过滤中，滤液通过滤饼层（包括颗粒饼层和过滤介质）的流动与流体在管内的流动有相似之处，但又有其自身特点：

① 由于构成饼层的颗粒尺寸通常很小，滤液通道不但细小曲折，而且互相交联，形成不规则的网状结构；

② 随着过滤操作的进行，滤饼厚度不断增加而使流动阻力逐渐加大，因而过滤属于非定态操作；

③ 细小而密集的颗粒层提供了很大的液、固接触表面，对滤液的流动产生很大阻力，滤液通过饼层的流动多数属于滞流型。

为了能用数学方程式对滤液流动加以描述，需将复杂的实际流动加以简化。

在上述简化条件下，以 1 m³ 的床层为基准，对于颗粒层中不规则的通道，可简化成长度为 L 的一组平行细管，如图 3-23 所示。细管的当量直径 d_e 可表示为床层的孔隙率 ε（空隙体积与床层体积之比）和颗粒的比表面积 a（单位体积颗粒具有的表面积）的函数，即

$$d_e = \frac{4 \times 床层流动空间}{细管的全部内表面积} = \frac{4\varepsilon}{(1-\varepsilon)a} \quad (3-33)$$

细管长度随饼层厚度而变。这样，可以仿照项目一中处理圆管内滞流流动的方法，用泊谡叶公式来描述滤液通过饼层的流动。滤液通过饼层流动的流速与压强降的关系可表达为

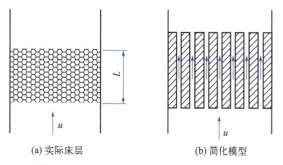

图 3-23 过滤实际床层与简化模型示意图

$$u_1 \propto \frac{d_e^2(\Delta p_c)}{\mu L} \tag{3-34}$$

式中　u_1——滤液在床层孔道中的流速，m/s；
　　　d_e——床层中孔道的当量直径，m；
　　　L——床层厚度，m；
　　　Δp_c——滤液通过滤饼层的压强降，Pa；
　　　μ——滤液的黏度，Pa·s；
　　　ε——床层孔隙率；
　　　a——颗粒层的比表面积，m²/m³。

在与过滤介质层相垂直的方向上，床层空隙中滞流流动的滤液流速 u_1 与按整个床层截面积计算的平均流速 u 之间的关系为

$$u_1 = \frac{u}{\varepsilon} \tag{3-35}$$

将式（3-33）、式（3-34）的表达式代入式（3-35）得

$$u = \frac{1}{K'} \frac{\varepsilon^3}{a^2(1-\varepsilon)^2}\left(\frac{\Delta p_c}{\mu L}\right) \tag{3-36}$$

对于颗粒床层内的滞流流动，K' 可取 5，即

$$u = \frac{\varepsilon^3}{5a^2(1-\varepsilon)^2}\left(\frac{\Delta p_c}{\mu L}\right) \tag{3-36a}$$

2. 过滤速率和过滤速度

单位时间内获得的滤液体积称为过滤速率，单位为 m³/s 或 m³/h。过滤速度是单位面积上的过滤速率，二者不要混淆，对于非定态的流动，任一瞬间的过滤速率应写成如下微分形式

过滤速率
$$\frac{dV}{d\theta} = uA = \frac{\varepsilon^3}{5a^2(1-\varepsilon)^2}\left(\frac{A\Delta p_c}{\mu L}\right) \tag{3-37}$$

过滤速度
$$u = \frac{dV}{Ad\theta} = \frac{\varepsilon^3}{5a^2(1-\varepsilon)^2}\left(\frac{\Delta p_c}{\mu L}\right) \tag{3-38}$$

式中　V——滤液体积，m³；
　　　A——过滤面积，m²；
　　　θ——过滤时间，s。

3. 过滤阻力

[1] 滤饼的阻力　对于一定尺寸的特定物料颗粒，如果滤饼不可压缩，则 ε、a 为定值，若令（3-38）式中 $\frac{5a^2(1-\varepsilon)^2}{\varepsilon^3} = r$，则式（3-38）变为

$$u = \frac{dV}{Ad\theta} = \frac{\Delta p_c}{r\mu L} = \frac{\Delta p_c}{\mu R} \tag{3-39}$$

式中　r——滤饼的比阻，即单位厚度滤饼的阻力，1/m²；
　　　R——滤饼阻力，1/m。

$$R = rL \tag{3-40}$$

显然，式（3-39）具有速度＝推动力/阻力的形式。式中的 μrL 及 μR 均为过滤阻力。

[2] 介质的阻力　过滤介质的阻力与其材质、厚度有关，通常把过滤介质的阻力视为常数，仿照式（3-39）滤液通过过滤介质的速率或速度，也可写成相应的关系式，即

$$\frac{dV}{d\theta} = \frac{A\Delta p_m}{\mu L_e} = \frac{A\Delta p_m}{\mu R_m} \tag{3-41}$$

式中　Δp_m——过滤介质上、下游的压强差，Pa；
　　　L_e——过滤介质的当量滤饼厚度，或称虚拟滤饼厚度，m；
　　　R_m——过滤介质阻力，1/m。

(3) 过滤的总阻力　过滤计算中，总把过滤介质和滤饼联合起来考虑。通常，滤布与滤饼的面积相同，所以两层中的速率应相等，则

$$\frac{dV}{d\theta} = \frac{A(\Delta p_c + \Delta p_m)}{\mu r(L + L_e)} = \frac{A\Delta p}{\mu(R + R_m)} \tag{3-42}$$

式中　Δp——过滤压强差，即滤布与滤饼的总压强降，Pa，$\Delta p = \Delta p_c + \Delta p_m$。

在实际的过滤设备上，常有一侧处于大气压下，此时 Δp 也就是过滤的表压强或真空度。过滤的总阻力为滤饼和介质的阻力之和，即 $\sum R = \mu(R + R_m)$。

4. 滤饼的过滤速率基本方程式

(1) 不可压缩滤饼的过滤速率基本方程式　为了便于计算，常用过滤操作中所获得的滤液量来表示滤饼厚度。若每获得 1 m³ 滤液所形成的滤饼体积为 v m³，即

$$v = \frac{LA}{V} \tag{3-43}$$

则任意瞬间的滤饼厚度与当时已获得的滤液体积之间的关系为

$$L = \frac{Vv}{A} \tag{3-43a}$$

式中　v——滤饼体积与滤液体积之比，m³/m³。

同理，对过滤介质也可写出

$$L_e = \frac{V_e v}{A} \tag{3-44}$$

式中　V_e——过滤介质的当量滤液体积或称虚拟滤液体积，m³。

在一定的操作条件下，以一定过滤介质过滤一定的悬浮液时，L_e 和 V_e 均为定值，但同一介质在不同的过滤操作中将具有不同的 L_e 和 V_e 值。

如果已知悬浮液中固相分率 X_V，由物料衡算得

$$V_F = V + LA$$

$$V_F X_V = LA(1 - \varepsilon)$$

解得

$$L = \frac{V}{A} \times \frac{X_V}{(1 - \varepsilon - X_V)}$$

代入式（3-43）得

$$v = \frac{LA}{V} = \frac{X_V}{1 - \varepsilon - X_V} \tag{3-43b}$$

将式（3-43a）与式（3-44）代入式（3-42），可得到不可压缩滤饼的过滤基本方程式，即

$$\frac{dV}{d\theta} = \frac{A^2 \Delta p}{\mu r v(V + V_e)} \tag{3-45}$$

(2) 可压缩滤饼的过滤速率基本方程式　可压缩滤饼的比阻不再是常数，是两侧压强差的函数。通常用下面的经验公式来估算压强差改变时可压缩滤饼比阻的变化，即

$$r = r'(\Delta p)^s \tag{3-46}$$

式中　r'——单位压强差下滤饼的比阻，1/m²；
　　　s——滤饼的压缩性指数，无量纲。一般情况下，$s=0 \sim 1$。对于不可压缩滤饼，$s=0$。几种典型物料的压缩性指数值，列于表 3-1 中。

将式（3-46）代入式（3-45），得

表3-1 典型物料的压缩指数

物料	硅藻土	碳酸钙	钛白（絮凝）	高岭土	滑石	黏土	硫酸锌	氢氧化铝
s	0.01	0.19	0.27	0.33	0.51	0.56～0.6	0.69	0.9

$$\frac{dV}{d\theta} = \frac{A^2(\Delta p)^{1-s}}{\mu r' \nu (V+V_e)} \tag{3-47}$$

上式是过滤速率与各因素间的一般关系式，称为可压缩滤饼的过滤基本方程式，是过滤计算与强化过滤操作的基本依据。对于不可压缩滤饼，$s=0, r=r'$。

5. 强化过滤的途径

过滤技术大体有两个方向发展：一是开发新的过滤技术和过滤设备，以适应物料的特性，加速过滤速率，提高生产能力；二是在特定的过滤设备上进行过滤操作，欲提高过滤速率，在条件允许时，可采用以下途径。

① 改变悬浮液中颗粒的聚集状态，如加絮凝剂等。
② 采用机械、水力或电场人为干扰饼层增厚，如动态过滤技术。
③ 适当提高悬浮液的温度（可降低滤液黏度）、增大过滤推动力。
④ 选用阻力小的过滤介质，或对可压缩滤饼添加助滤剂（不能污染产品）以改变滤饼结构等措施。

至于哪种措施行之有效，要针对具体情况合理选择。

6. 过滤操作的方法

过滤操作有两种典型方式，即恒压过滤与恒速过滤。有时，为避免过滤开始时因过高压强差引起滤液浑浊或滤布堵塞，可采用较小的压强差以较低的恒定速率操作，待滤饼形成且压强差升至给定值时，再转入恒压过滤，即采用先恒速过滤，后恒压过滤的组合操作方式。通常，恒速过滤段所用时间占整个过滤操作时间的比例很小，故工程上可按恒压过滤操作来处理。

三、恒压过滤

恒压过滤时，推动力 Δp 恒定，但随过滤操作的进行，滤饼不断加厚，流动阻力逐渐增加，因而过滤速率逐渐变小。连续过滤机中进行的过滤都是恒压过滤，间歇过滤机中也多为恒压过滤。

1. 恒压过滤速率方程式

对一定的悬浮液，若 μ、r' 及 ν 皆可视为常数，$k=1/\mu r' \nu$，恒压过滤时，Δp 恒定不变，若 k、s 也为常数，再令 $K = 2k\Delta p^{1-s}$，代入式（3-47）得

$$\frac{dV}{d\theta} = \frac{KA^2}{2(V+V_e)} \tag{3-47a}$$

上式积分式为

$$2\int (V+V_e)dV = KA^2 \int d\theta$$

如前所述，与过滤介质阻力相对应的虚拟滤液体积为 V_e（常数），假定获得此滤液体积所需的虚拟过滤时间为 θ_e（常数），则积分的边界条件为

过滤时间 $\theta+\theta_e$	滤液体积 $V+V_e$
$0 \longrightarrow \theta_e$	$0+0 \longrightarrow 0+V_e$
$\theta_e \longrightarrow \theta_e+\theta$	$0+V_e \longrightarrow V_e+V$

此处过滤时间是指虚拟过滤时间（θ_e）与实际的过滤时间（θ）之和，滤液体积是指虚拟滤液

体积（V_e）与实际的滤液体积（V）之和，于是可写出

$$2\int_{0+0}^{0+V_e}(V+V_e)\mathrm{d}(V+V_e)=KA^2\int_{0+0}^{0+\theta_e}\mathrm{d}(\theta+\theta_e)$$

及

$$2\int_{0+V_e}^{V+V_e}(V+V_e)\mathrm{d}(V+V_e)=KA^2\int_{\theta_e}^{\theta+\theta_e}\mathrm{d}(\theta+\theta_e)$$

积分以上两式，得到

$$V_e^2=KA^2\theta_e \tag{3-48}$$

及

$$V^2+2VV_e=KA^2\theta \tag{3-49}$$

将上两式相加，得

$$(V+V_e)^2=KA^2(\theta+\theta_e) \tag{3-50}$$

上式称为恒压过滤方程式，它表明恒压过程时滤液体积与过滤时间的关系为抛物线方程，如图 3-24 所示。图中 O_eO 段表示与介质阻力相对应的虚拟滤液体积 V_e 与虚拟过滤时间 θ_e 之间的关系，而 Ob 段表示实际的滤液体积 V 与实际的过滤时间 θ 之间的关系。

当过滤介质阻力可忽略时，$V_e=0$，$\theta_e=0$，则式（3-50）变为

$$V^2=KA^2\theta \tag{3-51}$$

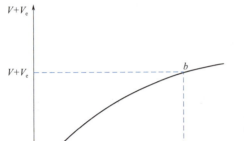

图 3-24 恒压过滤时滤液体积与过滤时间的关系曲线

若令

$$q=\frac{V}{A}，\quad q_e=\frac{V_e}{A}$$

式中，q 为单位面积上得到的滤液量（m³/m²）。

则

$$q_e^2=K\theta_e \tag{3-48a}$$

$$q^2+2qq_e=K\theta \tag{3-49a}$$

$$(q+q_e)^2=K(\theta+\theta_e) \tag{3-50a}$$

$$q^2=K\theta \tag{3-51a}$$

上面各式也称为恒压过滤方程式。

恒压过滤方程式包含三个常数，其中 K 是由物料特性及过滤压强差决定的常数，称为过滤常数，单位为 m²/s；q_e 与 θ_e 是反映过滤介质阻力大小的常数，均称为介质常数，其单位分别为 m³/m² 与 s。三者统称过滤常数。

【**例 3-6**】在板框压滤机中以恒压差过滤某种悬浮液。现已测得：过滤 10 min 得滤液 1.25 m³，再过滤 10 min 又得滤液 0.55 m³，试求过滤 30 min，可以得到多少滤液（m³）。

解 根据题给条件需用式（3-49）求滤液体积。已知条件为

过滤时间 θ/min　　滤液体积 V/m³

$\theta_1=10$　　　　　$V_1=1.25$

$\theta_2=20$　　　　　$V_2=1.25+0.55=1.80$

$\theta_3=30$　　　　　$V_3=?$

利用前两组数据代入下式求 KA^2 及 V_e，即

$$V^2+2VV_e=KA^2\theta$$

$$1.25^2+2\times1.25V_e=KA^2\times10\times60$$

$$1.80^2+2\times1.80V_e=KA^2\times20\times60$$

解得

$$V_e=0.0821\text{（m}^3\text{）}$$

$$KA^2=2.946\times10^{-3}\text{（m}^6\text{/s）}$$

将上述数据代入 $V^2 + 2VV_e = KA^2\theta$ 即可求得 V_3，即

$$V_3^2 + 2 \times 0.082\,1V_3 = 2.946 \times 10^{-3} \times 30 \times 60$$

解得 $$V_3 = 2.222\,(\text{m}^3)$$

所以过滤 30 min 共得滤液 2.222 m³。

【例 3-7】 在 9.81×10^4 Pa 的恒压强差下过滤悬浮于水中的固体颗粒。已知悬浮液中固相的质量分数为 0.139，固相密度为 2 200 kg/m³，滤饼空隙率为 0.5（即 1 m³ 滤饼含 0.5 m³ 水），过滤常数 $K = 2.8 \times 10^{-5}$ m²/s，过滤面积 $A = 50$ m²，试求欲得滤饼体积 $V_s = 0.62$ m³ 所需的过滤时间。过滤介质阻力可忽略。

解 因可忽略介质阻力，用式（3-51）求过滤时间，即

$$\theta = V^2/KA^2$$

根据固体的物料衡算求欲得 0.62 m³ 滤饼可得到的滤液体积。

设滤饼体积与滤液体积之比为 ν，并以 1 m³ 滤液为基准，作滤饼和悬浮液中固相的质量平衡，得

$$\rho_s(1-\varepsilon)\nu = [1\,000 + \rho_s(1-\varepsilon)\nu + 1\,000\varepsilon\nu] \times 0.139$$

将已知数据代入上式

$$2\,200(1-0.5)\nu = [1\,000 + 2\,200(1-0.5)\nu + 1\,000 \times 0.5\nu] \times 0.139$$

解得 $$\nu = 0.158\,4$$

则 $$V = V_s/\nu = 0.62/0.158\,4 = 3.914\,(\text{m}^3)$$

所以 $$\theta = 3.914^2/(2.8 \times 10^{-5} \times 50^2) = 219\,(\text{s})$$

2. 过滤常数的测定

（1）K、q_e、θ_e 的测定 过滤常数 K、q_e、θ_e 可通过恒压过滤实验来测定。

将恒压过滤方程式（3-50a）进行微分得

$$2(q + q_e)\mathrm{d}q = K\mathrm{d}\theta$$

或

$$\frac{\mathrm{d}\theta}{\mathrm{d}q} = \frac{2}{K}q + \frac{2}{K}q_e \tag{3-52}$$

上式表明 $\frac{\mathrm{d}\theta}{\mathrm{d}q}$ 与 q 呈直线关系，直线的斜率为 $\frac{2}{K}$，截距为 $\frac{2}{K}q_e$。

为了测定和计算方便起见，上式左端的 $\frac{\mathrm{d}\theta}{\mathrm{d}q}$ 可用增量比 $\frac{\Delta\theta}{\Delta q}$ 代替，即

$$\frac{\Delta\theta}{\Delta q} = \frac{2}{K}q + \frac{2}{K}q_e \tag{3-52a}$$

在恒定的压强差下于过滤面积 A 上对待测的悬浮液进行过滤实验，测出与一系列过滤时间 θ 对应的累计滤液量 V，并由此算出一系列 $q = \frac{V}{A}$ 值，从而得出一系列相应的 $\frac{\Delta\theta}{\Delta q}$ 与 q 的函数关系，可得一条直线。由直线的斜率 $\frac{2}{K}$ 及截距 $\frac{2}{K}q_e$ 的数值便可求得 K 和 q_e，再用式（3-48a）求出 θ_e 值。这样测得的 K、q_e、θ_e 便是此种料浆在特定的过滤介质及压强差下的过滤常数。

（2）压缩性指数 s 的测定 在若干不同的压强差下对指定的料浆进行实验，求得各个过滤压强差下的 K 值，然后利用 $K = 2k\Delta p^{1-s}$ 对各组 K-Δp 数据加以处理，便可求得压缩性指数 s 及物料特性常数 k。

对 $K = 2k\Delta p^{1-s}$ 两边取对数，得

$$\lg K = (1-s)\lg(\Delta p) + \lg(2k)$$

对特定的悬浮液，$k = 1/\mu r'\nu$ 为常数，故 K 与 Δp 在双对数坐标纸上标绘时为直线，直线的斜

率为 1−s，截距为 2k。于是 s、k 便可求得。

这里需指出，上式求 s 的方法是建立在 v 值不随压强差变化的前提下，这就要求在实验的压强差范围内，滤饼的空隙率没有明显的变化。

【**例 3-8**】含有 $CaCO_3$ 质量分数为 13.9% 的水悬浮液，用板框压滤机在 20 ℃下进行过滤实验。过滤面积为 0.1 m²。实验数据列于下表中，试求过滤常数 K 和 q_e。【例 3-8】附表中的表压实际上就是压差。

【例 3-8】附表

表压 /Pa	滤液量 V/dm³	过滤时间 θ/s	表压 /Pa	滤液量 V/dm³	过滤时间 θ/s
3.43×10^4	2.92	146	10.3×10^4	2.45	50
	7.80	888		9.80	660

解 两种压力下的 K 和 q_e 分别计算如下。

① 表压 3.43×10^4 Pa 时

$$q_1 = \frac{2.92}{10^3 \times 0.1} = 2.92 \times 10^{-2} \ (\text{m}^3/\text{m}^2)$$

$$\frac{\theta_1}{q_1} = \frac{146}{2.92 \times 10^{-2}} = 5.0 \times 10^3 \ (\text{m}^2 \cdot \text{s/m}^3)$$

$$q_2 = \frac{7.80}{10^3 \times 0.1} = 7.8 \times 10^{-2} \ (\text{m}^3/\text{m}^2)$$

$$\frac{\theta_2}{q_2} = \frac{888}{7.8 \times 10^{-2}} = 1.14 \times 10^4 \ (\text{m}^2 \cdot \text{s/m}^3)$$

因实验数据只有两点，不必画图，可直接用式（3-52）解出 K 和 q_e。联立求解方程式

$$5.0 \times 10^3 = \frac{2 \times 2.92 \times 10^{-2}}{K} + \frac{2q_e}{K} \quad \text{与} \quad 1.14 \times 10^4 = \frac{2 \times 7.8 \times 10^{-2}}{K} + \frac{2q_e}{K}$$

可得 $K = 1.515 \times 10^{-5}$ (m²/s)，$q_e = 8.93 \times 10^{-3}$ (m³/m²)

② 表压为 10.3×10^4 Pa 时，用同样方法求得

$$K = 3.134 \times 10^{-5} (\text{m}^2/\text{s}), \quad q_e = 7.46 \times 10^{-3} \ (\text{m}^3/\text{m}^2)$$

从此例题可知，不同压力下测得的过滤常数值不同。当生产中所用的压力与实验时的力相等时，则实验测得的过滤常数可直接用于生产。

【**例 3-9**】想用一台工业用板框压滤机过滤【例 3-8】中的含 $CaCO_3$ 粉末的悬浮液。在表压 10.3×10^4 Pa、20 ℃条件下过滤 3 h 得到 6 m³ 滤液。已知单位体积滤液所对应的湿滤渣体积为 $v = 0.155$ m³ 湿滤渣 /m³ 滤液。所用过滤介质与【例 3-8】的相同。试求所需要的过滤面积与湿滤渣体积。

解 【例 3-8】中已给出 $p = 10.3 \times 10^4$ Pa 时的过滤常数 $K = 3.134 \times 10^{-5}$ m²/s，$q_e = 7.46 \times 10^{-3}$ m³/m²。可用式（3-49a）求出所需要的过滤面积 A。

$$q^2 + 2qq_e = K\theta$$

$$q^2 + 2qq_e - K\theta = 0$$

所以 $q = -q_e + \sqrt{q_e^2 + K\theta}$
$= -7.46 \times 10^{-3} + \sqrt{(7.46 \times 10^{-3})^2 + 3.134 \times 10^{-5} \times 3 \times 3600} = 0.574 \ (\text{m}^3/\text{m}^2)$

故过滤面积 $A = V/q = 6/0.574 = 10.5$ (m²)

过滤 3 h 得到 6 m³ 滤液，则湿滤渣体积为

$$vV = 0.155 \times 6 = 0.93 \ (\text{m}^3)$$

四、过滤设备

过滤设备种类繁多,结构各异,按产生压差的方式不同,可分为重力式、压(吸)滤式和离心式,其中重力过滤设备较为简单,下面重点介绍压(吸)滤设备和离心过滤设备。

1. 板框压滤机

(1) 板框压滤机结构和工作原理 板框压滤机是一种历史悠久,但仍沿用不衰的间歇式压滤机。由若干块滤板和滤框间隔排列,靠滤板和滤框两侧的支耳架在机架的横梁上,用一端的压紧装置压紧组装而成,如图3-25所示。滤板和滤框是板框压滤机的主要工作部件,滤板和滤框的个数在机座长度范围内可自行调节,一般为10~60块不等,过滤面积为2~80 m²。

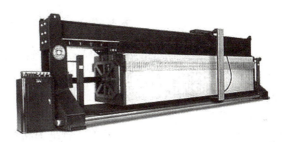

图 3-25 板框压滤机

滤板和滤框一般制成正方形,其构造如图 3-26 所示。板和框的角端均开有圆孔,装配、压紧后即构成供滤浆、滤液和洗涤液流动的通道。滤框两侧覆以滤布,空框和滤布围成了容纳滤浆及滤饼的空间。板又分为洗涤板和过滤板两种,为便于区别,在板、框外侧铸有小钮或其他标志,通常,过滤板为一钮,框为二钮,洗涤板为三钮。装配时即按钮数 1-2-3-2-1-2-3-2-1… 的顺序排列板和框。压紧装置的驱动可用手动、电动或液压传动等方式。

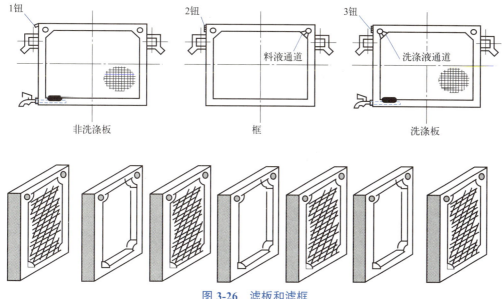

图 3-26 滤板和滤框

板框压滤机为间歇操作,每个操作周期由装配、压紧、过滤、洗涤、拆开、卸料、清洗处理等工序组成。板框经装配、压紧后开始过滤,过滤时,悬浮液在一定的压力下经滤浆通道,由滤框角端的暗孔进入框内,滤液分别穿过两侧滤布,再经邻板板面流到滤液出口排走,固体则被截留于框内,待滤饼充满滤框后,即停止过滤。

若滤饼需要洗涤,可将洗涤水压入洗涤水通道,经洗涤板角端的暗孔进入板面与滤布之间。此时,应关闭洗涤板下部的滤液出口,洗涤水便在压力差推动下穿过一层滤布及整个厚度的滤饼，然后再横穿另一层滤布，最后由过滤板下部的滤液出口排出，这种操作方式称为横穿洗涤法，其作用在于提高洗涤效果。洗涤结束后，旋开压紧装置并将板框拉开，卸出滤饼，清洗滤布，重新组合，进入下一个操作循环。板框式压滤机的过滤与洗涤如图3-27所示。

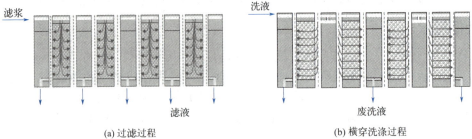

图 3-27 板框式压滤机的过滤与洗涤

板框压滤机的优点是构造简单，制造方便、价格低；过滤面积大，且可根据需要增减滤板以调节过滤能力；推动力大，对物料的适应能力强，对颗粒细小而液体量较大的料浆也能适用。缺点是间歇操作，生产效率低；卸渣、清洗和组装需要时间、人力，劳动强度大，但随着各种自动操作的板框压滤机的出现，这一缺点已得到改进。

（2）滤饼的洗涤时间 滤饼洗涤的目的在于回收滤饼中滤液，或除去滤饼中可溶性杂质。滤饼洗涤方法，对于板框压滤机常采用的是横穿洗涤法，如图3-27（b）所示。

单位时间内消耗的洗水体积称为洗涤速率，用 $\left(\dfrac{dV}{d\theta}\right)_W$ 表示。恒压洗涤，压差为过滤的最终压差，洗涤速率恒定（滤饼厚度不变，阻力恒定）。若每次过滤终了用 V_W 的洗水洗涤滤饼，则所需要的洗涤时间为

$$\theta_W = \dfrac{V_W}{\left(\dfrac{dV}{d\theta}\right)_W} \tag{3-53}$$

式中　V_W——洗水用量，m³；
　　　θ_W——洗涤时间，s。

恒压过滤速率由式（3-47a）改为

$$\left(\dfrac{dV}{d\theta}\right)_E = \dfrac{KA^2}{2(V+V_e)} \tag{3-47b}$$

板框压滤机采用的是横穿洗涤法，洗水横穿两层滤布及整个厚度的滤饼，流经长度约为过滤终了时滤液流动路径的2倍，而供洗水流通的面积为过滤面积的一半，即

$$(L+L_e)_W = 2(L+L_e)_E \qquad A_W = \dfrac{1}{2}A$$

将上式代入（3-47b）则洗涤速率与过滤速率的关系为

$$\left(\dfrac{dV}{d\theta}\right)_W = \dfrac{1}{4}\left(\dfrac{dV}{d\theta}\right)_E = \dfrac{KA^2}{8(V+V_e)}$$

所以洗涤时间为

$$\theta_W = \dfrac{V_W}{\left(\dfrac{dV}{d\theta}\right)_W} = \dfrac{8V_W(V+V_e)}{KA^2} \tag{3-54}$$

（3）间歇过滤机的生产能力 间歇过滤机的特点是在整个过滤机上依次进行过滤、洗涤、卸渣、清理、组装等步骤的循环操作。在每一循环周期中，全部过滤面积只有部分时间在进行过滤，而过滤之外的各步操作所占用的时间也必须计入生产时间内。因此在计算生产能力时，应以整个操作周期为基准。操作周期为

$$T = \theta + \theta_W + \theta_D$$

式中　T——一个操作循环的时间,即操作周期,s;
　　　θ——一个操作循环内的过滤时间,s;
　　　θ_W——一个操作循环内的洗涤时间,s;
　　　θ_D——一个操作循环内的卸渣、清理、装合等辅助操作所需时间,s。
则生产能力的计算式为

$$Q = \frac{3\,600\,V}{\theta + \theta_W + \theta_D}$$

式中　V——一个操作循环的时间所获得的滤液的体积,m³;
　　　Q——生产能力,m³/h。

【例3-10】某板框过滤机过滤面积为 5 m²,恒压下过滤某悬浮液,4 h 后获滤液 100 m³,过滤介质阻力可忽略,试计算:
① 同样操作条件下仅过滤面积增大 1 倍,过滤 4 h 后可得多少滤液?
② 同样操作条件下过滤 2 h 可获多少滤液?
③ 在原操作条件下过滤 4 h 后,用 10 m³ 与滤液物性相近的洗涤液在同样压差下进行洗涤,洗涤时间为多少?若板框过滤机改为叶滤机,洗涤时间又为多少?

解　① $V_e = 0$,恒压过滤方程为 $V^2 = KA^2\theta$ （a）
将 $V = 100$ m³,$A = 5$ m²,$\theta = 4$ h 代入式（a）得

$$K = \frac{V^2}{A^2\theta} = \frac{100^2}{5^2 \times 4} = 100 \text{ (m}^2\text{/h)}$$

将 $A_1 = 2 \times 5 = 10$ m²,$\theta = 4$ h,$K = 100$ m²/h 代入（a）得

$$V_1 = \sqrt{KA_1^2\theta} = \sqrt{100 \times 10^2 \times 4} = 200 \text{ (m}^3\text{)}$$

② 将 $\theta_2 = 2$ h,$A = 5$ m² 代入式（a）得

$$V_2 = \sqrt{KA^2 \times \theta_2} = \sqrt{100 \times 5^2 \times 2} = 70.7 \text{ (m}^3\text{)}$$

③ 过滤速率

$$\left(\frac{dV}{d\theta}\right)_E = \frac{KA^2}{2(V+V_e)} = \frac{100 \times 5^2}{2(100+0)} = 12.5 \text{ (m}^3\text{/h)}$$

板框压滤机采用的是横穿洗涤法

$$\left(\frac{dV}{d\theta}\right)_W = \frac{1}{4}\left(\frac{dV}{d\theta}\right)_E = \frac{1}{4} \times 12.5 = 3.125 \text{ (m}^3\text{/h)}$$

洗涤时间为

$$\theta_W = \frac{V_W}{\left(\dfrac{dV}{d\theta}\right)_W} = \frac{10}{3.125} = 3.2 \text{ (h)}$$

若板框过滤机改为叶滤机,叶滤机洗涤方式为置换洗涤法,故

$$\left(\frac{dV}{d\theta}\right)_W = \left(\frac{dV}{d\theta}\right)_E = 12.5 \text{ (m}^3\text{/h)}$$

所以洗涤时间为

$$\theta_W = \frac{V_W}{\left(\dfrac{dV}{d\theta}\right)_W} = \frac{10}{12.5} = 0.8 \text{ (h)}$$

2. 转鼓真空过滤机

转鼓真空过滤机为连续式真空过滤设备,如图 3-28 所示。主机由滤浆槽、篮式转鼓、分配头、刮刀等部件构成。篮式转鼓是一个转轴呈水平放置的圆筒,圆筒一周为金属网上覆以滤布构成的过滤面,转鼓在旋转过程中,过滤面依次浸入滤浆中。

转筒的过滤面积一般为 5～40 m²,浸没部分占总面积的 30%～40%,转速为 0.1～3 r/min。

转鼓内沿径向分隔成若干独立的扇形格,每格都有单独的孔道通至分配头上。转鼓转动时,借分配头的作用使这些孔道依次与真空管及压缩空气管相通,因而,转鼓每旋转一周,每个扇形格可依次完成过滤、洗涤、吸干、吹松、卸饼等操作。

转鼓真空过滤机

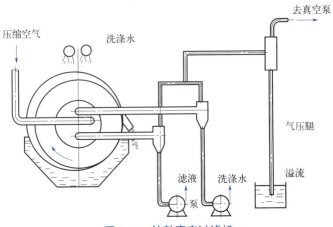

图 3-28 转鼓真空过滤机

转鼓真空过滤机及分配头的结构如图 3-29 所示,分配头由紧密贴合的转动盘和固定盘构成,转动盘装配在转鼓上一起旋转,固定盘内侧开有若干长度不等的凹槽与各种不同作用的管道相通。操作时转动盘与固定盘相对滑动旋转,由固定盘上相连的不同作用的管道实现滤液吸出、洗涤水吸出及空气压入的操作。即当转鼓上某些扇形格浸入料浆中时,恰与滤液吸出系统相通,进行真空吸滤,该部分扇形格离开液面时,继续吸滤,吸走滤饼中残余液体;当转到洗涤水喷淋处,恰与洗涤水吸出系统相通,在洗涤过程中将洗涤水吸走并脱水;在转到与空气压入系统连接处时,滤饼被压入的空气吹松并由刮刀刮下。在再生区,空气将残余滤渣从过滤介质上吹除。转鼓旋转一周,完成一个操作周期,连续旋转便构成连续过滤操作。

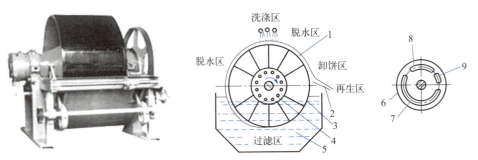

图 3-29 转鼓真空过滤机及分配头的结构

1—滤饼;2—刮刀;3—转鼓;4—转动盘;5—滤浆槽;6—固定盘;7—吸走滤液真空凹槽;
8—吸走洗涤水的真空凹槽;9—压缩空气进口凹槽

转鼓真空过滤机的优点是连续操作,生产能力大,适于处理量大而容易过滤的料浆,对于难过滤的细、黏物料,采用助滤剂预涂的方式也比较方便,此时可将卸料刮刀稍微离开转鼓表面一定距离,可使助滤剂涂层不被刮下,而在较长时间内发挥助滤作用。转鼓真空过滤机在制碱、造纸、制糖、采矿等工业中均有应用。它的缺点是附属设备较多,结构复杂,投资费用高,过滤面积不大,滤饼含液量高(常达30%),洗涤不充分,能耗高,且是真空操作,料浆温度要求严格。

3. 加压叶滤机

图 3-30 所示的加压叶滤机是由许多不同的长方形或圆形滤叶装配而成。滤叶由金属多孔板或金属网制造,内部具有空间,外罩滤布。过滤时滤叶安装在能承受内压的密闭机壳内,料浆用泵压送到机壳内,滤液穿过滤布进入滤叶内,汇集至总管后排出机外,颗粒则被截留于滤布外侧,形成滤饼。滤饼的厚度通常为 5～35 mm,视料浆性质及操作情况而定。

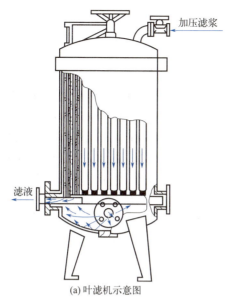
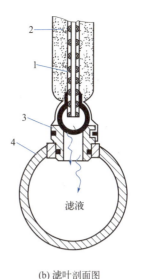

(a) 叶滤机示意图　　　　(b) 滤叶剖面图

图 3-30　加压叶滤机

1—滤饼；2—滤布；3—拔出装置；4—橡胶圈

叶滤机结构原理

若滤饼需要洗涤，则于过滤完毕后通入洗涤水，洗涤水的路径与滤液相同，这种洗涤方法称为置换洗涤法。洗涤过后打开机壳上盖，拔出滤叶，卸除滤饼。

加压叶滤机也是间歇操作设备，其优点是过滤速率大，洗涤效果好，占地面积小，密闭操作，改善了操作条件；缺点是造价较高，更换滤叶比较麻烦。

4. 袋滤器

袋滤器是利用含尘气体穿过袋状有骨架支撑起来的滤布，以滤除气体中尘粒的设备。袋滤器可除去 1 μm 以下的尘粒，常用作最后一级的除尘设备。

袋滤器的过滤形式有多种，含尘气体可以由滤袋内向外过滤，也可以由外向内过滤。

图 3-31 为脉冲式袋滤器的结构示意图和外观图，含尘气体由下部进入袋滤器，气体由外向内穿过支撑于骨架上的滤袋，洁净气体汇集于上部由出口管排出，尘粒被截留于滤袋外表面。清灰操作时，开启压缩空气反吹系统，使尘粒落入灰斗。

袋滤器的工业应用有哪些？

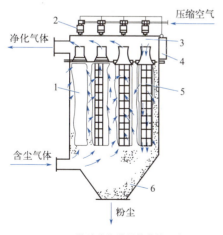

(a) 脉冲式袋滤器的结构示意图　　　　(b) 脉冲式袋滤器的外观图

图 3-31　脉冲式袋滤器

1—滤袋；2—电磁阀；3—喷嘴；4—自控器；5—骨架；6—灰斗

了解焦化厂地面除尘站

袋滤器具有除尘效率高、适应性强、操作弹性大等优点，但占用空间较大，受滤布耐温、耐腐蚀的限制，不适宜于高温（> 300 ℃）气体，也不适宜带电荷的尘粒和黏结性、吸湿性强的尘

特别提示：使用准数关联式时应注意以下问题。
① 应用范围：关联式中 Re、Pr、Gr 的数值范围。
② 特征尺寸：Nu、Re、Gr 等准数中 l 如何选取。
③ 定性温度：各准数中流体的物性应按什么温度确定。

2. 流体在圆形直管内无相变强制对流

适用于气体或低黏度（小于 2 倍常温水的黏度）液体在圆形直管内无相变强制湍流的准数关联式

$$Nu = 0.023Re^{0.8}Pr^n \tag{4-23}$$

或

$$\alpha = 0.023\frac{\lambda}{d_{内}}\left(\frac{d_{内}u\rho}{\mu}\right)^{0.8}\left(\frac{\mu c_p}{\lambda}\right)^n \tag{4-23a}$$

当流体被加热时，式中 $n=0.4$；当流体被冷却时，式中 $n=0.3$。

应用范围：$Re > 10^4$，$0.7 < Pr < 120$，管长与管径之比 $L/d_{内} \geq 60$，若 $L/d_{内} < 60$ 的短管，则需进行修正，可将式（4-23a）求得的 α 值乘以大于 1 的短管修正系数 φ，即

$$\varphi = [1+(d_{内}/L)^{0.7}] \tag{4-24}$$

【**例 4-5**】在 200 kPa、20 ℃下，流量为 60 m³/h 空气进入套管换热器的内管，并被加热到 80 ℃，内管直径为 ϕ 50 mm×3.5 mm，长度为 3 m。试求管壁对空气的对流传热系数。

解 定性温度 $=\dfrac{20+80}{2}=50$ ℃，查附录十一得 50 ℃下空气的物理性质如下：

$$\mu = 1.96\times10^{-5} \text{ Pa·s}，\lambda=2.83\times10^{-2} \text{ W/(m·℃)}，Pr=0.698$$

空气在进口处的速度为

$$u = \frac{V}{\dfrac{\pi}{4}d_i^2} = \frac{4\times60}{3\,600\times\pi\times0.05^2} = 8.49 \text{ (m/s)}$$

空气进口处的密度为

$$\rho = 1.293\times\frac{273}{273+20}\times\frac{200}{101.3} = 2.379 \text{ (kg/m}^3\text{)}$$

空气的质量流速为

$$G = u\rho = 8.49\times2.379 = 20.2 \text{ [kg/(m}^2\cdot\text{s)]}$$

所以

$$Re = \frac{d_i G}{\mu} = \frac{0.05\times20.2}{1.96\times10^{-5}} = 51\,530 \text{（湍流）}$$

又因

$$\frac{L}{d_i} = \frac{3}{0.05} = 60$$

故 Re 和 Pr 值均在式（4-23a）的应用范围内，可用式（4-23a）求算 α。且气体被加热，取 $n=0.4$，则

$$\alpha = 0.023\frac{\lambda}{d_{内}}Re^{0.8}Pr^n = 0.023\times\frac{2.83\times10^{-2}}{0.05}\times51\,530^{0.8}\times0.698^{0.4} = 66.3 \text{ [W/(m}^2\cdot\text{℃)]}$$

计算结果表明，一般气体的对流传热系数都比较低。

五、流体有相变时的对流传热过程分析

1. 蒸汽冷凝

当饱和蒸汽与低于饱和温度的壁面相接触时，蒸汽放出潜热并在壁面上冷凝成液体。

(1) 蒸汽冷凝方式

① 膜状冷凝。若冷凝液能润湿壁面，则在壁面上形成一层完整的液膜。如图 4-13 所示。

② 滴状冷凝。如图 4-14 所示，若冷凝液不能润湿壁面，由于表面张力的作用，冷凝液在壁面上形成许多液滴，并沿壁面落下。滴状冷凝时，大部分壁面直接暴露在蒸汽中，由于没有液膜阻碍热流，因此滴状冷凝的传热系数 α 大于膜状冷凝的传热系数 α，但在生产中滴状冷凝是不稳定的，冷凝器的设计常按膜状冷凝来考虑。

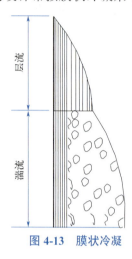

图 4-13 膜状冷凝

图 4-14 滴状冷凝

(2) 影响冷凝传热的因素　影响冷凝传热的因素很多，主要有以下几点。

① 液膜两侧温度差的影响。液膜呈滞流流动时，Δt 增大，液膜厚度增大，α 减小。

② 流体物性的影响。液体的密度、黏度、热导率、汽化热等都影响 α 值。液体的密度 ρ 增加、黏度 μ 减小、对流传热系数 α 增大；热导率 λ 增大、汽化热 γ 增大、对流传热系数 α 增大。所有物质中，水蒸气的冷凝传热系数最大，一般为 10 000W/(m²·℃) 左右。

③ 蒸汽流速和流向的影响。蒸汽运动时会与液膜间产生摩擦力，若蒸汽和液膜同向流动，则摩擦力使液膜加速，厚度变薄，使 α 增大；若两者逆向流动，则 α 减小。如摩擦作用力超过液膜重力，液膜会被蒸汽吹离壁面。此时随蒸汽流速的增加 α 急剧增大。

④ 蒸汽中不凝性气体含量的影响。蒸汽冷凝时，不凝性气体在液膜表面形成气膜，冷凝蒸汽到达液膜表面冷凝前先要通过气膜，增加了一层附加热阻。由于气体 λ 很小，使 α 急剧下降。故必须考虑不凝性气体的排除。

⑤ 冷凝壁面的影响。水平放置的管束，冷凝液从上部各排管子流下，使下部管排液膜变厚，则 α 变小。垂直方向上管排数越多，α 下降得也越多。为增大 α 值，可将管束由直列改为错列或减小垂直方向上管排的数目。

2. 液体沸腾

液体与高温壁面接触被加热汽化并产生气泡的过程称为沸腾。

(1) 液体沸腾的方法　工业上液体沸腾的方法可分为两种：大容积沸腾是将加热壁面浸没在液体中，液体在壁面处受热沸腾；管内沸腾是液体在管内流动时受热沸腾。

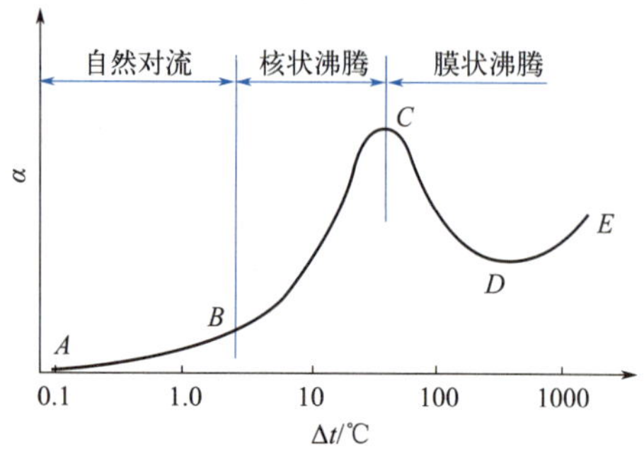

(2) 液体沸腾曲线　以常压下水在容器内沸腾传热为例，讨论 Δt 对 α 的影响，水的沸腾曲线如图 4-15 所示。

AB 段：$\Delta t \leqslant 5$ ℃时，加热表面上的液体轻微受热，使液体内部产生自然对流，没有气泡从液体中逸出，仅在液体表面上发生蒸发，α 较低。此阶段称为自然对流区。

BC 段：$\Delta t = 5 \sim 25$ ℃，在加热表面的局部位置上开始产生气泡，该局部位置称为汽化核心。气泡的产生、

图 4-15 水的沸腾曲线

脱离和上升使液体受到强烈扰动，因此 α 急剧增大。此阶段称核状沸腾。

CD 段：Δ*t* ≥ 25 ℃，加热面上气泡增多，气泡产生的速度大于它脱离表面的速度，表面上形成一层蒸汽膜，由于蒸汽的热导率低，气膜的附加热阻使 α 急剧下降。此阶段称为不稳定的膜状沸腾。

DE 段：Δ*t* ≥ 25 ℃时，气膜稳定，由于加热面温度 t_w 高，热辐射影响较大，α 增大。此时为稳定膜状沸腾。

从核状沸腾到膜状沸腾的转折点 C 称为临界点。C 点的 Δt_c、α_c 分别称为临界温度差和临界沸腾传热系数。工业生产中总是设法使沸腾装置控制在核状沸腾下工作。因为此阶段 α 大，t_w 小。

（3）影响沸腾传热的因素

① 流体的物性。流体的热导率 λ、密度 ρ、黏度 μ 和表面张力 σ 等对沸腾传热有重要影响。α 随 λ、ρ 增加而增大；随 μ、σ 增加而减小。

② 温度差 Δ*t*。温度差 $t_w - t_s$ 是控制沸腾传热的重要因素，应尽量控制在核状沸腾阶段进行操作。

③ 操作压强。提高沸腾压强，相当于提高液体的饱和温度，使液体的表面张力和黏度均减小，有利于气泡的形成和脱离，强化了沸腾传热。在相同温度差下，操作压强升高，α 增大。

④ 加热表面的状况。加热面越粗糙，气泡核心越多，越有利于沸腾传热。一般新的、清洁的、粗糙的加热面的 α 较大。当表面被油脂玷污后，α 急剧下降。

此外，加热面的布置情况，对沸腾传热也有明显的影响。例如，在水平管束外沸腾时，其上升气泡会覆盖上方管的一部分加热面，导致 α 下降。

任务四

传热过程计算

间壁式传热过程计算

一、热量衡算

在传热过程中，若没有热量损失，热流体放出的热量应等于冷流体吸收的热量。由于流体在热交换过程中的状态不同，传热速率的计算也不同，现介绍常用的几种计算方法。

1. 恒温传热的热量衡算

间壁两侧流体在相变温度下的对流传热属恒温传热，如饱和蒸汽与沸腾液体间的传热就属于恒温传热。此时冷、热流体在流动过程中温度均不发生变化，即（*T*−*t*）是定值，则

$$Q = K(T-t)A = K\Delta t A \tag{4-25}$$

2. 变温传热的热量衡算

许多情况是冷、热流体在热交换过程中温度不断变化，具体有以下几种情况。

（1）间壁传热中，两种流体均无相变时的热量衡算

$$Q = q_{mh} C_{ph}(T_1 - T_2) = q_{mc} C_{pc}(t_2 - t_1) \tag{4-26}$$

式中　q_{mh}——热流体流量，kg/s；
　　　q_{mc}——冷流体流量，kg/s；
　　　C_{ph}——热流体的定压比热容，kJ/(kg·℃)；
　　　C_{pc}——汽流体的定压比热容，kJ/(kg·℃)；
　　　T_1，T_2——热流体的进口和出口温度，℃；

t_1, t_2——冷流体的进口和出口温度，℃。

(2) 间壁传热中，一种流体有相变，流体温度不变 若换热器中一侧流体有相变化，即一侧是饱和蒸汽且冷凝液在饱和蒸汽温度下离开换热器，则

$$Q = q_{mh}\gamma = W_c C_{pc}(t_2 - t_1) \tag{4-27}$$

式中 γ——饱和蒸汽的冷凝热，kJ/kg。

(3) 间壁传热中，一种流体有相变，且流体温度发生变化 若换热器中流体有相变化且冷凝液离开换热器的温度低于饱和蒸汽温度，则

$$Q = q_{mh}[\gamma + C_{ph}(T_1 - T_2)] = W_c C_{pc}(t_2 - t_1) \tag{4-28}$$

【**例 4-6**】将 0.417 kg/s，353 K 的硝基苯通过换热器用冷却水将其冷却到 313 K。冷却水初温为 303K，终温不超过 308 K。已知水的比热容为 4.187 kJ/(kg·℃)，试求换热器的热负荷及冷却水用量。

解 由附录十七查得硝基苯 $T_m = \dfrac{T_1 + T_2}{2} = \dfrac{353 + 313}{2} = 333$ K 时的比热容为 1.6 kJ/(kg·℃)，则热负荷为 $Q = q_{mh} C_{ph}(T_1 - T_2) = 0.417 \times 1.6 \times (353 - 313) = 26.7$（kW）

冷却水用量为

$$q_{mc} = \frac{Q}{c_{pc}(t_2 - t_1)} = \frac{26\,700}{4.187 \times 1\,000 \times (308 - 303)} = 1.275 \text{（kg/s）}$$

二、平均温度差的计算

由于换热器中流体的物性是变化的，故传热温度差和传热系数一般也会发生变化，在工程计算中通常用平均传热温度差代替。间壁两侧流体平均温度差的计算方法与换热器中两流体的相互流动方向有关，而两流体的温度变化情况，可分为恒温传热和变温传热。

1. 恒温传热时的平均温度差

换热器间壁两侧流体均有相变化时，例如在蒸发器中，间壁的一侧，液体保持在恒定的沸腾温度 t 下蒸发；间壁的另一侧，加热用的饱和蒸汽在一定的冷凝温度 T 下进行冷凝，属恒温传热，此时传热温度差（$T-t$）不变，即流体的流动方向对 Δt_m 无影响。

$$\Delta t_m = T - t \tag{4-29}$$

2. 变温传热时的平均温度差

变温传热时，两流体相互流动的方向不同，则对温度差的影响不同，分述如下。

(1) 逆流和并流时的平均温度差 在换热器中，冷、热两流体平行而同向流动，称为并流；两者平行而反向流动，称为逆流，如图4-16所示。

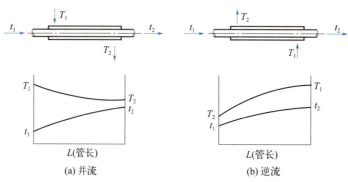

图 4-16 并流和逆流

并流和逆流时的平均温度差经推导得

$$\Delta t_m = \frac{\Delta t_1 - \Delta t_2}{\ln \frac{\Delta t_1}{\Delta t_2}} \tag{4-30}$$

特别提示： 若 $\Delta t_1 / \Delta t_2 < 2$ 时，仍可用算术平均值计算，即 $\Delta t_m = \frac{\Delta t_1 + \Delta t_2}{2}$，其误差 $<4\%$。对于同样的进出口条件，$\Delta t_{m逆} > \Delta t_{m并}$，并可以节省传热面积及加热剂或冷却剂的用量，工业上一般采用逆流。而对于一侧有变化，另一侧恒温，$\Delta t_{m逆} = \Delta t_{m并}$。

【例 4-7】在列管式换热器中，热流体由 180 ℃冷却至 140 ℃，冷流体由 60 ℃加热到 120 ℃，试计算并流操作的 $\Delta t_{m并}$ 和逆流操作的 $\Delta t_{m逆}$。

解

并流操作

$$\begin{array}{c} 180\ ℃ \rightarrow 140\ ℃ \\ \underline{60\ ℃ \rightarrow 120\ ℃} \\ 120\ ℃ \quad 20\ ℃ \end{array}$$

$$\Delta t_m = \frac{\Delta t_1 - \Delta t_2}{\ln \frac{\Delta t_1}{\Delta t_2}} = \frac{120 - 20}{\ln \frac{120}{20}} = \frac{100}{1.79} = 55.9\ (℃)$$

逆流操作

$$\begin{array}{c} 180\ ℃ \rightarrow 140\ ℃ \\ \underline{120\ ℃ \leftarrow 60\ ℃} \\ 60\ ℃ \quad 80\ ℃ \end{array}$$

所以

$$\Delta t_m = \frac{80 - 60}{\ln \frac{80}{60}} = \frac{20}{0.288} = 69.5\ (℃)$$

由【例 4-7】可知，逆流操作平均温差大于并流操作平均温度差，采用逆流操作可节省传热面积，从而可以节省加热剂或冷却剂的用量。但是在某些生产工艺有特殊要求时，如要求冷流体被加热时不能超过某一温度，或热流体被冷却时不能低于某一温度，则宜采用并流操作。

(2) 错流和折流时的平均温度差 在大多数的列管换热器中，两流体并非简单地逆流或并流。因为传热的好坏，不仅要考虑温度差的大小，还要考虑到影响传热系数的多种因素以及换热器的结构是否紧凑合理等，所以实际上两流体的流向，是比较复杂的折流，或是相互垂直的错流。如图 4-17 所示，（a）图中两流体的流向互相垂直，称为错流；（b）图中一种流体只沿一个方向流动，而另一种流体反复折流，称为简单折流。若两股流体均作折流，或既有折流又有错流，则称为复杂折流。

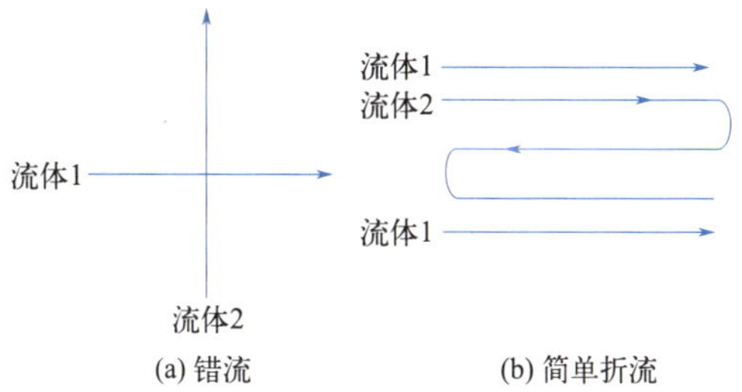

图 4-17 错流和折流

错流或折流时的平均温度差是先按逆流计算对数平均温度差 $\Delta t_{m逆}$，再乘以温度差修正系数 $\varphi_{\Delta t}$，即

$$\Delta t_m = \varphi_{\Delta t} \Delta t_{m逆} \tag{4-31}$$

各种流动情况下的温度差修正系数 $\varphi_{\Delta t}$，R 和 P 两个参数可根据换热器的型式由图 4-18 查取。

$$R = \frac{T_1 - T_2}{t_2 - t_1} = \frac{热流体的温降}{冷流体的温升} \tag{4-32}$$

$$P = \frac{t_2 - t_1}{T_1 - t_1} = \frac{冷流体的温升}{两流体的最初温差} \tag{4-33}$$

$\varphi_{\Delta t}$ 值可根据换热器的型式，由图 4-18 查取。采用折流和其他复杂流动的目的是提高传热系数，其代价是使平均温度差相应减小。综合利弊，一般在设计时最好使 $\varphi_{\Delta t} > 0.9$，至少也不应低于 0.8，否则经济上不合理。

工业生产中传热为什么常采用逆流操作？

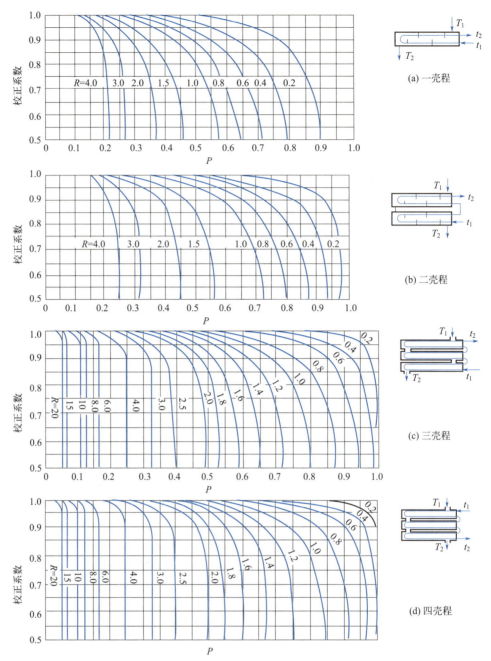

图 4-18 对数平均温度差的修正系数

三、传热系数的获取

传热系数的获取有以下三种方式：取经验值、现场测定和传热系数计算。

1. 取传热系数的经验值

取经验值要选取工艺条件相仿、设备类似而又比较成熟的经验数据，表 4-5 中列出了列管式换热器中不同流体在不同情况下的传热系数的大致范围，必要时可从表中直接选取 K 值。

2. 现场测定传热系数

对于已有的换热器，可以测定有关数据，如设备的尺寸、流体的流量和进出口温度等，然后求得传热速率 Q、传热温度差 Δt 和传热面积 A，再由传热基本方程计算 K 值。这样得到的 K 值可靠性较高，但是其使用范围受到限制，只有与所测情况相一致的场合（包括设备的类型、尺寸、流体性质、流动状况等）才准确。但若使用情况与测定情况相似，所测 K 值仍有一定参考价值。下面重点介绍公式计算法。

表4-5 列管式换热器 K 值的大致范围

热流体	冷流体	传热系数 K/[W/(m²·K)]	热流体	冷流体	传热系数 K/[W/(m²·K)]
水	水	850～1 700	低沸点烃类蒸汽冷凝（常压）	水	455～1 140
轻油	水	340～910	高沸点烃类蒸气冷凝（常压）	水	60～170
气体	水	60～280	水蒸气冷凝	水沸腾	2 000～4 250
水蒸气冷凝	水	1 420～4 250	水蒸气冷凝	轻油沸腾	455～1 020
水蒸气冷凝	气体	30～300	水蒸气冷凝	重油沸腾	140～425

解释工业中常用水作冷却剂的原因

3. 传热系数的计算

(1) 平壁的传热系数计算　以单层平壁间壁式换热器为例，热量由热流体传给冷流体的过程由热流体对壁面的对流传热、壁面内的导热和壁面对冷流体的对流传热三步完成。

全过程可以看成三个热阻串联传热，则总热阻（$1/K$）等于三个分热阻之和。

$$R = R_1 + R_导 + R_2 = \frac{1}{K} = \frac{1}{\alpha_1} + \frac{b}{\lambda} + \frac{1}{\alpha_2}$$

则

$$K = \frac{1}{\frac{1}{\alpha_1} + \frac{b}{\lambda} + \frac{1}{\alpha_2}} \tag{4-34}$$

① 若为多层平壁。式（4-34）分母中的 $\frac{b}{\lambda}$ 一项可以写为 $\sum_{i=1}^{n} \frac{b}{\lambda} = \frac{b_1}{\lambda_1} + \frac{b_2}{\lambda_2} + \cdots + \frac{b_n}{\lambda_n}$

则式（4-34）还可写成

$$K = \frac{1}{\frac{1}{\alpha_1} + \sum_{i=1}^{n} \frac{b_i}{\lambda_i} + \frac{1}{\alpha_2}} \tag{4-34a}$$

② 若固体壁面为金属材料，金属的热导率较大，而壁厚又薄，$\sum_{i=1}^{n} \frac{b_i}{\lambda_i}$ 一项与 $\frac{1}{\alpha_1}$ 和 $\frac{1}{\alpha_2}$ 相比可略去不计，则式（4-34）还可写成

$$K = \frac{1}{\frac{1}{\alpha_1} + \frac{1}{\alpha_2}} = \frac{\alpha_1 \alpha_2}{\alpha_1 + \alpha_2} \tag{4-34b}$$

提高 K 的措施有哪些？

特别提示： 当两个 α 值相差悬殊时，则 K 值与小的 α 值很接近，如果 $\alpha_1 \gg \alpha_2$，则 $K \approx \alpha_2$；$\alpha_1 \ll \alpha_2$，则 $K \approx \alpha_1$。

(2) 圆筒壁的传热系数计算　当传热面为圆筒壁时，两侧的传热面积不相等。若以 A_o 表示换热管的外表面积，A_i 表示换热管的内表面积，A_m 表示换热管的平均面积，则

K 与 α 的关系

$$K_o = \frac{1}{\frac{A_o}{\alpha_1 A_i} + \frac{b A_o}{\lambda A_m} + \frac{1}{\alpha_2}} \tag{4-35}$$

式（4-35）中，K_o 称为以外表面积为基准的传热系数，$A_o = \pi d_o L$。

同理可得

$$K_i = \cfrac{1}{\cfrac{1}{\alpha_1} + \cfrac{bA_i}{\lambda A_m} + \cfrac{A_i}{\alpha_2 A_o}} \tag{4-36}$$

式（4-36）中，K_i 称为以内表面积为基准的传热系数，$A_i=\pi d_i L$。同理还可得

$$K_m = \cfrac{1}{\cfrac{A_m}{\alpha_1 A_i} + \cfrac{b}{\lambda} + \cfrac{A_m}{\alpha_2 A_o}} \tag{4-37}$$

式（4-37）中，K_m 称为以平均面积为基准的传热系数，$A_m=\pi d_m L$。

特别提示： 对于传热面为圆管壁的换热器，其传热系数必须注明是以哪个传热面为基准。在实际生产中通常以外表面积 A_0 为基准。一般在管壁较薄时，热导率较大时，式（4-35）~式（4-37）都可以简化为平壁计算式。

【**例 4-8**】一列管式冷凝器，换热管规格为 $\phi 25$ mm×2.5 mm，其有效长度为 3.0 m。冷却剂以 0.7 m/s 的流速在管内流过，其温度由 20 ℃ 升至 50 ℃。流量为 5 000 kg/h、温度为 75 ℃ 的饱和有机蒸气在壳程冷凝为同温度的液体后排出，冷凝相变焓为 310kJ/kg。已知蒸气冷凝传热系数为 800 W/(m²·℃)，冷却剂的对流传热系数为 2 500 W/(m²·℃)。冷却剂侧的污垢热阻为 0.000 55 m²·K/W，蒸气侧污垢热阻和管壁热阻忽略不计。试计算该换热器的传热面积、并确定该换热器中换热管的总根数及管程数（已知冷却剂的比热容为 2.5 kJ/(kg·K)，密度为 860 kg/m³）。

解 有机蒸气冷凝放热量 $\quad Q = q_{mh} r = \cfrac{5\,000}{3\,600} \times 310 \times 10^3 = 4.31 \times 10^5$（W）

传热平均温差 $\quad \Delta t_m = \cfrac{50-20}{\ln\cfrac{75-20}{75-50}} = 38$（℃）

$$\cfrac{1}{K} = \cfrac{1}{\alpha_1} + \cfrac{1}{\alpha_2} \times \cfrac{d_1}{d} + R_{s2} \times \cfrac{d_1}{d} = \cfrac{1}{800} + \cfrac{1}{2\,500} \times \cfrac{25}{20} + 0.000\,55 \times \cfrac{25}{20} = 2.44 \times 10^{-3}\text{（m}^2\cdot\text{K/W）}$$

总传热系数 $\quad K = 410$ [W/(m²·K)]

所需传热面积 $\quad A = \cfrac{Q}{K\Delta t_m} = \cfrac{4.31\times 10^5}{410\times 38} = 27.7$（m²）

在设计型计算中，设计人员可根据管程流量和指定的管程流速确定换热管总根数和管程数，为此需要求出冷却剂的用量

$$q_{mc} = \cfrac{Q}{C_{pc}(t_2-t_1)} = \cfrac{4.31\times 10^5}{2.5\times 10^3 \times (50-20)} = 5.75\text{（kg/s）}$$

每根管程中换热管的根数由冷却剂总流量和每根管中冷却剂的流量求出

$$n_i = \cfrac{q_{mc}}{\cfrac{\pi}{4}d^2 u \rho_c} = \cfrac{5.75}{0.785\times 0.02^2 \times 0.7 \times 860} = 30$$

每根管程的传热面积 $\quad A_i = n_i \pi d_o l = 30\times 3.14 \times 0.025 \times 3.0 = 7.07$（m²）

管程数 $\quad N = \cfrac{A}{A_i} = \cfrac{27.7}{7.07} = 3.92$

取管程数 $\quad N = 4$

换热管总根数 $\quad n = N n_i = 120$

四、污垢热阻

换热器使用一段时间后，传热壁面往往积存一层污垢，对传热形成了附加热阻，称为污垢热阻。污垢热阻的大小与流体的性质、流速、温度、设备结构及运行时间等因素有关。对于一定的流体，增加流速，可以减少污垢在壁面的沉积，降低污垢热阻。由于污垢层的厚度及其热导率难

以准确测定，通常只能根据污垢热阻的经验值进行计算。污垢热阻的经验值可查阅有关手册。

若换热器内外均存在污垢热阻，分别用 R_i 和 R_o 表示，取经验数据，则单层平壁传热系数计算式可写为

$$K = \frac{1}{\frac{1}{\alpha_1} + R_i + \frac{b}{\lambda} + R_o + \frac{1}{\alpha_2}} \tag{4-38}$$

为了减少冷热流体壁面两侧的污垢热阻，换热器应定期清洗。

五、传热设备的壁温计算

在热损失和某些对流传热系数的计算中都需要知道设备的壁温。此外，选择换热器类型和管材时，也需要知道壁温。

对于定态传热，单位时间内两流体交换的热量（总传热速率）等于单位时间内流体与固体壁面之间传热速率（对流传热速率），或通过管壁的导热速率，即

$$Q = KA\Delta t_m = \alpha_1 A_i (T - T_W) = \frac{A_m (T_W - t_W)}{\frac{b}{\lambda}} = \alpha_2 A_o (t_W - t) \tag{4-39}$$

由式（4-39）可解出壁温的表达式

$$T_W = T - \frac{Q}{\alpha_1 A_i} \tag{4-39a}$$

$$t_W = T_W - \frac{bQ}{\lambda A_m} \tag{4-39b}$$

$$t_W = t + \frac{Q}{\alpha_2 A_o} \tag{4-39c}$$

如果设备壁面不是很厚，且热导率很大，则在计算壁温时常采用简化处理，认为壁面两侧的温度基本相等，即 $t_W = T_W$，式（4-39a）与式（4-39c）之比为

$$\frac{T - T_W}{t_W - t} = \frac{\alpha_2 A_o}{\alpha_1 A_i} = \frac{T - T_W}{T_W - t} \tag{4-40}$$

式（4-40）说明，传热面两侧流体温度差之比等于两侧热阻之比，即哪侧热阻大，哪侧温度差也大。如果 $\alpha_2 \gg \alpha_1$，则 $T \approx T_W$，即壁温总是接近于对流传热系数较大或者说热阻较小一侧流体的温度。

【例 4-9】生产中用一换热管规格为 $\phi 25 \text{ mm} \times 2.5 \text{ mm}$（钢管）的列管换热器回收裂解气的余热。用于回收余热的介质水在管外达到沸腾，其传热系数为 10 000 W/(m²·K)。该侧压力为 2 500 kPa（表压）。管内走裂解气，其温度由 580 ℃ 下降至 472 ℃，该侧的对流传热系数为 230 W/(m²·K)。管壁的 λ 为 45 W/(m·℃) 若忽略污垢热阻，试求换热管内、外表面的温度。

解 由式（4-39a）与式（4-39c）可知，求壁温，需要计算换热器的传热速率 Q，为此需要求总传热系数和平均温差。以外表面为基准的总传热系数计算如下

$$\frac{1}{K_o} = \frac{A_o}{\alpha_1 A_i} + \frac{bA_o}{\lambda A_m} + \frac{1}{\alpha_2} = \frac{d_o}{\alpha_1 d_i} + \frac{bd_o}{\lambda d_m} + \frac{1}{\alpha_2}$$

$$= \frac{25}{230 \times 20} + \frac{0.0025 \times 25}{45 \times 22.5} + \frac{1}{10\,000} = 5.6 \times 10^{-3} \text{ (m}^2 \cdot \text{K)/W}$$

求得

$$K = 178.7 \text{ W/(m}^2 \cdot \text{K)}$$

换热器水侧温度为 2 500 kPa（表压）下饱和水蒸气的温度，查饱和水蒸气表可得该温度为 $t = 226$ ℃。则平均温差为

$$\Delta t_m = \frac{\Delta t_1 - \Delta t_2}{\ln \dfrac{\Delta t_1}{\Delta t_2}} = \frac{(580-226)-(472-226)}{\ln \dfrac{580-226}{472-226}} = 297 \text{ （℃）}$$

该换热器的传热速率为

$$Q = KA\Delta t_m = 178.7 \times 297 A_o = 53\,074 A_o$$

裂解气在换热器内平均温度为

$$T = \frac{T_1+T_2}{2} = \frac{580+472}{2} = 526 \text{ （℃）}$$

代入 T_W 表达式可得

$$T_W = T - \frac{Q}{\alpha_1 A_i} = 526 - \frac{53\,074}{230} \times \frac{A_o}{A_i} = 526 - \frac{53\,074}{230} \times \frac{25}{20} = 237.6 \text{ （℃）}$$

$$t_W = t + \frac{Q}{\alpha_2 A_o} = 226 + \frac{53\,074 A_o}{\alpha_2 A_o} = 226 + \frac{53\,074}{10\,000} = 231.3 \text{ （℃）}$$

由于换热管两侧的对流传热系数相差很大，分别为 10 000 W/(m²·K)、230 W/(m²·K)，换热器的总传热系数为 178.7 W/(m²·K) 接近于小的对流传热系数。另外，计算结果表明，换热管内、外表面温度很接近，这是由于管壁材料热导率很大；另外，管壁温度接近于对流传热系数很高一侧的温度，即沸腾水的温度。

六、强化传热的途径

由总传热速率方程 $Q = KA\Delta t_m$ 知，增大 Δt_m、K 及 A 均可提高传热速率 Q，其中增大传热系数 K 是强化传热的最有效途径。

1. 尽可能增大传热平均温度差 Δt_m

增大传热平均温度差，可提高换热器的传热速率。具体措施如下。
① 当两侧流体变温传热时，尽量采用逆流操作。
② 提高加热剂的温度（如采用蒸汽加热，可提高蒸汽的压力）；降低冷却剂的进口温度。

2. 尽可能增大总传热面积 A

增大总传热面积，可提高换热器的传热速率。具体措施如下。
① 直接接触传热可采用增大两流体接触面积的方法，提高传热速率。
② 改进换热器的结构，采用高效新型换热器。

3. 尽可能增大传热系数 K

增大传热系数，可提高换热器传热速率，以式（4-35）为例，提高传热系数 K 的具体措施如下。
① 提高流体的对流传热系数 α。若 λ 很大，而 b 很小，污垢热阻可忽略时，由前面讨论可知，K 值与小的 α 值很接近，因此设法提高 α 较小的那一侧流体的 α 值，可提高传热系数。
② 抑制污垢的生成或及时除垢。增加流速，改变流向，增大流体的湍动程度，以减少污垢的沉积；控制冷却水的出口温度，加强水质处理，尽量采用软化水；加入阻垢剂，减缓和防止 $R_{污}$ 的形成；若污垢形成，应及时清洗设备。

【例 4-10】热空气在冷却管管外流过，α_2=90 W/(m²·℃)，冷却水在管内流过，α_1=1 000 W/(m²·℃)。冷却管外径 d_o=16 mm，壁厚 b=1.5 mm，管壁的 λ=40 W/(m·℃)。试求：
① 总传热系数 K_o；
② 管外对流传热系数 α_2 增加一倍，总传热系数有何变化？
③ 管内对流传热系数 α_1 增加一倍，总传热系数有何变化？

解 ① 由式（4-35）可知

$$K_o = \frac{1}{\dfrac{A_o}{\alpha_1 A_i} + \dfrac{bA_o}{\lambda A_m} + \dfrac{1}{\alpha_2}}$$

$$= \frac{1}{\dfrac{1}{1000} \times \dfrac{16}{13} + \dfrac{0.0015}{40} \times \dfrac{16}{14.5} + \dfrac{1}{90}}$$

$$= \frac{1}{0.00123 + 0.00004 + 0.01111} = 80.8 \; [\text{W}/(\text{m}^2 \cdot ℃)]$$

可见管壁热阻很小，通常可以忽略不计。

② α_2 增加一倍　$K_o' = \dfrac{1}{0.00123 + \dfrac{1}{2 \times 90}} = 147.4 \; [\text{W}/(\text{m}^2 \cdot ℃)]$

传热系数增加了 82.4%，即 $\dfrac{K_o' - K_o}{K_o} = \dfrac{147.4 - 80.8}{80.8} = 82.4\%$

③ α_1 增加一倍　$K_o' = \dfrac{1}{\dfrac{1}{2 \times 1000} \times \dfrac{16}{13} + 0.01111} = 85.3 \; [\text{W}/(\text{m}^2 \cdot ℃)]$

传热系数只增加了 6%，即 $\dfrac{K_o' - K_o}{K_o} = \dfrac{85.3 - 80.8}{80.8} = 5.6\%$。说明要提高 K 值，应提高较小的 α_2 值。

【例 4-11】在某传热面积 A_0 为 15 m² 的管壳式换热器中，壳程通入饱和水蒸气以加热管内的空气。150 ℃的饱和水蒸气冷凝为同温度下的水排出。空气流量为 2.8 kg/s，其进口温度为 30 ℃，比热容可取为 1 kJ/(kg·℃)，空气对流传热系数为 87 W/(m²·℃)，换热器热损失可忽略，试计算空气的出口温度。

解　本题为一侧恒温传热，且 $\alpha_{蒸汽} \gg \alpha_{空气}$，故 $K \approx \alpha_{空气}$。空气的出口温度可联合空气的热量衡算与总传热速率方程由 Δt_m 中解得，即

$$Q = KA\Delta t_m = W_c C_{pc}(t_2 - t_1)$$

其中　$K \approx \alpha_{空气} = 87 \; \text{W}/(\text{m}^2 \cdot ℃)$

$$\Delta t_m = \frac{(T - t_1) - (T - t_2)}{\ln \dfrac{T - t_1}{T - t_2}} = \frac{t_2 - 30}{\ln \dfrac{150 - 30}{150 - t_2}}$$

则

$$87 \times 15 \times \frac{t_2 - 30}{\ln \dfrac{120}{150 - t_2}} = 2.8 \times 1000 \times (t_2 - 30)$$

$$\frac{120}{150 - t_2} = e^{0.466} = 1.594$$

解得　$t_2 = 74.7$（℃）

任务五

辐射传热过程分析

一、热辐射的基本概念

1. 热辐射

任何物体，只要其热力学温度不是零，都会不停地以电磁波的形式向周围空间辐射能量，这

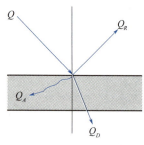

图 4-19 辐射能的吸收、反射和透过

些能量在空间以电磁波的形式传播,遇到别的物体后被部分吸收,转变为热能;同时,该物体自身也不断吸收来自周围其他物体的辐射能。当某物体向外界辐射的能量与其从外界吸收的辐射能不相等时,该物体就与外界产生热量传递,这种传热方式称为热辐射。电磁波的波长范围很广,但能被物体吸收且转变为热能的只有可见光和红外线两部分,统称为热辐射线。

2. 物体对热辐射线的作用

物体对热辐射线具有反射、折射和吸收的特性。设投射在某一物体表面上的总辐射能为 Q,其中会有一部分能量 Q_A 被吸收;一部分能量 Q_R 被反射;另一部分能量 Q_D 透过物体,如图 4-19 所示。

根据能量守恒定律

$$Q_A + Q_R + Q_D = Q \tag{4-41}$$

$$\frac{Q_A}{Q} + \frac{Q_R}{Q} + \frac{Q_D}{Q} = 1 \tag{4-41a}$$

或

$$A + R + D = 1 \tag{4-42}$$

式中,$A = \dfrac{Q_A}{Q}$ 吸收率;$R = \dfrac{Q_R}{Q}$ 反射率;$D = \dfrac{Q_D}{Q}$ 透过率。吸收率、反射率和透过率的大小取决于物体的性质、温度、表面状况和辐射线的波长等因素。通常热辐射不能透过固体和液体,而气体对热辐射几乎无反射能力,即 $R = 0$。

3. 黑体、镜体和透热体

当 $A = 1$,即 $R = D = 0$ 时,这种物体称为绝对黑体或黑体。实际上,黑体只是一种理想化物体,实际物体只能以一定程度接近黑体。例如,没有光泽的黑漆表面,其吸收率可达 0.96~0.98。

当 $R = 1$,即 $A = D = 0$ 时,这种物体称为绝对白体或镜体。实际上白体也是不存在的,实际物体也只能一定程度接近白体,如表面磨光的铜,其反射率为 0.97。

当 $D = 1$,即 $A = R = 0$ 时,这种物体称为透热体。一般来说,单原子和由对称双原子构成的气体,如 He、O_2、N_2 和 H_2 等,可视为透热体。而多原子气体和不对称的双原子气体则能有选择地吸收和发射某些波段范围的辐射能。

二、物体的辐射能力

1. 辐射能力

物体的辐射能力是指物体在一定温度下、单位时间内、单位表面积上所发射的全部波长范围的辐射能,以 E 表示,单位为 W/m^2。

理论上已证明,黑体的辐射能力服从斯蒂芬-波尔兹曼(Stefan-Boltzmann)定律,即其值与物体表面热力学温度的四次方成正比

$$E_0 = \sigma_0 T^4 \tag{4-43}$$

式中 E_0——黑体的辐射能力,W/m^2;
σ_0——黑体的辐射常数,σ_0 取 5.669×10^{-8} W/($m^2 \cdot K^4$);
T——黑体表面的热力学温度,K。

为了使用方便,可将式(4-43)改写为

$$E_0 = C_0 \left(\frac{T}{100}\right)^4 \tag{4-44}$$

式中，C_0 为黑体的辐射系数，C_0=5.669 W/(m²·K⁴)。

斯蒂芬 - 波尔兹曼定律表明，黑体的辐射能力遵循四次方律，这是与热传导和对流完全不同的规律。该定律也说明辐射传热速率对温度非常敏感：低温时热辐射往往可以忽略，而高温时则往往成为主要的传热方式，下面的例题也具体地说明了这一规律。

【例 4-12】试计算黑体表面温度分别为 25 ℃及 500 ℃时的辐射能力。

解 ① 黑体在 25 ℃时的辐射能力

$$E_{25} = C_0 \left(\frac{T}{100}\right)^4 = 5.669 \times \left(\frac{273.15 + 25}{100}\right)^4 = 448 \text{（W/m}^2\text{）}$$

② 黑体在 500 ℃时的辐射能力

$$E_{500} = C_0 \left(\frac{T}{100}\right)^4 = 5.669 \times \left(\frac{273.15 + 500}{100}\right)^4 = 20\,256 \text{（W/m}^2\text{）}$$

$$\frac{E_{500}}{E_{25}} = \frac{20\,256}{448} = 45.2$$

即黑体在 500 ℃时的辐射能力是 25 ℃时辐射能力的 45.2 倍。

2. 实际物体的辐射能力

（1）黑度 ε　黑体是一种理想化的物体，相同温度下实际物体的辐射能力 E 恒小于黑体的辐射能力 E_0，不同物体的辐射能力也有较大的差别，为便于比较，通常用黑体的辐射能力 E_0 作为基准，引入物体的黑度 ε 这一概念，即

$$\varepsilon = \frac{E}{E_0} \tag{4-45}$$

即实际物体的辐射能力与黑体的辐射能力之比称为物体的黑度 ε。黑度表示实际物体接近黑体的程度，其值恒小于 1。由式（4-44）和式（4-45）可将实际物体的辐射能力表示为

$$E = \varepsilon E_0 = \varepsilon C_0 \left(\frac{T}{100}\right)^4 \tag{4-46}$$

黑度是物体的一种性质，主要与物体的种类、表面温度、表面状况（如粗糙度、表面氧化程度等）等有关，具体数值可用实验测定。表 4-6 中列出某些常用工业材料的黑度值。可见，不同材料的黑度值差异较大。表面氧化材料的黑度值比表面磨光材料的大。

表4-6　常用工业材料的黑度值

材料	温度 /℃	黑度 ε	材料	温度 /℃	黑度 ε
红砖	20	0.93	铜（氧化的）	200～600	0.57～0.87
耐火砖	—	0.8～0.9	铜（磨光的）	—	0.03
钢板（氧化的）	200～600	0.8	铝（氧化的）	200～600	0.11～0.19
钢板（磨光的）	940～1100	0.55～0.61	铝（磨光的）	225～575	0.039～0.057
铸铁（氧化的）	200～600	0.64～0.78			

（2）灰体　黑体是对任何波长的辐射能吸收率均为1的理想化物体，实际物体并不具备这一性质。为避免实际物体吸收率难以确定的困难，可以把实际物体当成是对各种波长辐射均能同样吸收的理想物体，这种理想物体称为灰体。灰体的辐射能力可用黑度 ε 来表征，其吸收能力用吸收率 A 来表征，灰体的吸收率是灰体自身的特征。

3. 灰体的辐射能力和吸收能力——克希霍夫定律

克希霍夫从理论上证明，同一灰体的吸收率与其黑度在数值上必相等，即

$$\varepsilon = A \tag{4-47}$$

此式称为 克希霍夫定律。由此定律可知，物体的辐射能力越大其吸收能力也越大。

实践证明，引入灰体的概念，并把大多数材料当作灰体处理，可大大简化辐射传热的计算而不会产生很大的误差。但必须注意，不能把这种简化处理推广到对太阳辐射的吸收。太阳表面温度很高，在太阳辐射中波长较短（0.38～0.76 μm）的可见光占46%。物体的颜色对可见光的吸收呈现强烈选择性，故不能再作为灰体处理。

根据黑度的定义，式（4-45）也可以表示为

$$E_0 = \frac{E}{A} \tag{4-48}$$

式（4-48）是克希霍夫定律的另一种表达形式，它说明灰体在一定温度下的辐射能力和吸收率的比值，恒等于同温度下黑体的辐射能力。

三、影响辐射传热的主要因素

1. 温度的影响

辐射热流量并不正比于温差，而是正比于温度四次方之差。这样，同样的温差在高温时的热流量将远大于低温时的热流量。例如 T_1=720 K、T_2=700 K 与 T_1=120 K、T_2=100 K 两者温差相等，但在其他条件相同情况下，热流量相差 260 多倍。因此，在低温传热时，辐射的影响总是可以忽略的，而在高温传热时，热辐射则不容忽视，有时甚至占据主要地位。

2. 几何位置的影响

两物体间的几何位置决定了在辐射传热中一个表面对另一个表面的投射角。对同样大小的微元面积 dA，位置距离辐射源越远，方位与以辐射源为中心的同心球面偏离越大，则所对应的投射角越小。

3. 表面黑度的影响

当物体的相对位置一定、系统黑度只和表面黑度有关。因此，通过改变表面黑度的方法可以强化或减弱辐射传热。例如，为增加电气设备的散热能力，可在其表面上涂上黑度很大的油漆，而在减少辐射散热时，可在表面上镀以黑度很小的银、铝等。再如保温瓶的瓶胆就采用了这种方法以减小热损失，同时瓶胆夹层抽成真空，以减少导热与对流传热，起到保温的作用。

4. 辐射表面之间介质的影响

在以上讨论中，都假定两表面间的介质为透明体。实际上某些气体也具有发射和吸收辐射能的能力。因此，这些气体的存在对物体的辐射传热必有影响。有时为削弱表面之间的辐射传热，常在换热表面之间插入薄板即遮热板来阻挡辐射传热。

四、两固体表面间的辐射传热

工业上常见的两固体间的相互辐射传热，皆可视为灰体之间的热辐射，在计算灰体间辐射传热时，必须考虑它们的吸收率、物体的形状和大小及其相互间的位置和距离的影响。两固体间由于热辐射而进行热交换时，从一个物体发射出来的辐射能只有一部分到达另一物体，而到达的这一部分由于反射而不能全部被吸收；同理，从另一物体发射和反射出来的辐射能，亦只有一部分回到原物体，而这一部分辐射能又部分地被反射和吸收。这种过程反复进行，总的结果是能量从高温物体传向低温物体。考虑温度较高的物体 1 与温度较低的物体 2 之间的辐射传热过程，其传热速率一般用式（4-49）计算

$$Q_{1-2} = C_{1-2}\varphi A\left[\left(\frac{T_1}{100}\right)^4 - \left(\frac{T_2}{100}\right)^4\right] \tag{4-49}$$

式中　C_{1-2}——总辐射系数，W/(m²·K⁴)；

　　　φ——角系数，代表了两辐射表面的方位和距离对辐射传热的影响；

　　　A——辐射面积，m²；

T_1、T_2——高、低温物体的热力学温度，K。

其中总辐射系数 C_{1-2} 和角系数 φ 的数值与物体黑度、形状、大小、距离及相对位置有关，需要时可查有关手册。表4-7列出了工业上常见的三种固体间辐射传热及相应的辐射面积 S，及总辐射系数 C_{1-2} 和角系数 φ 的确定方法。

表4-7　角系数与总辐射系数的确定

序号	辐射情况	面积 S	角系数 φ	总辐射系数 C_{1-2}
1	极大的两平行面	S_1 或 S_2	1	$\dfrac{C_0}{\dfrac{1}{\varepsilon_1}+\dfrac{1}{\varepsilon_2}-1}$
2	很大的物体2包住物体1	S_1	1	εC_0
3	物体2恰好包住物体1 $S_2 \approx S_1$	S_1	1	$\dfrac{C_0}{\dfrac{1}{\varepsilon_1}+\dfrac{1}{\varepsilon_2}-1}$

五、对流-辐射联合传热

化工生产设备的外壁温度常高于周围环境温度，因此热量将由壁面以对流和辐射两种形式散失。类似的情况也存在于工业炉内，炉管外壁与周围烟气之间的传热也包括同时进行的对流与辐射。因此，应分别考虑对流传热与辐射传热的速率，由二者之和求总的传热速率。

对流传热速率为
$$Q_C = \alpha_C A_W (t_W - t) \tag{4-50}$$

热辐射传热速率为（角系数为1）
$$Q_R = C_{1-2}\varphi A_W \left[\left(\frac{T_W}{100}\right)^4 - \left(\frac{T}{100}\right)^4\right] \tag{4-51}$$

式（4-51）可以变形为
$$Q_R = C_{1-2}\varphi A_W \left[\left(\frac{T_W}{100}\right)^4 - \left(\frac{T}{100}\right)^4\right]\frac{t_W - t}{t_W - t} = \alpha_R A_W (t_W - t) \tag{4-52}$$

其中
$$\alpha_R = \frac{C_{1-2}\varphi\left[\left(\dfrac{T_W}{100}\right)^4 - \left(\dfrac{T}{100}\right)^4\right]}{t_W - t} \tag{4-53}$$

式中　A_W——设备或管道外表面积，m²；

　　　α_C——气体与设备或管道外壁的对流传热系数，W/(m²·K)；

　　　α_R——辐射传热系数，W/(m²·K)；

T_W、t_W——设备外壁的热力学温度和摄氏温度；

T、t——设备周围环境的热力学温度和摄氏温度。

总的传热速率为
$$Q = Q_C + Q_R = \alpha_C A_W (t_W - t) + \alpha_R A_W (t_W - t) = (\alpha_C + \alpha_R) A_W (t_W - t) \tag{4-54}$$

或写为
$$Q = \alpha_T A_W (t_W - t) \tag{4-55}$$

高温物体的热损失方式

式中 $\alpha_T = \alpha_C + \alpha_R$，称为对流-辐射联合传热系数。

对于有保温层的设备、管道等，外壁对周围环境散热的对流-辐射联合传热系数 α_T，可用下列经验公式估算

平壁保温层外 $\qquad\qquad\qquad\qquad\qquad \alpha_T = 9.8 + 0.07(t_W - t)$ (4-56)

在管道或圆筒壁保温层外 $\qquad\qquad\qquad \alpha_T = 9.4 + 0.052(t_W - t)$ (4-57)

以上两式适用于 $t_W < 150\ ℃$ 的情况。

【例 4-13】 车间内有一高和宽各为 3 m 的铸铁炉门，其温度为 227 ℃，室内温度为 27 ℃。为了减少热损失，在炉门前 50 mm 处放置一块尺寸和炉门相同的而黑度为 0.11 的铝板，试求放置铝板前、后因辐射而损失的热量。

解 ① 放置铝板前因辐射损失的热量 由式（4-51）知

$$Q_{1-2} = C_{1-2}\varphi A\left[\left(\frac{T_1}{100}\right)^4 - \left(\frac{T_2}{100}\right)^4\right]$$

取铸铁的黑度 $\varepsilon_1 = 0.78$

本题属于很大物体 2 包住物体 1 的情况，故

$$A = A_1 = 3\times 3 = 9\ (\text{m}^2) \qquad C_{1-2} = \varepsilon C_0 = 0.78 \times 5.67 = 4.423\ [\text{W}/(\text{m}^2\cdot\text{K}^4)]$$

$$\varphi = 1$$

$$Q_{1-2} = C_{1-2}\varphi A\left[\left(\frac{T_1}{100}\right)^4 - \left(\frac{T_2}{100}\right)^4\right]$$

所以
$$= 4.423\times 1\times 9\times\left[\left(\frac{227+273}{100}\right)^4 - \left(\frac{27+273}{100}\right)^4\right]$$
$$= 2.166\times 10^4\ (\text{W})$$

② 放置铝板后因辐射损失的热量 以下标 1、2 和 i 分别表示炉门、房间和铝板。假定铝板的温度为 T_i，则铝板向房间辐射的热量为

$$Q_{i-2} = C_{i-2}\varphi A\left[\left(\frac{T_i}{100}\right)^4 - \left(\frac{T_2}{100}\right)^4\right]$$

$$A = A_i = 3\times 3 = 9\ (\text{m}^2)$$

$$C_{i-2} = \varepsilon_i C_0 = 0.11\times 5.67 = 0.624\ [\text{W}/(\text{m}^2\cdot\text{K}^4)]$$

$$\varphi = 1$$

$$Q_{i-2} = C_{i-2}\varphi A\left[\left(\frac{T_i}{100}\right)^4 - \left(\frac{T_2}{100}\right)^4\right]$$
$$= 0.624\times 1\times 9\left[\left(\frac{T_i}{100}\right)^4 - \left(\frac{27+273}{100}\right)^4\right] = 5.616\times\left[\left(\frac{T_i}{100}\right)^4 - 81\right] \qquad (\text{a})$$

炉门对铝板的辐射传热可视为两无限大平板之间的传热，故放置铝板后因辐射损失的热量为

$$Q_{1-i} = C_{1-i}\varphi A\left[\left(\frac{T_1}{100}\right)^4 - \left(\frac{T_i}{100}\right)^4\right]$$

$$A = A_1 = 3\times 3 = 9\ (\text{m}^2)$$

$$\varphi = 1$$

$$C_{1-i} = \frac{C_0}{\dfrac{1}{\varepsilon_1} + \dfrac{1}{\varepsilon_i} - 1} = \frac{5.67}{\dfrac{1}{0.78} + \dfrac{1}{0.11} - 1} = 0.605\ [\text{W}/(\text{m}^2\cdot\text{K}^4)]$$

所以
$$Q_{1-i} = C_{1-i}\varphi A\left[\left(\frac{T_1}{100}\right)^4 - \left(\frac{T_i}{100}\right)^4\right] = 0.605 \times 1 \times 9 \times \left[\left(\frac{227+273}{100}\right)^4 - \left(\frac{T_i}{100}\right)^4\right] \quad \text{(b)}$$
$$= 5.445 \times \left[625 - \left(\frac{T_i}{100}\right)^4\right]$$

当传热达到稳定时，$Q_{1-i} = Q_{i-2}$

即　式（a）= 式（b）　　$5.616 \times \left[\left(\frac{T_i}{100}\right)^4 - 81\right] = 5.445 \times \left[625 - \left(\frac{T_i}{100}\right)^4\right]$

解得　　　　　　　　　　　　　$T_i = 432$（K）

将 T_i 值代入式（b），得
$$Q_{1-i} = 5.445 \times \left[625 - \left(\frac{T_i}{100}\right)^4\right] = 5.445 \times \left[625 - \left(\frac{432}{100}\right)^4\right] = 1510 \text{（W）}$$

放置铝板后因辐射的热损失占比为
$$\frac{Q_{1-2} - Q_{1-i}}{Q_{1-2}} \times 100 = \frac{21\,660 - 1510}{21660} \times 100 = 93\%$$

由以上计算结果可见，设置隔热挡板是减少辐射散热的有效方法，而且挡板材料的黑度越低，挡板的层数越多，则热损失越少。

任务六

换热设备及操作

间壁式换热设备

换热器是许多工业生产中重要的传热设备，换热器的类型很多，特点不一，可根据生产要求选择。前已述及三种热交换方式，即直接接触式、蓄热式和间壁式。其中以间壁式换热器应用最为普遍。

一、间壁式换热器的分类

间壁式换热器按换热器的用途分为加热器、预热器、过热器、蒸发器、再沸器、冷却器和冷凝器；按换热器传热面形状和结构分为管式换热器、板式换热器和特殊形式换热器。间壁式换热器的分类如图 4-20 所示。

1. 管式换热器

①蛇管式换热器　换热管是用金属管弯制成蛇的形状，所以称蛇管，如图 4-21 所示。蛇管式换热器有两种形式：沉浸式蛇管换热器和喷淋管式换热器。

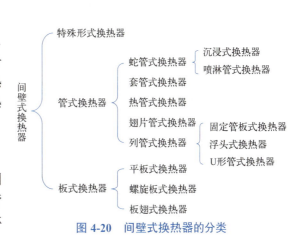

图 4-20　间壁式换热器的分类

① 沉浸式蛇管换热器。沉浸式蛇管换热器如图 4-22 所示，蛇管安装在容器中液面以下，容器中流动的液体与蛇管中的流体进行热量交换。其优点是结构简单，适用于管内流体为高压或腐蚀性流体；其主要缺点是蛇管外的对流传热系数 α 较小，为了提高管外流体的对流传热系数，常在容器中安装搅拌器，以增大管外液体的湍流程度。

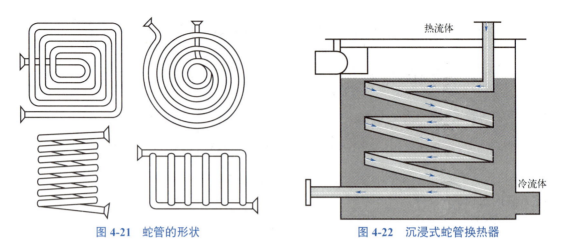

图 4-21 蛇管的形状　　　　图 4-22 沉浸式蛇管换热器

② 喷淋管式换热器。喷淋管式换热器如图 4-23 所示。喷淋管式换热器冷却用水进入排管上方的水槽，经水槽的齿形上沿均匀分布，向下依次流经各层管子表面，最后收集于水池中。管内热流体下进上出，与冷却水做逆流流动，进行热量交换。喷淋管式换热器用于管内高压流体的冷却。

喷淋管式换热器一般安装在室外，冷却水被加热时会有部分汽化，带走一部分汽化热，提高传热速率。其结构简单，管外清洗容易，但占用空间较大。

【2】套管式换热器　套管式换热器是由两种不同直径的直管套在一起，制成若干根同心套管。相邻两个外管用接管串联，相邻内管用U形弯头串联，如图4-24所示。一种流体在内管中流动，另一流体在内管与外管之间的环隙中流动。为提高传热速率，常将内管外表面或外管内表面加工成槽或翅翼，使环隙内的流体呈湍流状态，其传热系数较大。

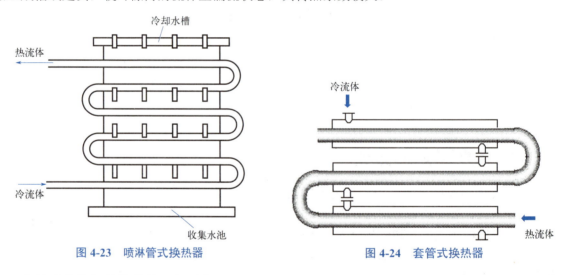

图 4-23 喷淋管式换热器　　　　图 4-24 套管式换热器

套管式换热器结构简单，能耐高压。根据传热的需要，可以增减串联的套管数目。其缺点是单位传热面的金属消耗量较大。当流体压力较高、流量不大时，采用套管式换热器较为合适。

【3】热管式换热器　热管式换热器是在长方形壳体中安装许多热管，壳体中间有隔板，使高温气体与低温气体隔开。在金属热管外表面装有翅片，以增加传热面积，其箱式结构如图4-25所示。

热管式换热器的工作原理如图 4-26 所示。在一根金属管内表面覆盖一层有毛细孔结构的吸液网，抽去管内空气，装入一定量载热液体（工作液体），载热液体渗透到吸液网中。热管的一端为蒸发端，另一端为冷凝端。载热液体在蒸发端从高温气体得到热量汽化为蒸气，蒸气在压力差的作用下流向冷凝端，向低温气体放出热量而冷凝为液体。此冷凝液在吸液网的毛细管作用下流回蒸发端，再次受热汽化，如此反复循环，不断地将热量从蒸发端传到冷凝端。

热管式换热器的应用有哪些？

项目四　传热操作

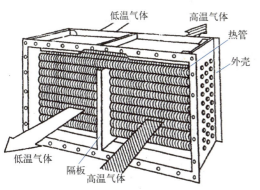

图 4-25　热管箱式换热器

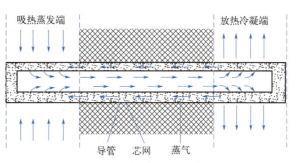

图 4-26　热管式换热器工作原理

热管式换热器

热管式换热器的特点有：载热液体工作过程是沸腾与冷凝过程，其传热系数很大；热管外壁的翅片增大了热管与高、低温气体间的传热面积；载热体可用液氮、液氨、甲醇、水及液态金属钾、钠、水银等物质，应用的温度范围可达 200～2 000 ℃；该装置传热量大，结构简单。

中国故事

为什么青藏铁路两旁插着一排排齐刷刷的金属管？

当你来到青藏高原时，一定会发现路基两旁一排排齐刷刷插入地底的金属管，它们是什么呢？其实，这些金属管的名字叫作热棒或热管，它的作用可大着呢！它是用来给冻土降温的。青藏高原由于海拔高气温低，冻土层分布很广泛。随着温度的变化，土体会产生多次冻融和冻胀，这一过程容易造成土层结构破坏、地基失稳。冻土的存在给青藏高原地区的道路基建带来了极大的挑战。为此，青藏铁路的建设者们苦心研究，找到了给冻土降温的方法，就是在路基沿线架设热棒。热棒是一种高约 4 m、内部装有工作流体氮气、外部有散热片的金属柱子，上部与冷凝器相连，下部为蒸发器，其工作原理是当冷凝器和蒸发器之间存在温差（冷凝器温度低于蒸发器温度）时，蒸发器内的液态工质吸热蒸发成气态工质，由于压差，它被引导到冷凝器中；汽化潜热与冷凝器的冷却器管壁接触时被释放……因此循环重复，热量被传递出去。当人们将加热棒埋在地基中时，它是根据温度的变化而工作的。例如，如果冷凝段的温度等于或高于蒸发端，加热棒将停止工作。冬季，当感应到低于土壤温度的温度后，热棒会重新开始工作，将地面的热量带走，使冻土不受温度影响。至于夏季，加热棒停止工作以防止热量进入地基并加速永久冻土的融化。因此，从本质上说，热棒在冬季加强了冻土层的冻结过程，在夏季不增加热量，从而增加了冻土层的蓄冷量，使地下冻土层变厚，加强了冻土层的强度，减少永久冻土对铁路路基的威胁。

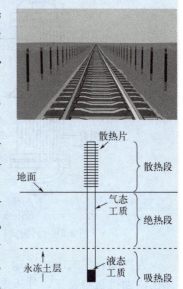

（4）**翅片管式换热器**　翅片管式换热器是在普通的金属管的内表面或外表面安装各种翅片而制成。加装翅片既扩大了传热面积，又增强了流体的湍动程度，使流体的对流传热膜系数得以提高，可强化传热过程。常见的几种翅片管形式如图4-27所示。

（5）**列管式换热器**　列管式换热器又称管壳式换热器，其结构简单、坚固耐用、操作弹性较大，在工业生产中被广泛使用，尤其在高压、高温和大型装置中使用更为普遍。根据其结构不同，列管式换热器主要有以下几种类型。

① **固定管板式换热器**。这种换热器主要由壳体、管束、管板（又称花板）、封头和折流挡板等部件组成。管束两端用胀接法或焊接法固定在管板上。单壳程、单管程列管式换热器结构如

图 4-28 所示。

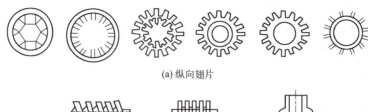

(a) 纵向翅片

(b) 横向翅片

图 4-27　常见的几种翅片管的形状

壳体内的挡板一方面起支撑管束作用,另一方面可增大壳程流体的湍动程度,以提高壳程流体的对流传热系数。常用挡板结构有圆缺形(或称弓形)和圆盘形两种,流体在管板中的流动形式如图 4-29 所示。

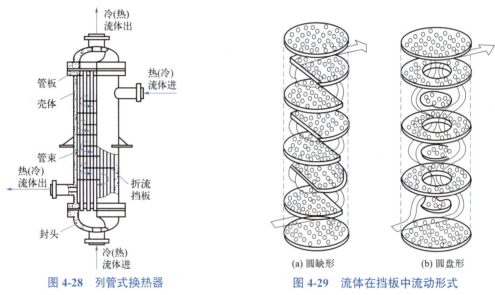

图 4-28　列管式换热器　　　　图 4-29　流体在挡板中流动形式

为提高管程的流体流速,可采用多管程,即在两端封头内安装隔板,使管子分成若干组,流体依次通过每组管子,往返多次。管程数增多,可提高管内流速和对流传热系数,但流体的机械能损失相应增大,结构复杂,故管程数不宜太多,以 2、4、6 程较为常见。

换热器因管内、管外的流体温度不同,壳体和管束的温度不同,其热膨胀程度也不同。若两者温度相差较大(50 ℃ 以上)时可引起很大的内应力,使设备变形,管子弯曲,甚至从管板上松脱。因此,必须采取消除或减小热应力的措施,称为热补偿。对固定管板式换热器,当温差稍大,而壳体内压力又不太高时,可在壳体上安装热补偿圈,以减小热应力。当温差较大时,通常采用浮头式或 U 形管式换热器。

② 浮头式换热器。浮头式换热器有一端管板不与壳体相连,可沿轴向自由伸缩,如图 4-30 所示是四管程二壳程的浮头式换热器。这种结构不仅可完全消除热应力,而且在清洗和检修时,整个管束可以从壳体中抽出,维修方便。虽然其结构较复杂,造价较高,应用仍然较普遍。

③ U 形管式换热器。U 形管式换热器结构如图 4-31 所示。每根管子都弯成 U 形,U 形两端固定在同一块管板上,因此,每根管子皆可自由伸缩,从而解决热补偿问题。这种结构较简单,质量轻,适用于高温高压条件。其缺点是 U 形管内部不易清洗;因管子 U 形端应有一定的弯曲半径,使安装 U 形端的管板排列管子较少。

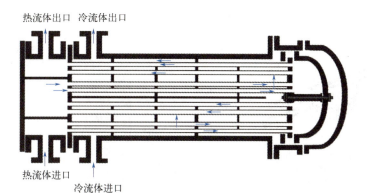

图 4-30　浮头式换热器

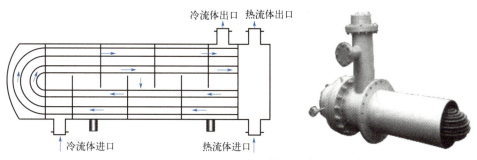

图 4-31　U 形管式换热器

2. 板式换热器

【1】螺旋板式换热器　螺旋板式换热器是由两张平行且保持一定间距的钢板卷制而成，其外形结构呈螺旋状，如图4-32所示。在螺旋的中心处，焊有一块隔板，分成互不相通的两个流道，冷、热流体分别在两流道中逆流流动，钢板是间壁。螺旋板的两侧端焊有盖板，盖板中心处设有两流体的进口或出口。

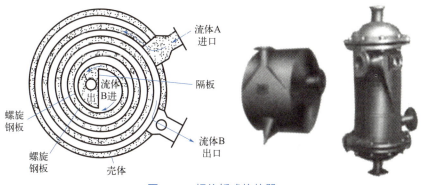

图 4-32　螺旋板式换热器

螺旋钢板上焊有翅翼，以增大流体的湍动程度，加之螺旋板间流体流动产生的离心力作用，减小了流体的热边界层厚度，增大了流体的对流传热系数，所以螺旋板式换热器传热性能较好。正是由于这种结构，使流体阻力增大，输送传热介质消耗的动能也随之增加。

螺旋板式换热器的优点是结构紧凑，单位体积的传热面积较大，传热性能较好。但操作压力不能超过 2 MPa，温度不能太高，一般在 350 ℃ 以下。

【2】平板式换热器　平板式换热器是由一组平行排列的长方形薄金属板构成，并用夹紧装置组装在支架上，其结构紧凑，如图4-33所示。两相邻板的边缘用垫片（橡胶或压缩石棉等）密封，板片四角有圆孔，在换热板叠合后形成流体通道。冷、热流体在板片的两侧流过，进行热量传递。可将传热板加工成多种形状的波纹，如图4-34所示，这样既可增加薄板的刚性和传热面

积，同时也提高流体的湍动程度（在 Re=200时就可达到湍流）和流体在流道内分布的均匀性。

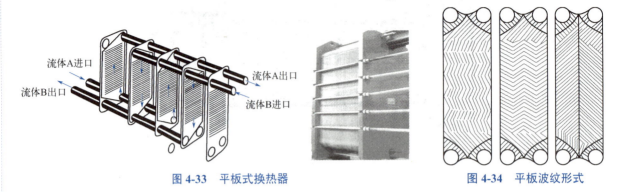

图 4-33　平板式换热器　　　　　　图 4-34　平板波纹形式

平板式换热器的主要优点是总传热系数大，如热水与冷水之间传热的总传热系数 K 值可达到 1 500～5 000 W/(m²·℃)，为列管式换热器的 1.5～2 倍；结构紧凑，单位体积提供的传热面积可达 250～1 000 m²，约为列管式换热器的 6 倍；操作灵活，通过调节板片数来增减传热面积；安装、检修及清洗方便。

主要缺点是允许的操作压力较低，最高不超过 2 MPa；操作温度受板间的密封材料限制，若采用合成橡胶垫，流体温度不能超过 130 ℃，即使采用压缩石棉垫，流体温度也应低于 250 ℃。

【3】板翅式换热器　板翅式换热器是由若干个板翅单元体和焊到单元体板束上的进、出口的集流箱组成，一组波纹状翅片装在两块平板之间，平板两侧用密封条密封构成单元体，如图 4-35 所示。

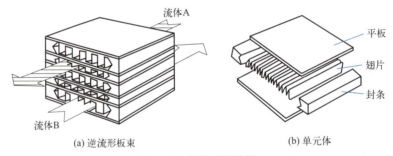

(a) 逆流形板束　　　　　　(b) 单元体

图 4-35　板翅式换热器

板翅式换热器的主要优点是单位体积的传热面积大，通常能达到 2 500 m²/m³，最高可达 4 300 m²/m³，约为列管式换热器的 29 倍；传热效率高，板翅单元体中的平板和翅片均为传热面，同时翅片能增大流体的湍动程度，强化传热效果；轻巧牢固，板翅单元体通常是用质量轻的铝合金制造，在相同传热面积下，其质量约为列管式换热器的 1/10。另外，翅片是两平板的有力支撑，强度较高，承受压力可达 5 MPa。

其主要缺点是流道较小，易堵塞，清洗困难，故要求物料的清洁度高；构造较复杂，内漏后很难修复。

二、列管换热器的型号及选用

1. 列管换热器的型号

鉴于列管换热器应用极广，为便于制造和选用，有关部门已制定了列管换热器的系列标准。每种列管换热器的基本参数主要有公称换热面积 S、公称直径 DN、公称压力 PN、换热管规格、换热管长度 L、管子数量 n、管程数 N 等。

由于被加热流体和载热体不同及工艺条件上的千差万别，列管式换热器结构有数种，所以有必要介绍换热器选用时应注意的原则。

列管换热器的型号由五部分组成：换热器代号、公称直径、管程数、公称压力、公称换热面积。如 G600Ⅱ-1.6-55 为公称直径为 600 mm、公称压力为 1.6 MPa、公称换热面积为 55 m²、双管程固定管板式换热器。

2. 列管换热器的选用

首先从生产任务中获得冷、热流体的流量，进、出口温度，操作压力和冷、热流体的物化特性，如腐蚀性、悬浮物含量等，然后根据选用原则确定相关物理量，进行选型计算。

① 确定基本数据，流体的流量、进出口温度、定性温度下的有关物性、操作压强等。
② 确定流体在换热器内的流动途径。
③ 确定并计算热负荷。
④ 先按单壳程偶数管程计算平均温度差，确定壳程数或调整冷却剂（或加热剂）的出口温度。
⑤ 根据两流体的温度差和设计要求，确定换热器的形式。
⑥ 选取总传热系数，根据传热基本方程初算传热面积，以此选定换热器的型号或确定换热器的基本尺寸，并确定其实际换热面积 $A_{实}$，计算在 $A_{实}$ 下所需的传热系数 $K_{需}$。
⑦ 计算压降，若压降不符合要求，则需要重新调整管程数和折流板间距。
⑧ 核算总传热系数，计算管、壳程的对流传热系数，确定污垢热阻，再计算总传热系数 $K_{计}$，由传热基本方程求出所需传热面积 $A_{需}$，再与换热器的实际换热面积 $A_{实}$ 比较，若 $A_{实}/A_{需}$ 在 1.1～1.25 之间（也可用 $K_{计}/K_{需}$），则认为合理，否则需重选 $K_{选}$，重复上述计算步骤，直至符合要求。

三、列管换热器的操作与维护

1. 加热操作

化工生产中所需的热能可由各种不同的热源，采用不同的加热方法获得。物料在换热器内被加热，必须由中间载热体通过传热面把热量传给物料，因此在加热的操作过程中，需要注意以下几点。

（1）蒸汽加热　必须不断排除冷凝水，同时还必须经常排除不凝性气体，否则会大大降低蒸汽传热效果。

（2）热水加热　一般加热温度不高，加热速度慢，操作稳定。只要定期排出不凝性气体，就能保证正常操作。

（3）烟道气加热　加热温度高，热源容易获得，但温度不易调节，大部分热量被废气带走，因此在操作过程中必须时时注意被加热物料的液位、流量和蒸汽产量，还必须做到定期排污。

（4）导热油加热　由于蒸汽加热的温度受到一定的限制，当物料加热需要超过180 ℃时，一般采用导热油加热，其特点是温度高（可达400 ℃），黏度较大，热稳定性差，易燃，温度调节困难。操作时必须严格控制进出口温度，定期检查进出口管及介质流道是否结垢，做到定期排污、定期放空、过滤或更换导热油。

加热剂选用原则

2. 冷却操作

在化工生产过程中常用的冷却剂是水、空气、冷冻盐水等。

（1）水和空气冷却　注意根据季节变化调节水和空气的用量，用水冷却时，还要注意冷却剂选用原则定期清洗。

（2）冷冻盐水冷却　当物料需要的温度用冷却水无法达到时，可采用冷冻盐水作为冷却剂。特点是温度低，腐蚀性较大，在操作时应严格控制进出口温度，防止结晶堵塞介质流道，要定期放空，还应严格控制进出口温度，防止结晶堵塞介质通道，要定期放空和排污。

冷却剂选用原则

3. 列管换热器的正确使用

列管式换热器是化工生产中的主要设备之一，只有正确使用，安全运行才能使其发挥较大的效能。

（1）载热体选择 对一定的传热过程，被加热或冷却物料的初温与终温是由工艺条件决定，因而传热量一定。为了提高传热过程的经济性，必须根据具体情况选择适当载热体。在选择载热体时应参考以下几个方面。

① 允许的温度范围应能满足加热或冷却过程的工艺要求，载热体的温度易于调节。

② 在热交换过程的温度范围内，化学性质应稳定，不易燃、易爆。

③ 载热体毒性要小，使用安全，对设备无腐蚀或腐蚀性很小。

④ 传热性能好。

⑤ 载热体的价格低廉而且容易得到。

通常，在温度不超过180 ℃的条件下，饱和蒸汽是最适宜的加热剂；而当温度不很低时，水和空气是最适宜的冷却剂。表4-1列出了常用载热体适用温度范围。

（2）换热器内流体通道的选择

① 不清洁或易结垢的流体应选择容易清洗的一侧流道。对于直管管束，宜走管程；对于U形管管束，宜走壳程。

② 腐蚀性流体宜走管程，以免壳体和管束同时被腐蚀。

③ 压力高的流体宜走管程，以避免制造较厚的壳体。

④ 两流体温差较大时，对于固定管板式换热器，宜让对流传热系数大的流体走壳程，以减小管壁与壳体的温差，减小热应力。

⑤ 为增大对流传热系数，需要提高流速的流体宜走管程，因管程流通截面积一般比壳程的小，也可通过增加管程数来提高流速。

⑥ 蒸汽冷凝宜走壳程，以利于排出冷凝液。

⑦ 需要冷却的流体宜选壳程，热量可散失到环境中，以减少冷却剂用量。但温度很高的流体，其热能可以利用，宜选管程，以减少热损失。

⑧ 黏度大或流量较小的流体宜走壳程，壳程中有折流挡板，在挡板的作用下流体易形成湍流（Re约在100时即可形成湍流）。

在符合以上选用原则时，若选择的各点间出现矛盾，应关注主要点。

（3）流体流速的选择 增大流体在壳程或管程中的流速，既可提高对流传热系数，也能减少结垢量，但流速增大，流体阻力也随之增大，所以在实际应用中应选择适宜的流速，表4-8列出了列管式换热器内常用的流速范围，供选择时参考。

表4-8 列管式换热器内常用的流速范围

液体种类	流速/（m/s）	
	管程	壳程
低黏度液体	0.5～3	0.2～1.5
易结垢液体	>1	>0.5
气体	5～30	2～15

（4）流体两端温度的确定 通常情况下换热器中的冷、热流体温度由工艺条件所规定。如用冷水冷却热流体，冷水的进口温度可根据当地的气温条件作出估计，而其出口温度则可根据经济核算来确定：为了节省冷水量，可使出口温度提高一些，但是传热面积就需要增加；为了减小传热面积，则需要增加冷水量。两者是相互矛盾的。一般来说，水源丰富的地区选用较小的温差，缺水地区选用较大的温差。不过，工业冷却用水的出口温度一般不宜高于45 ℃，因为工业用水中

所含的部分盐类（如$CaCO_3$、$CaSO_4$、$MgCO_3$和$MgSO_4$等）析出，将形成污垢，影响传热过程。如果是用加热介质加热冷流体，可按同样的原则选择加热介质的出口温度。

4. 列管换热器的使用注意事项

① 投产前应检查压力表、温度计、液位计以及有关阀门是否齐全好用。

② 输进蒸汽前先打开冷凝水排放阀门，排除积水和污垢；打开放空阀，排除空气和其他不凝性气体。

③ 换热器投产时，要先通入冷流体，缓慢或数次通入热流体，做到先预热后加热，切忌骤冷骤热。

④ 如果含有大颗粒固体杂质和纤维质，一定要提前过滤和清除，防止堵塞通道。

⑤ 经常检查两种流体的进出口温度和压力，发现温度、压力超出正常范围时，要立即查出原因，采取措施，使之恢复正常。

⑥ 定期分析流体的成分，以确定有无内漏，以便及时处理。

⑦ 定期检查换热器有无渗漏、外壳有无变形以及有无振动，若有应及时处理。

⑧ 定期排放不凝性气体和冷凝液，定期进行清洗，提高传热效率。

5. 列管换热器常见故障、产生原因与处理方法

列管换热器常见故障、产生原因与处理方法见表4-9。

表4-9 列管换热器常见故障、产生原因与处理方法

故　　障	产生原因	处理方法
传热效率下降	①列管结垢 ②壳体内不凝气或冷凝液增多 ③列管、管路或阀门堵塞	①清洗管子 ②排放不凝气和冷凝液 ③检查清理
振动	①壳程介质流动过快 ②管路振动 ③管束与折流板的结构不合理 ④机座刚度不够	①调节流量 ②加固管路 ③改进设计 ④加固机座
管板与壳体连接处开裂	①焊接质量不好 ②外壳歪斜，连接管线拉力或推力过大 ③腐蚀严重，外壳壁厚减薄	①清除补焊 ②重新调整找正 ③鉴定后修补
管束、胀口渗漏	①管子被折流板磨破 ②壳体和管束温差过大 ③管口腐蚀或胀（焊）接质量差	①堵管或换管 ②补胀或焊接 ③换管或补胀（焊）

6. 列管换热器的维护与清洗

(1) 列管换热器的维护

① 保持设备外部整洁、保温层和油漆完好。

② 保持压力表、温度计、安全阀和液位计等仪表和附件的齐全、灵敏和准确。

③ 发现阀门和法兰连接处渗漏时，应及时处理。

(2) 列管换热器的清洗 换热器的清洗有化学清洗和机械清洗两种方法，对清洗方法的选定应根据换热器的形式、污垢的类型等情况而定。

一般化学清洗适用于结构较复杂的情况，如列管换热器管间、U形管内的清洗，由于清洗剂一般呈酸性，对设备多少会有一些腐蚀。

机械清洗常用于清洗坚硬的垢层、结焦或其他沉积物，但只能清洗工具能够到达之处，如列管换热器的管内（卸下封头），喷淋式蛇管换热器的外壁、板式换热器（拆开后），常用的清洗工具有刮刀、竹板、钢丝刷、尼龙刷等。另外，还可以用高压水进行清洗。

复习思考题

一、单选题

1. 为了节省载热体用量,宜采用( )。
   A.逆流　　　　　　　B.并流　　　　　　　C.错流

2. 提高对流传热膜系数最有效的方法是( )。
   A.增大管径　　　　　B.提高流速　　　　　C.增大黏度

3. 在下列过程中对流传热膜系数最大的是( )。
   A.蒸汽冷凝　　　　　B.水的加热　　　　　C.空气冷却

4. 列管式换热器传热面积主要是( )。
   A.管束表面积　　　　B.外壳表面积　　　　C.管板表面积

5. 工业上采用多程列管换热器可直接提高( )。
   A.传热面积　　　　　B.传热温差　　　　　C.传热系数

6. 空气、水、金属固体的热导率分别为λ_1、λ_2、λ_3,其大小顺序为( )。
   A.$\lambda_1 > \lambda_2 > \lambda_3$　　　B.$\lambda_1 < \lambda_2 < \lambda_3$　　　C.$\lambda_2 > \lambda_3 > \lambda_1$

7. 影响传热速率最主要因素是( )。
   A.推动力　　　　　　B.壁面厚度　　　　　C.传热面积

8. 冬天在室内用火炉进行取暖时,其热量传递方式为( )。
   A.导热和对流　　　　B.导热和辐射　　　　C.导热、对流、辐射,但对流、辐射为主

9. 换热器中任一截面上的对流传热速率=系数×推动力,其中推动力是指( )。
   A.两流体温度差($T-t$)　　　　　　　　　B.冷流体进、出口温度差(t_2-t_1)
   C.液体温度和管壁温度差($T-T_w$)或(t_w-t)

10. 在通常操作条件下的同类换热器中,设空气的对流传热系数为α_1,水的对流传热系数为α_2,蒸汽冷凝的传热系数为α_3,则( )。
    A.$\alpha_1 > \alpha_2 > \alpha_3$　　　B.$\alpha_2 > \alpha_3 > \alpha_1$　　　C.$\alpha_3 > \alpha_2 > \alpha_1$

11. 双层平壁稳定热传导,壁厚相同,各层的热导率分别为λ_1和λ_2,其对应的温度差为Δt_1和Δt_2,若$\Delta t_1 > \Delta t_2$,则λ_1和λ_2的关系为( )。
    A.$\lambda_1 < \lambda_2$　　　　　B.$\lambda_1 > \lambda_2$　　　　　C.$\lambda_1 = \lambda_2$

12. 工业生产中,沸腾传热操作应设法保持在( )。
    A.自然对流区　　　　B.核状沸腾区　　　　C.膜状沸腾区

13. 采用翅片管换热器是为了( )。
    A.提高传热推动力　　B.减少结垢　　　　　C.增大传热面积,传热系数

14. 当间壁两侧对流传热膜系数相差很大时,传热系数K接近于( )。
    A.较大一侧α　　　　B.较小一侧α　　　　C.两侧平均值α

15. 间壁式换热的冷、热两种流体,当进、出口温度一定时,在同样传热量时,传热推动力( )。
    A.逆流大于并流　　　B.并流大于逆流　　　C.逆流与并流相等

16. 关于传热系数K,下述说法中错误的是( )。
    A.传热过程中总传热系数K实际是个平均值　　　　B.总传热系数K随着所取的传热面不同而异
    C.总传热系数K用来表示传热过程的强弱,与冷、热流体的物性无关

17. 传热过程中当两侧流体的对流传热系数都较大时,影响传热过程的将是( )。
    A.管外对流传热热阻　B.污垢热阻　　　　　C.管内对流传热热阻

18. 圆直管内流体在强制湍流流动时对管壁的对流传热系数为α_1,若流体流速增加一倍,则α_2值为( )。
    A.$0.287\alpha_1$　　　　　B.$0.87\alpha_1$　　　　　C.$1.74\alpha_1$

19. 圆直管内流体在强制湍流流动时对管壁的对流传热系数为α_1,若流量不变,将管径增加一倍,则α_2值为( )。

A.$0.287\alpha_1$ B.$0.87\alpha_1$ C.$1.74\alpha_1$

20.有两台同样的管壳式换热器，拟用于液体冷却气体。在气液流量及进口温度一定时，为使气体出口温度降到最低，应采取的流程是（　　）。

A.气体走管内，气体并联，气液逆流流动　　　　B.气体走管内，气体串联，气液逆流流动

C.气体走管内，气体串联，气液并流流动

二、多选题

1.常见的加热剂有（　　）。

A.水蒸气　　　B.矿物油　　　C.烟道气　　　D.电　　　E.液氮

2.热量传递的基本方式为（　　）。

A.传导　　　B.对流　　　C.辐射　　　D.传质　　　E.扩散

3.冷热流体换常采用逆流操作，其原因为（　　）。

A.节省加热面积　　B.平均温差大　　C.传热系数大

D.节省冷热介质用量　　　　E.提高传热速率

4.列管式换热器中管束排列方式有（　　）。

A.正方形　　　B.同心圆　　　C.正六角形　　　D.长方形　　　E.平行四边形

5.换热器按用途可分为（　　）。

A.冷却器　　　B.加热器　　　C.蒸发器　　　D.冷凝器　　　E.分凝器

三、判断题

1.影响传热速率最主要的因素是温度差和壁面面积。（　　）

2.平壁传热，传热面积是恒定的，而圆筒壁的传热面积随半径而变化。（　　）

3.任何物体只要在绝对零度以上，都能进行热辐射，温度越高辐射能力越小。（　　）

4.工程中的管道和设备表面的散热，常常是传导和热辐射的联合作用。（　　）

5.多层圆筒壁稳定导热时，通过各层的热通量相等。（　　）

6.对流传热系数是物质的一种物理性质。（　　）

7.液体在管内作强制湍流流动时，如果流动阻力允许，为提高对流传热系数，增大流速的效果比减小管径更为显著。（　　）

8.沸腾传热和冷凝传热同属于对流传热，因为二者都伴有流体的流动。（　　）

9.纯金属的热导率大于合金钢的热导率。（　　）

10.传热过程中总传热系数K实际是个平均值。（　　）

四、填空题

1.工业上常用的换热方法有_____、_____和_____。

2.传热过程的推动力为_____。

3.热负荷计算的方法有三种：_____、_____和_____。

4.在传热过程中放出热量的流体叫_____，吸收热量的流体叫_____。

5.写出两种带热补偿方式的列管式换热器的名称_____、_____。

6.一单程列管换热器，列管管径为$\phi 38mm\times 3\ mm$，管长为4 m，管数为127根，该换热器管程流通面积为_____m^2，以外表面积计的传热面积为_____m^2。

7.一根未保温的蒸汽管道暴露在大气中以_____方式进行热量的损失。

8.列管换热器隔板应安装在_____内，其作用为_____。

9.强化传热的方法为_____、_____和_____，其中最有效的途径是_____。

10.总传热速率方程式为_____；对流传热方程为_____。

11.传热的基本方式_____、_____和_____。

12.换热器内冷热两股流体的流向常采用逆流操作的原因_____和____。

13.一厚度相等的双层平板，平壁面积为A，内、中、外三个壁面温度分别为$t_1>t_2>t_3$，且$t_1-t_2>t_2-t_3$，热导率分别为λ_1、λ_2；厚度为$\delta_1=\delta_2$。则λ_1和λ_2关系为_____。

14.在工业生产中，液体沸腾包括_____、_____和_____三个阶段；一般应控制在_____阶段。

15. 常见的板式换热器有_____。
16. 金属的热导率大都随其纯度的增加而_____，随其温度的升高而_____。
17. 对流传热的热阻主要集中在_____，因此，_____是强化对流传热的重要途径。
18. 在 λ、μ、ρ、c_p 这4个物性参数中，若_____值增大，对流传热系数 α 就增大；若____值增大，对流传热系数 α 就减小。
19. 用0.1 MPa的饱和水蒸气在套管换热器中加热空气。空气走管内，由20 ℃升至60 ℃，则管内壁的温度约为_____。
20. 某用于空气和水换热的换热器，其技术档案中，有0.185、0.2、2.5 [kW/(m²·℃)]三个技术数据（其中两个是对流传热系数，一个是总传热系数），则空气侧对流传热系数是_____，总传热系数是____。

五、简答题

1. 传热的基本方式有哪些？工业上换热的方法有几种，各有何特点？
2. 传热的推动力是什么？什么叫稳态传热和非稳态传热？
3. 简述对流传热机理。对流传热系数的影响因素有哪些？
4. 试分析强化传热的途径。
5. 为了提高换热器的传热系数，可以采取哪些措施？
6. 常用的加热剂和冷却剂有哪些？各有何特点和使用场合？
7. 工业上常用的换热器类型有哪些？各有何特点？
8. 列管式换热器正常使用注意事项有哪些？

六、计算题

1. 普通砖平壁厚度为460 mm，一侧壁面温度为200 ℃，另一侧壁面温度为30 ℃，已知砖的平均热导率为0.93 W/(m·℃)，试求：

   ① 通过平壁的热通量，W/m²；
   ② 平壁内距离高温侧300 mm处的温度，℃。

   [答案：① q=343.7 W/m²；② t=89.1 ℃]

2. 设计一燃烧炉，拟用三层砖，即耐火砖、绝热砖和普通砖。耐火砖和普通砖的厚度为0.5 m和0.25 m。三种砖的导热系数分别为1.02 W/(m·℃)、0.14 W/(m·℃)和0.92 W/(m·℃)，已知耐火砖内侧为1 000 ℃，普通砖外壁温度为35 ℃。试问绝热砖厚度至少为多少才能保证绝热砖温度不超过940 ℃、普通砖内壁不超过138 ℃。

   [答案：b_2=0.25 m]

3. 某燃烧炉的平壁由耐火砖、绝热砖和普通砖三种砌成，它们的热导率分别为1.2 W/(m·℃)、0.16 W/(m·℃)和0.92 W/(m·℃)，耐火砖和绝热砖厚度都是0.5 m，普通砖厚度为0.25 m。已知炉内壁温为1 000 ℃，外壁温度为55 ℃，设各层砖间接触良好，求每平方米炉壁的散热速率。

   [答案：Q/A=247.81 W/m²]

4. 燃烧炉的内层为460 mm厚的耐火砖，外层为230 mm厚的绝缘砖。若炉的内表面温度 t_1 为1400 ℃，外表温度 t_3 为100 ℃，试求导热的热通量及两砖间界面温度。设炉内两层砖接触良好，已知耐火砖的热导率为 λ_1=0.9+0.000 7t，绝缘砖的热导率为 λ_2=0.3+0.0003t。两式中 t 分别取为各层材料的平均温度，单位为 ℃，λ 单位为 W/(m·℃)。

   [答案：q=1 689 W/m²，t_2=949 ℃]

5. 直径为 ϕ60 mm×3 mm的钢管用30 mm厚的软木包扎，其外又用100 mm厚的保温灰包扎，以作为绝热层。现测的钢管外壁面温度为-110 ℃，绝缘采纳感外表温度10 ℃。已知软木和保温灰的热导率分别为0.043 W/(m·℃)和0.7 W/(m·℃)。试求每米长的冷量损失。

   [答案：Q/L=-25 W/m²]

6. 在一套管换热器中，热流体由300 ℃降到200 ℃，冷流体由30 ℃升到150 ℃，试分别计算并流和逆流操作时的对数平均温度差。

   [答案：Δt_{m1}=130.5 ℃，Δt_{m2}=159.8 ℃]

7. 重油和原油在单程套管换热器中呈并流流动，两种油的初温分别为243 ℃和128 ℃；终温分别为167 ℃和157 ℃。若维持两种油的流量和初温不变，而将两流体改为逆流，试求此时流体的平均温度差及它们的终温。假设在两种流动情况下，流体的物性和总传热系数均不变，换热器的热损失可以忽略。

[答案：Δt_m = 49.5 ℃；t_2' =161.41 ℃；T_2' =155.443 ℃]

8. 有一列管换热器，热水走管内，冷水在管外，逆流操作。经测定热水的流量为200 kg/h，热水进、出口温度分别为323 K、313 K，冷水的进、出口温度分别为283 K、296 K，换热器的传热面积为1.85 m²。试求该操作条件下的传热系数K值。

[答案：K=440 W/(m²·℃)]

9. 在某内管为ϕ 25 mm×2.5 mm的套管式换热器中，用水冷却苯，冷却水在管程流动，入口温度为290 K，对流传热系数为850 W/(m²·℃)。壳程中流量为1.25 kg/s的苯与冷却水逆流换热，苯的进、出口温度分别为350 K、300 K，苯的对流传热系数为1700 W/(m²·℃)。已知管壁的热导率为45 W/(m²·℃)，苯的比热容为C_p=1.9 kJ/(kg·℃)，密度为ρ = 880 kg/m³。忽略污垢热阻。试求：在水温不超过320 K的最少冷却水用量下，所需总管长为多少（以外表面积计）？

[答案：L=176.3 m]

10. 在逆流换热器中，用初温为20 ℃的水将1.25 kg/s的液体（比热容为1.9 kJ/(kg·℃)，密度为850 kg/m³），由80 ℃冷却到30 ℃。换热器的列管直径为ϕ 25 mm×2.5 mm，水走管程。水侧和液体侧的对流传热系数分别为0.85 W/(m²·℃)和1.70 W/(m²·℃)。污垢热阻忽略。若水的出口温度不能高于50 ℃，试求换热器的传热面积。

[答案：A_0=13.9 m²]

11. 在并流换热器中，用水冷却油。水的进、出口温度分别为15 ℃、40 ℃，油的进、出口温度分别为150 ℃和100 ℃。现生产任务要求油的出口温度降至80 ℃，假设油和水的流量，进出口温度及物性不变，若换热器的管长为1 m，试求此换热器的管长增至多少米才能满足要求。设换热器的热损失可忽略。

[答案：L=1.85 m]

12. 一传热面积为15 m²的列管换热器，用110 ℃的饱和水蒸气将在管程流动的某溶液由20 ℃加热到80 ℃，溶液比热容为4 kJ/(kg·℃)，流量为2.5×10⁴ kg/h，求总传热系数。

该换热器使用一年后，由于污垢热阻增加，溶液出口温度降为72 ℃，忽略蒸气热阻，可按平壁处理，溶液侧污垢热阻为多少？

[答案：K=2035 W/(m²·℃)；R_i = 1.35×10⁻⁴ (m²·℃)/W]

项目五

蒸馏操作

蒸馏是利用各组分挥发能力的差异分离均相液体混合物的典型单元操作之一。在化工、石油等生产中，为了满足生产需要及产品纯度的要求，经常要处理由若干组分所组成的均相混合物，将它们分离成为较纯净或几乎纯态的物质或组分。本项目以完成某一蒸馏任务为引领，从蒸馏岗位的实际需求出发，围绕化工企业对蒸馏岗位操作人员的具体要求，设计了具体的工作任务，为完成这些工作任务安排所需的理论知识和技能训练，以满足化工企业对蒸馏岗位操作人员的要求。

素质目标

1. 培养行业的认同感、企业的归属感、个人的尊严感与荣誉感。
2. 培养工作行为规范、懂法守法、责任心强、敢于担当的高技能型人才。
3. 培养爱岗敬业、诚实守信、办事公道、服务群众、奉献社会的职业道德。

学习目标

技能目标

1. 会进行精馏塔工艺参数的简单计算。
2. 会分析精馏操作的影响因素变化时对产品质量和产量的影响。
3. 会进行精馏塔的开停车操作及连续精馏系统中常见故障的分析和处理。

知识目标

1. 熟知精馏原理、双组分理想体系的气液相平衡关系及理论板的概念。
2. 熟知全塔物料衡算、操作线方程、回流比的选择及理论塔板数的计算。
3. 熟知回流比和进料状态的变化对精馏操作的影响。
4. 熟知精馏塔的结构组成、操作性能及日常维护。

$$0.85 = \frac{1}{1+1}x_2 + \frac{0.9}{1+1}, \quad 解得 x_2 = 0.8$$

2. q 线方程

q 线方程又称进料方程，是精馏段操作线和提馏段操作线交点的轨迹方程。因在交点处两操作线方程中的变量相同，因此精馏段操作线方程和提馏段操作线方程在分别用式（5-31a）和式（5-34a）表示时，可略去方程式中变量上、下标，即

精馏段操作线方程　　　　　　　　$Vy = Lx + Dx_D$

提馏段操作线方程　　　　　　　　$V'y = L'x - Wx_W$

结合式（5-33）和式（5-34）及式（5-18），整理得

$$(q-1)Fy = qFx - Fx_F$$

即
$$y = \frac{q}{q-1}x - \frac{x_F}{q-1} \tag{5-36}$$

式（5-36）称为 q 线方程。在连续稳定操作条件下，q 为定值，该式亦为直线方程，其斜率为 $q/(q-1)$，截距为 $-x_F/(q-1)$。在 y-x 图上为一条直线且与两操作线相交于一点。

此线在 y-x 图上的作法：q 线方程与对角线方程联立解得交点 $e(x_F, x_F)$，过点 e 作斜率为 $q/(q-1)$ 的直线 ef，即为 q 线。q 线与精馏段操作线 ab 相交于点 d，连接 c、d 两点即得到提馏段操作线，如图 5-22 所示。

3. 操作线的绘制

精馏段操作线可以根据式（5-33a）来确定，当 R、D 及 x_D 为定值时，该直线可通过一定点和直线斜率绘出，也可通过一定点和坐标轴上的截距绘出。

定点的确定：当 $x_n = x_D$ 时，解出 $y_{n+1} = x_D$，即点 $a(x_D, x_D)$，图 5-22 所示的精馏段操作线 ab 为通过一定点及精馏段操作线斜率所绘，是精馏段操作线常用的绘制方法。

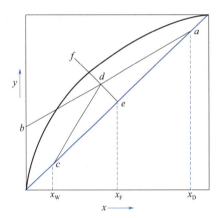

图 5-22　操作线与 q 线

提馏段操作线根据式（5-35）或式（5-35a）来确定。结合式（5-29）和式（5-30），提馏段操作线方程可转化为

$$y'_{m+1} = \frac{L+qF}{L+qF-W}x'_m - \frac{Wx_W}{L+qF-W} \tag{5-37}$$

当 L、F、W、x_W、q 为已知时，该直线也可通过一定点和直线斜率绘出，亦可通过定点和坐标轴上的截距绘出，或通过 q 线绘出。

定点的确定：当 $x'_m = x_W$ 时，解出 $y'_{m+1} = x_W$，即点 $c(x_W, x_W)$。

如图 5-22 所示的提馏段操作线 cd 为通过一定点及通过 q 线所绘，是常用的绘制方法。

进料热状况不同，q 值便不同，q 线的位置也不同，故 q 线和精馏段操作线的交点随之而变，从而提馏段操作线的位置也相应变动。

4. 进料状况对操作线的影响

当进料组成、回流比和分离要求一定时，五种不同进料状况对 q 线及操作线的影响如图 5-23 所示。进料状况对精馏段操作线无影响，只影响提馏段操作线的位置。提馏段操作线随 q 线变化而变化。

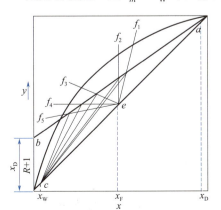

图 5-23　进料热状况对 q 线及操作线的影响

不同进料热状况对 q 线的影响情况列于表 5-1 中。

表5-1 进料热状况对 q 线的影响

进料热状况	q 值	q 线的斜率 $q/(q-1)$	q 线的位置
冷液体	>1	+	ef_1 (↗)
饱和液体	1	∞	ef_2 (↑)
气、液混合物	0<q<1	−	ef_3 (↖)
饱和蒸气	0	0	ef_4 (←)
过热蒸气	<0	+	ef_5 (↙)

q 值范围和 q 线位置

四、理论板数的计算

对双组分连续精馏塔,理论板数的计算需要交替地利用相平衡方程和操作线方程,常采用逐板计算法和梯级图解法。

理论塔板数的计算

1. 逐板计算法

计算中常假设:
① 塔顶采用全凝器;
② 回流液在泡点状态下回流入塔;
③ 再沸器采用间接蒸气加热。

如图 5-24 所示,因塔顶采用全凝器,即

$$y_1 = x_D$$

由于离开每层理论板气、液组成互成平衡,因此 x_1 可利用气-液相平衡方程求得,即

$$x_1 = \frac{y_1}{\alpha - (\alpha-1)y_1}$$

从第 2 层塔板上升蒸气组成 y_2 与 x_1 符合精馏段操作线关系,即

$$y_2 = \frac{R}{R+1}x_1 + \frac{x_D}{R+1}$$

同理,与 y_2 成平衡的 x_2 由相平衡方程求取,而 y_3 与 x_2 符合精馏段操作线关系。依次类推

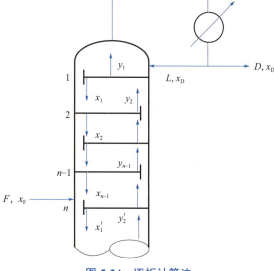

图 5-24 逐板计算法

$$x_D = y_1 \xrightarrow{\text{相平衡方程}} x_1 \xrightarrow{\text{精馏段操作线}} y_2 \xrightarrow{\text{相平衡方程}} x_2 \xrightarrow{\text{精馏段操作线}} y_3 \cdots x_n \leq x_F$$

如此交替使用相平衡方程和精馏段操作线方程重复计算,直至计算到 $x_n \leq x_F$(仅指饱和液体进料情况)时,表示第 n 层理论板是进料板(属于提馏段的塔板),同理,可改用提馏段操作线方程和相平衡方程,求得提馏段理论板数直至计算到 $x'_m \leq x_W$ 为止。

在计算过程中使用了 n 次相平衡方程即为求得的理论板数 n(包括再沸器在内)。

特别提示: ①精馏段所需理论板数为 $n-1$ 块,提馏段所需的理论板数为 $m-1$ 块(不包括再沸器),精馏塔所需的理论板数为 $n+m-2$ 块(不包括再沸器)。②若为其他进料热状况,应计算到 $x_n \leq x_q$ (x_q 为两操作线交点下的液相组成)。

利用逐板计算法求所需理论板数较准确,但计算过程繁琐,特别是理论板数较多时更为突出。若采用计算机计算,既方便快捷,又可提高精确度。

【例 5-8】某苯与甲苯混合物中含苯的摩尔分数为 0.4,流量为 100 kmol/h,拟采用精馏操作,在常压下加以分离,要求塔顶产品苯的摩尔分数为 0.9,苯的回收率不低于 90%,原料预热至泡

点加入塔内，塔顶设有全凝器，液体在泡点下进行回流，回流比为 1.875。已知在操作条件下，物系的相对挥发度为 2.47，试采用逐板计算法求理论塔板数。

解 由苯的回收率可求出塔顶产品的流量为

$$D = \frac{\eta_D F x_F}{x_D} = \frac{0.9 \times 100 \times 0.4}{0.9} = 40 \, (\text{kmol/h})$$

由物料衡算式可得塔底产品的流量与组成为

$$W = F - D = 100 - 40 = 60 \, (\text{kmol/h})$$

$$x_W = \frac{F x_F - D x_D}{W} = \frac{100 \times 0.4 - 40 \times 0.9}{60} = 0.066\,7$$

相平衡方程式

$$y = \frac{\alpha x}{1 + (\alpha - 1)x}$$

$$x = \frac{y}{\alpha - (\alpha - 1)y} = \frac{y}{2.47 - 1.47y}$$

精馏段操作线方程

$$y = \frac{R}{R+1}x + \frac{x_D}{R+1} = \frac{1.875}{1.875+1}x + \frac{0.9}{1.875+1} = 0.652x + 0.313$$

提馏段操作线方程

对于泡点进料，$q=1$，则 $L' = L + F = RD + F$，$V' = V = (R+1)D$

$$y' = \frac{L'}{V'}x' - \frac{W x_W}{V'} = \frac{RD + F}{(R+1)D}x' - \frac{W x_W}{(R+1)D}$$

$$= \frac{1.875 \times 40 + 100}{(1.875+1) \times 40}x' - \frac{60 \times 0.066\,7}{(1.875+1) \times 40}$$

$$= 1.522 x' - 0.035\,9$$

第一块板上升的蒸气组成 y_1 为

$$y_1 = x_D = 0.9$$

第一块板下降的液体组成 x_1 为

$$x_1 = \frac{0.9}{2.47 - 1.47 \times 0.9} = 0.785$$

第二块上升的蒸气组成 y_2 由精馏段操作线方程求出

$$y_2 = 0.652 \times 0.785 + 0.313 = 0.825$$

交替使用相平衡方程和精馏段操作线方程可得

$x_2 = 0.656$ $y_3 = 0.74$ $x_3 = 0.536$ $y_4 = 0.648$
$x_4 = 0.427$ $y_5 = 0.58$ $x_5 = 0.359$

因 $x_5 < 0.4$，所以原料由第五块板加入。下面计算要改用提馏段操作线方程代替精馏段操作线方程，即

$y_6 = 1.522 \times 0.359 - 0.035\,9 = 0.51$ $x_6 = 0.296$
$y_7 = 0.415$ $x_7 = 0.186$
$y_8 = 0.247$ $x_8 = 0.117$
$y_9 = 0.142$ $x_9 = 0.062\,9 < 0.066\,7$

因 $x_9 < x_W$，故总理论板数为 10 块（包括再沸器），其中精馏段为 4 块，加料板为第 5 块。

2. 梯级图解法

图解法求理论板数的基本原理与逐板计算法基本相同，只不过由作图过程代替计算过程，由于作图误差，其准确性比逐板计算法稍差，但由于图解法求理论板数过程简单，故在双组分精馏

塔的计算中运用很多。

图解法的计算过程在 x-y 图上进行。它的基本步骤可参照图5-25，归纳如下。

① 在 x-y 坐标图上作出相平衡曲线和对角线。

② 在 x 轴上定出 $x=x_D$、$x=x_F$、$x=x_W$ 的点，从三点分别作垂线交对角线于点 a、e、c。

③ 在 y 轴上定出 $y_b = x_D/(R+1)$ 的点 b，连 a、b 作精馏段操作线，或通过精馏段操作线的斜率 $R/(R+1)$ 绘精馏段操作线。

④ 由进料热状况求出斜率 $q/(q-1)$，通过点 e 作 q 线 ef。

⑤ 将 ab 和 ef 的交点 d 与 c 相连得提馏段操作线 cd。

⑥ 从 a 点开始，在精馏段操作线与平衡线之间作直角梯级，当梯级跨过两操作线交点 d 点时，则改在提馏段操作线与平衡线之间作直角梯级，直至梯级的垂线达到或跨过 c 点为止。数梯级的数目，可以分别得出精馏段和提馏段的理论板数，同时也确定了加料板的位置。

特别提示： 跨过两操作线交点 d 的梯级为适宜的进料位置。在图5-25中，梯级总数为7，第4级跨过 d 点，即第4级为加料板，故精馏段理论板数为3；因再沸器相当于一层理论板，故提馏段理论板数为3。该过程共需7层理论板（包括再沸器）。

理论塔板数的绘制

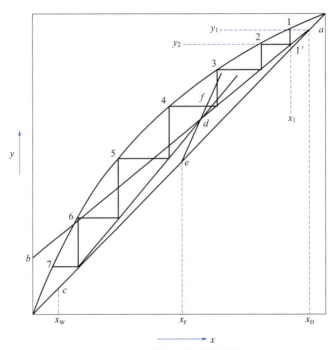

图5-25 图解法求理论板数

【例5-9】用一常压操作的连续精馏塔，分离含苯为0.44（摩尔分数，以下同）的苯-甲苯混合液，要求塔顶产品中含苯0.975以上，塔底产品中含苯0.0235以下。操作回流比为3.5。试用图解法求以下两种进料情况时的理论板数及加料板位置。

（1）原料液为20℃的冷液体。

（2）液相分率为1/3的气、液混合物。

已知数据如下：操作条件下苯的汽化潜热为390 kJ/kg；甲苯的汽化潜热为360 kJ/kg。苯-甲苯混合液的气、液相平衡数据见【例5-1】附表2及 t-x-y 图（图5-8）。

解 （1）温度为20℃的冷液体进料

① 利用平衡数据，在直角坐标图上绘相平衡曲线及对角线，如本例附图1所示。在图上定出点 $a(x_D, x_D)$、点 $e(x_F, x_F)$ 和点 $c(x_W, x_W)$ 三点。

② 精馏段操作线截距为 $x_D/(R+1)=0.975/(3.5+1)=0.217$，在 y 轴上定出点 b。连 ab，即得到精馏段操作线。

③ 根据【例5-6】知，原料液为20℃的冷液体 q=1.36，q 线斜率为3.78。再从点 e 作斜率为

3.78 的直线，即得 q 线。q 线与精馏段操作线交于点 d。

④ 连 cd，即为提馏段操作线。

⑤ 自点 a 开始在操作线和平衡线之间绘制直角梯级，图解得理论板数为 11（包括再沸器），自塔顶往下数第 5 层为加料板，如本例题附图 1 所示。

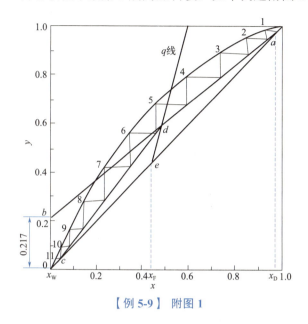

【例 5-9】 附图 1

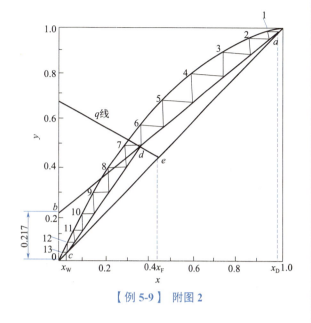

【例 5-9】 附图 2

（2）气、液混合物进料

①、②与（1）的①、②项相同，两项的结果如本例题附图 2 所示。

③由 q 值定义知，q=1/3，故 q 线斜率为

$$\frac{q}{q-1} = \frac{1/3}{1/3-1} = -0.5$$

过点 e 作斜率为 -0.5 的直线，即得 q 线，q 线与精馏段操作线交于点 d。

④ 连 cd，即为提馏段操作线。

⑤ 按上法图解得理论板数为 13（包括再沸器），自塔顶往下的第 7 层为加料板，如本例题附图 2 所示。

由计算结果可知，对一定的分离任务和要求，若进料热状况不同，所需的理论板数和加料板的位置均不相同。冷液体进料较气、液混合进料所需的理论板层数少。这是因为精馏段和提馏段内循环量增大，使分离程度增高或理论板数减少。

五、回流比和进料状况对精馏过程的影响

图 5-26 为连续精馏流程，把有关量的符号及关系式汇集如下

$$L = RD \qquad V = (R+1)D$$
$$L' = L + qF \qquad V' = V + (q-1)F$$

塔釜汽相回流比为

$$R' = \frac{V'}{W} = (R+1)\frac{D}{W} + (q-1)\frac{F}{W}$$

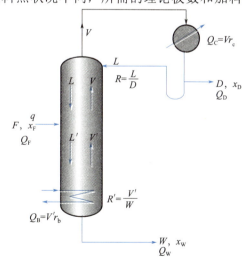

图 5-26 连续精馏流程

Q_F—进料带入塔内的热量；Q_B—蒸馏釜的热负荷；Q_W—塔底产品带出的热量；Q_D—塔顶产品带出的热量；Q_C—冷凝器的热负荷。

1. 及 R' 对 Q_B 和 Q_C 的影响

下面从三种情况分析（F 和 D 已知）。

(1) 当 q 为定值，若 R 增大，R'、V、V'、L 及 LR' 都随之增大，即塔内气液两相的循环量增大，冷凝器热负荷 Q_C 与蒸馏釜热负荷 Q_B 也都增大。

若塔顶蒸气 V 全部冷凝为泡点液体时，冷凝器热负荷为

$$Q_C = r_{cm}V \tag{5-38}$$

式中，r_{cm} 为组成为 x_D 的混合液汽化热，kJ/kmol。

蒸馏釜热负荷为

$$Q_B = r_{bm}V' \tag{5-39}$$

式中，r_{bm} 为组成为 x_W 的混合液汽化热，kJ/kmol。

(2) 当 R 为一定值时，进入冷凝器的蒸气量 $V = (R+1)D$ 为一定值，所以冷凝器的冷却剂带出的热量 Q_C 也为一定值。

当塔顶及塔底产品的流量与组成一定时，由塔顶与塔底产品带出的热量 Q_D 与 Q_W 必为一定值，由全塔热量衡算可知

$$Q_F + Q_B = Q_C + Q_D + Q_W \tag{5-40}$$

进料带入塔内的热量 Q_F 与蒸馏釜热负荷 Q_B 之和应为一定值。当 Q_F 增大（即 q 减小）时，Q_B 应相应减小（V' 减小）。反之，当 Q_F 减小（即 q 增大）时，Q_B 应相应增大（V' 增大）。

当分离条件一定时，在总输入热量不变的情况下，通常应尽可能在蒸馏釜输入热量，使上升蒸气 V' 在全塔内发挥传热与传质作用。最常见的是把进料预热到泡点附近进塔。

如果原料本身就是蒸气，就不必将其冷凝为液体。蒸气进料可以使蒸馏釜热负荷减少，操作费用减少。这样虽然会使塔板数增多一些，但操作费用的减少可以补偿设备费的增多。

(3) 当塔釜气相回流比 $R' = V'/W$ 为一定值时，则蒸馏釜热负荷 Q_B 为一定值。

此时，若进料带入塔内的热量 Q_F 增多（即 q 值减小），则塔顶液相回流比 R 必增大，冷凝器热负荷 Q_C 也必增大。

【例 5-10】 在常压下连续操作的精馏塔中分离乙醇-水溶液，进料流量为 100 kmol/h，进料中乙醇的摩尔分数为 0.3。馏出液中乙醇的摩尔分数为 0.8，釜液中乙醇的摩尔分数为 0.005。塔顶泡点回流，回流比为 1.6。乙醇-水溶液的相平衡数据，见附录二十四。

试求：

① 塔顶冷凝器的热负荷 Q_C；
② 饱和液体进料时的蒸馏釜热负荷 Q_B；
③ 气液混合物进料（气液比为 1）时的蒸馏釜热负荷 Q_B。

解 根据全塔的物料衡算式计算馏出液流量 D 为

$$\begin{cases} F = D + W \\ Fx_F = Dx_D + Wx_W \end{cases} \Longrightarrow \begin{cases} 100 = D + W \\ 100 \times 0.3 = D \times 0.8 + W \times 0.005 \end{cases}$$

解得 $D = 37.1$ （kmol/h）

已知塔顶泡点回流，回流比 $R=1.6$，精馏段每层塔板上升蒸气的摩尔流量 V 等于进入冷凝器的蒸气流量，其流量为

$$V = (R+1)D = (1.6+1) \times 37.1 = 96.5 \text{ （kmol/h）}$$

① 塔顶冷凝器的热负荷 Q_C

从乙醇-水溶液的相平衡数据附录二十四查得 $x_D=0.8$ 时的泡点为 78.4 ℃，查 78.4 ℃时，乙醇的比汽化热为 860 kJ/kg，摩尔汽化热为 860×46=39 560（kJ/kmol）；78.4 ℃时，水的比汽化热为 2 400 kJ/kg，摩尔汽化热为 2 400×18=43 200（kJ/kmol）；组成为 $x_D=0.8$ 的乙醇-水溶液的平

均摩尔汽化热为

$$r_{cm} = 39\,560 \times 0.8 + 43\,200 \times 0.2 = 40\,288\ (\text{kJ/kmol})$$

进入冷凝器的组成为 0.8 的蒸气全部冷凝为泡点液体，冷凝器的热负荷为

$$Q_C = r_{cm}V = 40\,288 \times 96.5 = 3.89 \times 10^6\ (\text{kJ/h})$$

② 饱和液体进料时的蒸馏釜热负荷 Q_B

饱和液体进料时，提馏段每层塔板上升蒸气的摩尔流量 V' 等于精馏段每层塔板上升蒸气的摩尔流量 V，即 $V' = V = 96.5$ kmol/h。

釜液中乙醇的摩尔分数 $x_W = 0.005$，釜液可视为纯水。水在 100 ℃下的比汽化热为 2 260 kJ/kg，摩尔汽化热为 2 260×18=40 680 kJ/kmol。

蒸馏釜的热负荷为

$$Q_B = r_{bm}V' = 40\,680 \times 96.5 = 3.93 \times 10^6\ (\text{kJ/h})$$

从计算结果可知，在饱和液体进料条件下，蒸馏釜的热负荷 Q_B 与冷凝器的热负荷 Q_C 基本相等。

③ 气液混合物进料（气液比为 1）时的蒸馏釜热负荷 Q_B

此时的进料热状态参数 $q = 0.5$，提馏段每层塔板上升蒸气的摩尔流量为

$$V' = V + (q-1)F = 96.5 + (0.5-1) \times 100 = 46.5\ (\text{kmol/h})$$

蒸馏釜的热负荷为

$$Q_B = r_{bm}V' = 40\,680 \times 46.5 = 1.89 \times 10^6\ (\text{kJ/h})$$

由计算结果可知，在塔顶回流比 R 一定的条件下，进料由饱和液体改为气液混合物，蒸馏釜热负荷减小。

2. R、q 及 R' 对理论板数的影响

(1) q 值一定时，R 对理论板数的影响　如图 5-27 所示，q 值一定时，有一条 q 线。在 x_F、x_D、x_W 一定的条件下，若塔顶液体回流比 R 增大，则精馏段操作线远离平衡曲线，提馏段操作线也远离平衡曲线，对一定分离要求所需的理论板数减少。

对于有一定理论板数的精馏塔，当 q 值一定，而增大回流比时，精馏段的液-气比 L/V 增大，即精馏段下降液体量相对于上升蒸气量增多，有利于增大气液两相传质推动力，提高传质速率，从而有利于提高上升蒸气中易挥发组分的组成，使塔顶产品纯度（x_D）增大。

对于提馏段来说，当 q 值一定，而 R 增大时，R' 也增大，其操作线斜率（液-气比）$L'/V' = (R'+1)/R'$ 减小，而气液比 V'/L' 增大，即提馏段上升蒸气量相对于下降液体量增多，有利于增大气液两相传质推动力，提高传质速率，从而有利于减少下降液体中易挥发组分的组成，使塔底产品纯度（$1-x_W$）提高。

总结上述内容，在 x_F、q、x_D、x_W 一定的条件下，当 R 增大时，R' 也增大，所需理论板数将减少。而对于有一定理论板数的精馏塔来说，增大 R，会使 x_D 增大及 x_W 减小。但都需要使 Q_C 与 Q_B 增大。

(2) R 一定时，q 值对理论板数的影响　在 x_F、x_D、x_W 一定的条件下，当回流比 R 为一定时，q 值大小不会改变精馏段操作线的位置，而明显改变了提馏段操作线的位置，如图 5-28 所示。进料带入塔内的热量 Q_F 越少，q 值就越大，提馏段操作线就越远离平衡曲线，所需理论板数就越少。

此时，因回流比 R 为一定值，Q_F 与 Q_B 之和为一定值。当 Q_F 减少时，Q_B 需要增多，理论板数可减少。而对于有一定理论板数的精馏塔，$Q_F + Q_B$ 为一定值时，使 Q_F 减小、Q_B 增大，可使产品纯度增大。

(3) R' 一定时 q 值对理论板数的影响　在 x_F、x_D、x_W 一定的条件下，若 R' 为一定，则提馏段操作线的斜率 $L'/V' = (R'+1)/R'$ 为一定值。因此，如图 5-29 所示，可画出一条提馏段操作线。在

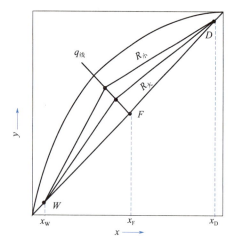

图 5-27　q 值一定时，R 对理论板数的影响

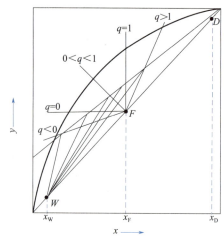

图 5-28　R 一定时，q 值对提馏段操作线的影响

这种情况下，q 值的大小不会改变提馏段操作线的位置，而明显改变了精馏段操作线的位置。进料带入塔内的热量 Q_F 越多，q 值越小，精馏段操作线越远离平衡曲线，所需理论板数减少。因为此时精馏段上升蒸气量增多，塔顶液体回流比 R 增大，冷凝器热负荷 Q_C 增大。而对于有一定理论板数的精馏塔，若 R' 为一定值，Q_B 为一定值，而 Q_F 增大时，q 值减小，塔顶液相回流 R 增大，可使产品纯度增大。

六、适宜回流比选择

在前面的分析和计算中，回流比是作为给定值。而在实际精馏过程中，回流比是保证精馏过程能连续定态操作的基本条件，因此回流比是精馏过程的重要变量，它的大小直接影响操作线的位置，如图 5-30 所示，也会影响精馏

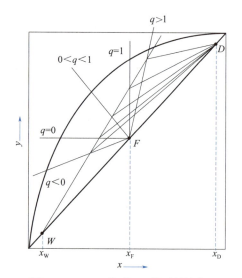

图 5-29　R' 一定时，q 值对精馏段操作线的影响

的操作费用和投资费用及产品的质量和产量，而且是一个便于调节的参数。回流比有两个极限值，上限为全回流即最大回流比，下限为最小回流比，实际的回流比介于两极限值之间。

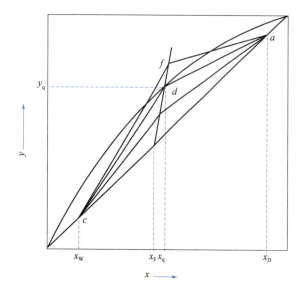

图 5-30　回流比对操作线位置的影响

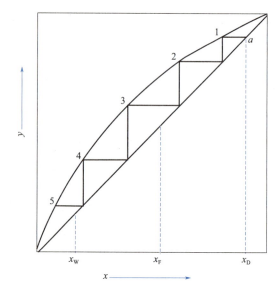

图 5-31　全回流时的理论板数

1. 全回流和最小理论塔板数

精馏塔塔顶上升蒸气经全凝器冷凝后，冷凝液全部回流至塔内，此种回流方式称为全回流。在全回流操作下，原料量 F、塔顶产品 D、塔底产品 W 皆为零。

全回流时回流比为
$$R = \frac{L}{D} = \infty$$

精馏段操作线斜率为
$$\frac{R}{R+1} = 1$$

在 y 轴上的截距为
$$\frac{x_D}{R+1} = 0$$

全回流时的操作线方程式为
$$y_{n+1} = x_n$$

即精馏段和提馏段操作线与对角线重合，无精馏段和提馏段之分，如图 5-31 所示，显然操作线和平衡线之间的距离最远，说明塔内气、液两相间的传质推动力最大，对完成同样的分离任务，所需的理论板数为最少，以 N_{min} 表示。

N_{min} 的确定可在 x-y 图上画直角梯级，根据平衡线与操作线之间的梯级数求得。

计算全回流时的理论板数除可用如前介绍的逐板计算法和图解法外，还可用芬斯克方程计算，即

$$N_{min} = \frac{\lg\left[\left(\dfrac{x_D}{1-x_D}\right)\left(\dfrac{1-x_W}{x_W}\right)\right]}{\lg \alpha_m} - 1 \tag{5-41}$$

式中　N_{min}——全回流时的最少理论板数（不包括再沸器）；
　　　α_m——全塔平均相对挥发度。

如前所述，全回流时因无生产能力，对正常生产无实际意义，只用于精馏塔的开工阶段或实验研究中。但在精馏操作不正常时，有时会临时改为全回流操作，便于进行问题的分析和过程的调节、控制。

2. 最小回流比

在精馏塔计算时，对于一定的分离任务，随着回流比的减小，两操作线逐渐向平衡线靠近，达到分离要求所需的理论塔板数亦逐渐增多。当回流比减到某一数值时，两操作线交点 d 恰好落在平衡线上，如图 5-32（a）所示，这时所需的塔板数为无穷多，相应的回流比称为最小回流比，以 R_{min} 表示。在最小回流比条件下操作时，在点 d 前后各板之间（通常在进料板附近）区域，气、液两相组成基本上没有变化，即无增浓作用，故此区域称为恒浓区（又称挟紧区），d 点称为挟紧点。因此最小回流比是回流比的下限。

最小回流比可由进料状况、x_F、x_D 及相平衡关系确定，常利用作图法求得。参照图 5-32（a），当精馏段操作线与 q 线相交于相平衡线上点 d 时，此时精馏段操作线的斜率为

$$\frac{R_{min}}{R_{min}+1} = \frac{x_D - y_q}{x_D - x_q} \tag{5-42}$$

整理式（5-42）得

$$R_{min} = \frac{x_D - y_q}{y_q - x_q} \tag{5-42a}$$

式中，x_q、y_q 为 q 线与平衡线交点 d 的坐标，可在图中读得，也可由 q 线方程与相平衡方程联立确定。

特别提示： 对于某些特殊的相平衡曲线，如乙醇-水物系，直线 ad 可能已穿过平衡线，这时应从 a 点作平衡曲线的切线来决定 R_{min}，如图 5-32 中（b）所示。

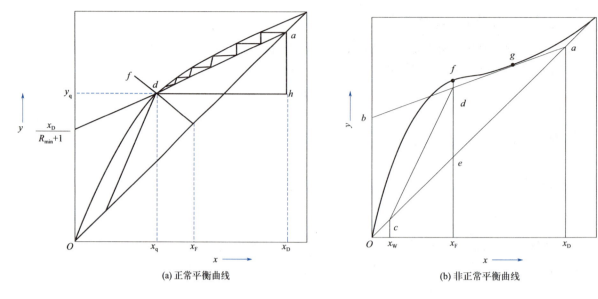

(a) 正常平衡曲线 (b) 非正常平衡曲线

图 5-32 最小回流比的确定

3. 适宜回流比的选择

根据上述讨论可知,对于一定的分离任务,全回流时所需的理论塔板数最少,但得不到产品,实际生产不能采用。而在最小回流比下进行操作,所需的理论塔板数又无穷多,生产中亦不可采用。因此,实际的回流比应在全回流和最小回流比之间。适宜回流比是指操作费用和投资费用之和为最低时的回流比。

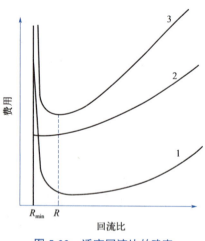

图 5-33 适宜回流比的确定

精馏的操作费用包括冷凝器冷却介质和再沸器加热介质的消耗量及动力消耗的费用等,而这两项取决于塔内上升的蒸气量。当回流比增大时,根据 $V=(R+1)D$、$V'=V+(q-1)F$,这些费用将显著地增加,操作费和回流比的大致关系如图 5-33 中曲线 2 所示。

设备折旧费主要指精馏塔、再沸器、冷凝器等费用。如设备类型和材料已选定,此项费用主要取决于设备尺寸。当 $R=R_{min}$ 时,塔板数为无穷多,相应的设备费亦为无限大;当 R 稍增大,塔板数即从无限大急剧减少;R 继续增大,塔板数仍可减少,但速度缓慢;再继续增大 R,由于塔内上升蒸气量增加,使得塔径、再沸器、冷凝器等的尺寸相应增大,导致设备费有所上升。设备费和回流比的大致关系如图 5-33 中曲线 1 所示。

总费用(操作费用和设备费用之和)和 R 的大致关系如图 5-33 中曲线 3 所示。其最低点所对应的回流比为最适宜回流比。

在精馏设计计算中,一般不进行经济核算,操作回流比常采用经验值。根据生产数据统计,适宜回流比的数值范围一般取为

$$R = (1.1 \sim 2.0) R_{min} \tag{5-43}$$

应指出的是,在精馏操作中,回流比是重要的调控参数,R 值的选择与产品质量及生产能力密切相关。

【例 5-11】在常压连续精馏塔中分离苯-甲苯混合液。原料液含苯为 0.44(摩尔分数,下同),馏出液含苯为 0.98,釜残液含甲苯为 0.976。操作条件下物系的平均相对挥发度为 2.47。试求饱和液体进料和饱和蒸气进料时的最小回流比。

解 ① 饱和液体进料

$$x_q = x_F = 0.44$$

$$y_q = \frac{\alpha x_q}{1+(\alpha-1)x_q} = \frac{2.47 \times 0.44}{1+(2.47-1) \times 0.44} = 0.66$$

故

$$R_{min} = \frac{x_D - y_q}{y_q - x_q} = \frac{0.98 - 0.66}{0.66 - 0.44} = 1.45$$

② 饱和蒸气进料

$$y_q = x_F = 0.44$$

$$x_q = \frac{y_q}{\alpha - (\alpha-1)y_q} = \frac{0.44}{2.47 - (2.47-1) \times 0.44} = 0.24$$

故

$$R_{min} = \frac{x_D - y_q}{y_q - x_q} = \frac{0.98 - 0.44}{0.44 - 0.24} = 2.7$$

由计算结果可知,不同进料热状况下,R_{min} 值是不同的。

七、简捷法求理论塔板数

在精馏塔的初步设计中,有时需用经验关联图估算理论板数。图 5-34 是吉利兰关联图。它对五十多种双组分和多组分精馏进行逐板计算,以最小回流比 R_{min} 与最少理论板数 N_{min} 为基准,以 $(R-R_{min})/(R+1)$ 为横坐标,$(N-N_{min})/(N+1)$ 为纵坐标,把理论板数 N(包括蒸馏釜)与回流比 R 关联起来。

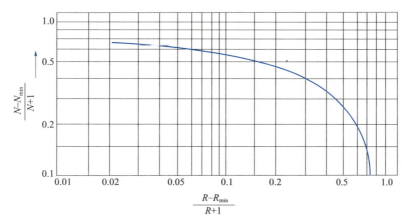

图 5-34 吉利兰关联图

关联图中的曲线可近似用式(5-44)表示

$$\frac{N - N_{min}}{N+1} = 0.75 - 0.75\left(\frac{R - R_{min}}{R+1}\right)^{0.5668} \quad (5-44)$$

式中,R_{min} 为最小回流比;R 为操作回流比;N_{min} 为全回流时的最少理论板数(包括蒸馏釜);N 为操作回流比时的理论板数(包括蒸馏釜)。

利用关联图或关联式计算理论板数的步骤如下:

① 根据分离要求(x_D,x_W)、进料组成 x_F 与进料热状态(q 值)求出最小回流比 R_{min},并选择适宜回流比作为操作回流比 R;

② 求出全回流时的最少理论板数 N_{min}(包括蒸馏釜);

③ 用已知的 R_{min}、R 计算 $(R-R_{min})/(R+1)$，再用吉利兰关联图或关联式求出 $(N-N_{min})/(N+1)$，进而求出理论板数 N（包括蒸馏釜）。

【例 5-12】分离正庚烷-正辛烷溶液，饱和液体进料，$x_F=0.45$，$x_D=0.95$，$x_W=0.05$（均为摩尔分数），取回流比 $R=1.5R_{min}$，试用简捷计算法求理论板数（包括蒸馏釜）。已知气液相平衡数据见附表。

【例5-12】附表　气液相平衡数据

温度 /℃	98.4	105	110	115	120	125.6
x（摩尔分数）	1.0	0.656	0.487	0.311	0.157	0.0
y（摩尔分数）	1.0	0.810	0.673	0.491	0.280	0.0
正庚烷 p^0 /kPa	101.3					205.3
正辛烷 p^0 /kPa	44.4					101.3

解　已知 $x_F=0.45$，$x_D=0.95$，$x_W=0.05$

① 利用芬斯克方程求 N_{min}

先计算平均相对挥发度，设正庚烷-正辛烷溶液为理想溶液，塔顶 98.4 ℃时的相对挥发度为

$$\alpha_D = \frac{p^0_{A_1}}{p^0_{B_1}} = \frac{101.3}{44.4} = 2.28$$

塔底 125.6 ℃时的相对挥发度为

$$\alpha_W = \frac{p^0_{A_2}}{p^0_{B_2}} = \frac{205.3}{101.3} = 2.03$$

平均相对挥发度为

$$\alpha_m = \sqrt{\alpha_D \cdot \alpha_W} = \sqrt{2.28 \times 2.03} = 2.15$$

全回流时的最少理论板数 N_{min}（包括蒸馏釜）

$$N_{min} = \frac{\lg\left[\left(\dfrac{x_D}{1-x_D}\right)\left(\dfrac{1-x_W}{x_W}\right)\right]}{\lg \alpha_m} = \frac{\lg\left[\left(\dfrac{0.95}{1-0.95}\right)\left(\dfrac{1-0.05}{0.05}\right)\right]}{\lg 2.15} = 7.69$$

取整数，$N_{min} = 8$

② 求最小回流比 R_{min} 与操作回流比 R

饱和液体进料，$q=1$，q 线为垂直线与平衡线的交点 (x_d, y_d) 此时 $x_d = x_F = 0.45$，代入平衡线方程

$$y_d = \frac{\alpha_m x_d}{1+(\alpha_m-1)x_d} = \frac{2.15 \times 0.45}{1+(2.15-1)\times 0.45} = 0.638$$

$$R_{min} = \frac{x_D - y_d}{y_d - x_d} = \frac{0.95 - 0.638}{0.638 - 0.45} = 1.66$$

$$R = 1.5 R_{min} = 1.5 \times 1.66 = 2.49$$

简捷计算法求理论板数

$$\frac{R - R_{min}}{R+1} = \frac{2.49 - 1.66}{2.49 + 1} = 0.24$$

查关联图 5-34，得

$$\frac{N - N_{min}}{N+1} = 0.415$$

将 $N_{min} = 7.69$，代入上式求得全塔理论板数 $N=13.9$，取整数 $N=14$（包括蒸馏釜）。

> **拓展阅读**
>
> **蒸馏中的节能问题探究**
>
> 目前，对于精馏系统的主要节能方案可分为三大类。
>
> 第一类，需要极少或不需要投资的节能技术，节能大约10%。常用的技术有优化回流比；在允许的产品要求下，降低产品规格；调整进料位置；改变进料状态；降低操作压力及塔板的定期维护。
>
> 第二类，需要中等投资的节能方案，能耗大约可降低20%，投资回收期一般为1～2年。常用的技术有采用合适的绝热保温层，减少热量损失；系统内余热的回收利用；塔板类型的改造，采用高效的塔板和填料，可减小回流比，降低对热能的质量要求。
>
> 第三类，需要较大投资的节能技术。能量需求可降低90%，投资回收期一般为1～3年。常用的技术有采用先进的仪器和控制系统，严格控制产品质量指标，减小所需的回流比；采用热泵技术、多效精馏技术、二级冷凝技术和增设中间再沸器和中间冷凝器技术。

八、精馏塔的操作型计算

已知进料条件（组成 x_F，进料热状态参数 q），根据分离要求（塔顶产品组成 x_D，塔底产品组成 x_W）以及回流比 R，计算所需要的理论板数及进料板位置，这属于设计型计算。

若精馏塔的理论板数及进料板位置已定，由给定的进料条件（x_F，q）及操作条件（回流比 R）计算产品 x_D，塔底产品组成 x_W，或者由 x_D、x_W 计算所需要的操作回流比 R，这属于操作型计算。

总之，精馏塔的操作型计算和设计型计算一样，也需要用相平衡关系和精馏段、提馏段操作线方程，不同之处在于操作型计算众多变量呈非线性关系，计算更为繁琐，一般需用试差法计算。通常，精馏过程的操作型计算在生产中可用来预估。操作条件变化时，产品质量和采出量的变化，确保产品质量的合格，应采取什么措施等。

【例 5-13】若某精馏塔有 N 块理论板，其中精馏段有 m 块，提馏段（$N-m$）块。进料量为 F，进料组成为 x_F，进料热状况为 q，回流比为 R 时，塔顶及塔釜组成分别为 x_D、x_W。当进料情况及塔顶采出率 D/F 都不变的情况下，R 增加，塔顶及塔釜组成 x_D、x_W 将如何变化？

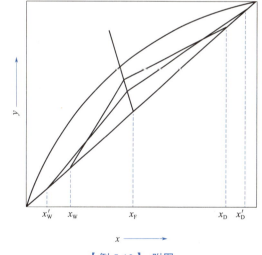

【例 5-13】附图

解 当回流比 R 增大时，精馏段斜率 $\dfrac{L}{V}=\dfrac{R}{R+1}$ 增大，提馏段斜率 $\dfrac{L'}{V'}=\dfrac{RD+qF}{RD+qF-(F-D)}$ 减小。

操作达到稳定时，满足全塔物料衡算和理论板数 N 一定的前提下，x_F、q 不变，精馏段和提馏段分离能力增强，馏出液组成 x_D 增加，釜液组成 x_W 减小，如附图所示。

必须指出，在馏出液采出率 D/F 一定的条件下，通过增加回流比 R 来提高 x_D 的方法并非总是有效的，原因有以下几点。

① x_D 的提高受到精馏塔分离能力的限制。对一定塔板数，回流比增至无穷大时（全回流），对应的 x_D 的最高极限值在实际回流比下不可能超过此极限值。

② x_D 的提高受到全塔物料衡算的限制。加大回流比 R 可提高 x_D，但 x_D 应取的极限值为1。

此外，操作回流比 R 增加，塔釜和塔顶的热负荷都上升，因此还受到塔釜再沸器及塔顶冷凝器换热面积的限制。

九、直接蒸汽加热的蒸馏塔

当分离含有易挥发组分的水溶液时且难挥发组分为水时，可采用直接蒸汽加热，即将加热蒸汽（水蒸气）直接通入塔釜，而省去间接加热设备如再沸器。图 5-35（a）为直接蒸汽加热的连续精馏装置。由于精馏塔中加入水蒸气，使从塔底排出的水量增加，当 x 一定时，随釜残液带出的易挥发组分量相应增加，使其回收率降低。若保持易挥发组分的回收率不变，必须要求 x_W 降低，致使提馏段理论板数略有增加。

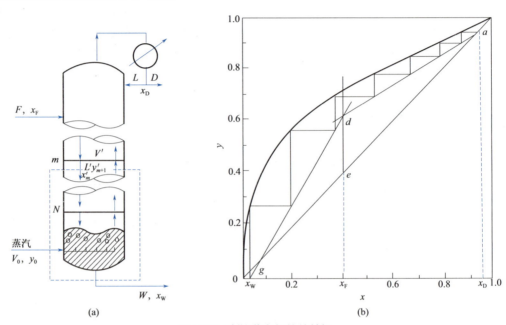

图 5-35 直接蒸汽加热的精馏

直接蒸汽加热时理论板数的求法原则上与间接蒸汽加热时的求法相同。精馏段操作线和 q 线都不变。由于塔底增加了一股蒸汽，故提馏段操作线方程应予修正。

对图 5-35（a）所示的虚线范围作物料衡算

总物料衡算 $\qquad L' + V_0 = V' + W \qquad$ (5-45)

易挥发组分衡算 $\qquad L'x'_m = V'y'_{m+1} + Wx_W \qquad$ (5-46)

式中，V_0 为直接加热蒸汽量，kmol/h。

依据恒摩尔流假设，有 $V_0 = V'$，$L' = W$ 若略去式（5-40）中 y_{m+1} 与 x_m 的下标，可求得提馏段操作线方程为

$$y' = \frac{W}{V_0}x' - \frac{W}{V_0}x_W \qquad (5\text{-}47)$$

由此式可知，当 $x' = x_W$，时，$y = 0$。即提馏段操作线与 x 轴相交于 x_W 处，即图 5-35（b）所示。当 $y' = x'$ 时，由式（5-47）可求得式（5-47a）。

$$x' = \frac{Wx_W}{W - V_0} \qquad (5\text{-}47a)$$

即提馏段操作线与对角线交于 g 点，连 gd 为提馏段操作线，gd 线与 x 轴相交于 x_W 处。此后便可从 a 点绘直角梯级直至 $x'_m \leqslant x_W$ 为止，图 5-35（b）所示。

由上述可知，用直接水蒸气加热时，理论板数的图解法与间接水蒸气加热时相同。但应注意，其提馏段操作线与 x 轴交于 x_W，故最后一个梯级必须跨过 x 轴上 x_W 为止。

直接水蒸气加热时，由于釜液被水蒸气的冷凝液所稀释，其组成较间接水蒸气加热时 x_W 低，在 y-x 图上画的梯级数，一般能多一个梯级。

【例 5-14】含甲醇 0.45（摩尔分数，下同）的甲醇 - 水溶液，在一常压连续操作的精馏塔中分离。原料流量为 100 kmol/h，饱和液体进料，要求馏出液组成为 0.95，流量为 44.4 kmol/h。塔顶液体回流比为 1.5，试求间接蒸汽加热与直接蒸汽加热时的理论板数。甲醇 - 水溶液的气液相平衡数据见附录二十四。

解 已知 $F = 100$ kmol/h，$x_F = 0.45$，$D = 44.4$ kmol/h，$x_D = 0.95$。

间接蒸汽加热时釜液组成 x_W 的计算如下

$$F = D + W$$

$$Fx_F = Dx_D + Wx_W$$

$$x_W = \frac{Fx_F - Dx_D}{F - D} = \frac{100 \times 0.45 - 44.4 \times 0.95}{55.6} = 0.051$$

直接蒸汽加热时釜液组成 x_W 的计算如下

$$L = RD = 1.5 \times 44.4 = 66.6 \text{（kmol/h）}$$

$$V = (R+1)D = (1.5+1) \times 44.4 = 111 \text{（kmol/h）}$$

$$W = L' = L + F = 66.6 + 100 = 167 \text{（kmol/h）}$$

精馏段操作线的截距 $\dfrac{x_D}{R+1} = \dfrac{0.95}{1.5+1} = 0.38$。

已知 $q=1$，在【例 5-14】附图上画出精馏段操作线、q 线以及提馏段操作线，并画出梯级。

间接蒸汽加热时，总梯级数为 7，第五梯级为进料板，精馏段理论板数为 4，提馏段理论板数为 3（包括蒸馏釜）。

直接蒸汽加热时，总梯级数为 8，精馏段理论板数及进料板位置与间接蒸汽加热时相同，提馏段理论板数为 4（包括蒸馏釜），比间接蒸汽加热时多一块理论板。

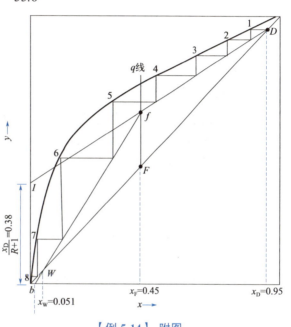

【例 5-14】附图

任务五

间歇精馏操作

间歇精馏也称为分批精馏，是将一批原料全部加入蒸馏釜中进行蒸馏。当釜液组成达到规定值后排出残液，然后开始下一批蒸馏操作。

一、间歇精馏操作的工艺、方式与特点

1. 间歇精馏工艺

图 5-36 为间歇精馏装置和间歇精馏工艺。与连续精馏不同的是原料液一次加入塔釜中，而不是连续加入精馏塔中，当釜中的液体达到规定的组成后，精馏操作即被停止。

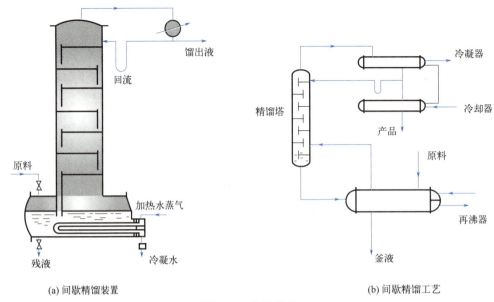

图 5-36　间歇精馏

2. 间歇精馏操作方式

间歇精馏通常有两种操作方式。
① 保持回流比恒定的操作,而塔顶馏出液组成和釜残液组成均随时间逐渐减小。
② 保持馏出液组成恒定的操作,必须不断地增大回流比,精馏终了时,回流比达到最大值。

3. 间歇精馏特点

① 属于非稳态操作,塔内各项参数(气液组成及温度等)随着时间而变化。
② 精馏塔只有精馏段,没有提馏段。
③ 间歇精馏釜液浓度不断地变化,故产品组成也逐渐降低。

通常间歇精馏适用于原料处理量较少且原料的种类、组成或处理量经常改变的情况,小型多品种产品的工厂或实验场所,也适用于多组分的初步分离。

二、回流比恒定的操作

在理论板数一定的条件下,间歇精馏的釜液在精馏过程中逐渐减小。若回流比保持恒定,则馏出液组成必将逐渐减小。

现以三层理论板的间歇精馏塔为例,说明操作过程中操作线是如何变化的。

如图 5-37 所示,因回流比 R 保持恒定,则操作线斜率 $R/(R+1)$ 为一定值。随着精馏过程的进行,若釜液组成与馏出液组成分别由 x_{W1}、x_{D1},减小到 x_{W2}、x_{D2},则操作线平行下移,依次类推,x_{W2}、x_{D2} 减小到 x_{W3}、x_{D3}。直到釜液组成达到规定值,操作即停止。所得馏出液组成是各瞬间组成的平均值。

三、馏出液组成恒定的操作

在理论板数一定的条件下,间歇精馏的釜液在精馏过程中逐渐减小。为了保持馏出液组成恒定,必须逐渐增大回流比。

现以四层理论板的间歇精馏塔为例,说明操作过程中操作线是如何变化的。

如图 5-38 所示,若馏出液组成保持为 x_D,在回流比 R_1 下操作时,釜液组成为 x_{W1},此时操作线为图中的实线 1。随着操作进行，釜液组成不断减小，回流比不断增大，使馏出液组成保持为 x_D。当釜液组成减小到 x_{W2}。回流比增大到 R_2 时，操作线为图中的虚线 2。这样不断增大回流比，直到釜液组成达到规定要求停止操作。

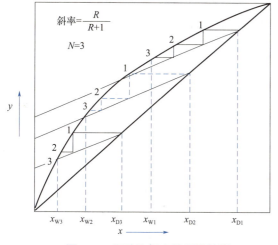

图 5-37 回流比恒定的间歇精馏

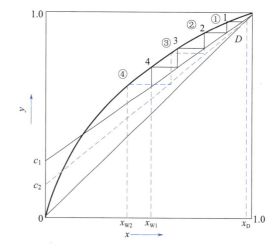

图 5-38 馏出液组成恒定的间歇精馏

上述两种操作方式各有优缺点。恒回流比操作时，虽操作方便，但馏出液组成为操作开始到终止时的平均值；而恒馏出液组成操作时，虽然馏出液组成较大，但连续增大回流比操作较困难。

如果将上述两种操作方式结合起来，使连续式增大回流比改为间断地增大回流比，即先在恒定回流比下操作一段时间，当馏出液组成减小到一定数值时，使回流比增大一定量，保持恒定再操作一段时间，如此间断地增大回流比，以保持馏出液组成基本不变。

在每批精馏的后期，釜液组成很低，回流比很大，馏出液量又很小，经济上不合算。因此，在回流比急剧增大时，终止收集原定组成的馏出液，仍保持较小回流比，蒸出一部分中间馏分，直到釜液组成达到规定为止。中间馏分加入下一批料液中再次精馏。

任务六

蒸馏设备及操作

工业上常用的蒸馏设备通常称为塔设备，包括板式塔和填料塔，在工业生产中蒸馏操作常采用板式塔，所以本任务重点介绍板式塔的结构及操作。

一、板式塔的结构及气液传质过程分析

1. 板式塔的结构

板式塔是一种应用极为广泛的气、液传质设备，它的外形为一个呈圆柱形的壳体，内部按一定间距设置若干的水平塔板（或称塔盘），水平塔板是板式塔的主要部件。

现以图 5-39 所示筛板塔为例说明板式塔的结构和功能。塔板上设有溢流堰和降液管。溢流堰的作用是使板上维持一定深度的液层；降液管是板上液体流至下一层塔板的液体通道。

液体从筛板塔上一层板经降液管流到板面，气体从下层板经筛孔进入板面，穿过液层鼓泡而

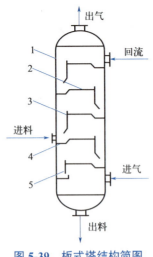

图 5-39 板式塔结构简图

1—塔壳；2—塔板；3—出口溢流堰；4—受液盘；5—降液管

出，离开液面时带出一些小液滴，一部分可能随气流进到上一层板，称为雾（液）沫夹带。严重的雾沫夹带将导致板效率下降。

2. 板式塔的传质过程分析

如图 5-40 所示，以筛板塔为例。板式塔正常工作时，塔内液体依靠重力作用，由上层塔板的降液管流到下层塔板的受液盘，并在各块板面上形成流动的液层，然后从另一侧的降液管流至下一层塔板。气体则靠压强差推动，由塔底向上依次穿过各塔板上的液层而流向塔顶。在每块塔板上由于设置有溢流堰，使板上保持一定厚度的液层，气体穿过板上液层时，两相接触进行传热和传质。塔内气、液两相的组成沿塔高呈阶梯式变化。

为有效地实现气、液两相之间的传质，板式塔应具有以下两方面的功能：

① 每块塔板上气、液两相必须保持充分的接触，为传质过程提供足够大而且不断更新的相际接触表面，减小传质阻力；

② 气、液两相在塔内应尽可能呈逆流流动，以提供最大的传质推动力。

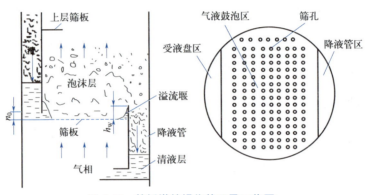

图 5-40 筛板塔的操作状况及工作区

板式塔操作状态

3. 塔板上气液接触状态

塔板上气、液两相的接触状态是决定两相流体力学、传质和传热规律的重要因素。如图 5-41 所示，当液体流量一定时，随着气速的增加，可以出现四种不同的接触状态。

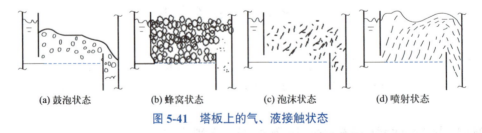

(a) 鼓泡状态　(b) 蜂窝状态　(c) 泡沫状态　(d) 喷射状态

图 5-41 塔板上的气、液接触状态

(1) 鼓泡接触状态　当气速较低时，塔板上有明显的清液层，气体以鼓泡形式通过液层，两相在气泡表面进行传质。由于气泡的数量不多，气泡表面的湍动程度也较低，故传质阻力较大，传质效率很低。在鼓泡接触状态，液体为连续相，气体为分散相。

(2) 蜂窝接触状态　随着气速的增加，气泡的数量不断增加。当气泡的形成速度大于气泡的浮升速度时，气泡在液层中累积。气泡之间相互碰撞，形成各种多面体的大气泡，板上为以气体为主的气、液混合物。由于气泡不易破裂，表面得不到更新，所以此种状态不利于传热和传质。在蜂窝接触状态，液体仍为连续相，气体为分散相。

(3) 泡沫接触状态　当气速继续增加，气泡数量急剧增多，气泡不断发生碰撞和破裂，此时板上液体大部分以液膜的形式存在于气泡之间,形成一些直径较小,扰动十分剧烈的动态泡沫,在板上只能看到较薄的一层液体。由于泡沫接触状态的表面积大,并不断更新,为两相传热与传质提供了良好的条件,是一种较好的接触状态。在泡沫接触状态,液体仍为连续相,气体为分散相。

(4)喷射接触状态 当气速很大时,由于气体动能很大,把板上的液体破碎成许多大大小小的液滴并被抛到塔板上方的空间,当液滴受重力作用回落到塔板上时,又再次被破碎、抛出,从而使液体以不断更新的液滴形态分散在气相中,气、液两相在液滴表面进行传质。此时塔板上的气体为连续相,液体为分散相。由于液滴回到塔板上又被分散,这种液滴的反复形成和聚集,使传质面积大大增加,而且表面不断更新,有利于传质与传热,也是一种较好的接触状态。

特别提示: 泡沫接触状态和喷射接触状态均是优良的塔板接触状态。因喷射接触状态的气速高于泡沫接触状态,故喷射接触状态有较大的生产能力,但喷射接触状态液沫夹带较多,若控制不好,会破坏传质过程,所以多数板式塔均控制在泡沫接触状态下工作。

二、工业上常用的板式塔

1. 泡罩塔

泡罩塔是一种很早就在工业上应用的塔设备,塔板上的主要部件是泡罩,如图 5-42 所示。它有一个钟形的罩,支在塔板上,沿周边开有长条形或长圆形小孔,或做成齿缝状,与板面保持一定的距离。罩内设有供蒸气通过的升气管,升气管与泡罩之间形成环形通道。操作时,气体沿升气管上升,经升气管与泡罩间的环隙,通过齿缝被分散成许多细小的气泡,气泡穿过液层使之成为泡沫层,以加大两相间的接触面积。液体由上层塔板降液管流到该层塔板的一侧,横过板上的泡罩后,开始分离所夹带的气泡,再越过溢流堰进入另一侧降液管,在管中气、液两相进一步分离,分离出的蒸气返回塔板上方,液体流到下层塔板。

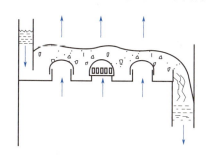

图 5-42 泡罩塔板

泡罩的制造材料有碳钢、不锈钢、合金钢、铜、铝等,特殊情况下亦可用陶瓷以防腐蚀。泡罩的直径通常为 80～150 mm,在板上按正三角形排列,中心距为罩直径的 1.25～1.5 倍。

泡罩塔的优点是不易发生漏液现象;操作弹性较大,塔板不易堵塞;对各种物料的适应性强。缺点是结构复杂,材料耗量大,板上液层厚,塔板压降大,生产能力及板效率较低。泡罩塔已逐渐被筛板塔、浮阀塔所取代,在新建塔设备中已很少采用。

2. 筛板塔

(1)筛孔塔板 筛孔塔板简称筛板,其结构如图5-43所示。塔板上开有许多均匀的小孔(筛孔),孔径一般为3～8 mm,以4～5 mm常用。筛孔在塔板上为正三角形排列。塔板上设置溢流堰,使板上能保持一定厚度的液层。液体流程与泡罩塔相同,蒸气通过筛孔将板上液体吹成泡沫层。筛板上没有凸起的气、液接触组件,因此板上液面落差很小,一般可以忽略不计,只有在塔径较大或液体流量较高时才考虑液面落差的影响。

筛板塔结构

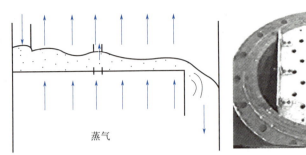

图 5-43　筛板结构

操作时，气体经筛孔分散成小股气流，鼓泡通过液层，气、液两相间密切接触而进行传热和传质。在正常的操作条件下，通过筛孔上升的气流，应能阻止液体经筛孔向下泄漏。

筛板多用不锈钢或合金钢板制成，使用碳钢者较少。

筛板塔的优点是结构简单，金属耗量低，造价低，板上液面落差小，气体压降低，生产能力比泡罩塔高10%～15%，板效率亦高10%～15%，而板压力则降低30%左右。其缺点是操作弹性小，易发生漏液，筛孔易堵塞，不适宜处理易结焦、黏度大的物料。

【2】**导向筛板**　导向筛板，如图5-44所示是在筛孔塔板的基础上作了改进。

① 在筛板上开有一定数量的导向孔，导向孔的开口方向与液流方向相同。气相通过导向孔推动液体，可以减小液面落差。

② 在塔板的液相进口处，将塔板制成翘起的斜台式鼓泡促进装置。

普通筛板在操作时，由于有液面落差，液体进口处液层厚，气相不容易穿过液层，容易漏液。把液体进口处抬高，是为了降低该区域的液层厚度，使气相容易穿过液层形成鼓泡。液体一进入塔板，就能与气相接触。

采取上述改进措施，可使塔板上的液面梯度较小，液层的鼓泡均匀，塔板压降较小，操作弹性增大，塔板效率提高。

【3】**垂直筛板**　垂直筛板如图5-45所示，是在塔板开口上方安装许多帽罩，帽罩侧壁上开有许多小孔。操作时，塔板上液体经帽罩底边与塔板的缝隙流入罩内。下层塔板上升的蒸气经升气孔进入帽罩，使液体在升气孔周边形成环状喷流，气液两相穿过帽罩侧壁的小孔喷出。气液分离后，气相向上流，而液体落回塔板，并与塔板上的液体混合。混合后的液体一部分再进入帽罩循环，另一部分沿塔板流到下一排帽罩。各帽罩之间对喷的气液两相流能使塔板效率增大。垂直筛板的特点是气液处理量大。

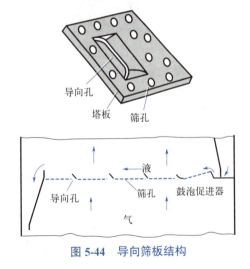

图 5-44　导向筛板结构

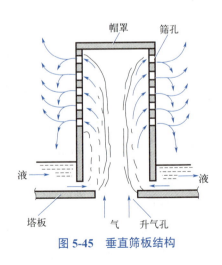

图 5-45　垂直筛板结构

3. 浮阀塔

浮阀塔是20世纪50年代开发的一种较好的塔型。浮阀塔板的结构特点是在塔板上开有若干个阀孔,每个阀孔装有一个可在一定范围内自由活动的阀片,称为浮阀。浮阀形式很多,常用的浮阀有如图 5-46 所示的 F1 型浮阀、条型浮阀、方型浮阀等。

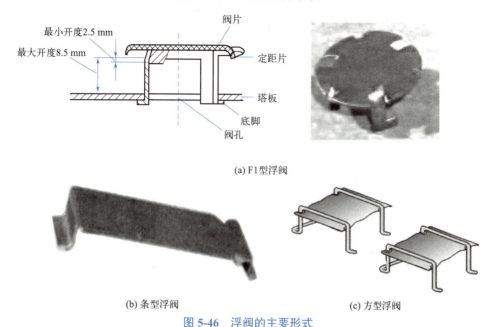

浮阀塔板操作状态

图 5-46 浮阀的主要形式

阀片下有三条带脚钩的阀腿,插入阀孔后将阀腿底脚钩拨转 90°,以限制阀片升起的最大高度,并防止阀片被气体吹走。阀片周边冲出几个略向下弯的定距片,当气速很低时,由于定距片的作用,阀片与塔板呈点接触而坐落在阀孔上,仍与板面保持约 2.5 mm 的距离,可防止阀片与板面的黏结。浮阀的标准重量有两种,轻阀约 25 g,重阀 33 g。一般情况下用重阀,只在处理量大并且要求压强很低的系统(如减压塔)中才用轻阀。

操作时,气、液两相流程和前面介绍的泡罩塔一样,气流经阀孔上升顶开阀片,穿过环形缝隙,再以水平方向吹入液层形成泡沫。浮阀开度随气量而变,在低气量时,开度较小,气体仍能以足够的气速通过缝隙,避免过多的漏液;在高气量时,阀片自动浮起,开度增大,使气速不致过大。因此获得了较广泛的应用。

浮阀塔的优点:是生产能力大,比泡罩塔大 20%~40%,与筛板塔相近;操作弹性大,塔板效率高,气体压强降与液体液面落差较小;造价低,为相同生产能力泡罩塔的 60%~80%,为筛板塔的 120%~130%。缺点是对浮阀材料的抗腐蚀性要求高,一般采用不锈钢制造。

三、塔板效率

1. 全塔效率(总板效率)

全塔效率可用式(5-48)计算,此式是在设计时最常用的。

$$E_T = \frac{N_T}{N} \tag{5-48}$$

式中 E_T——全塔效率;
N_T——理论板数(不包括再沸器);
N——实际板数。

全塔效率包含影响传质过程的全部动力学因素,但目前尚不能用纯理论公式计算得到,利用有关工程手册中的关联图可得到一些关联数据。可靠数据只能通过实验测得。

2. 单板效率

单板效率又称默弗里板效率，指气相或液相经过一层塔板前后的实际组成变化与经过该层塔板前后的理论组成变化的比值，如图 5-47 所示。

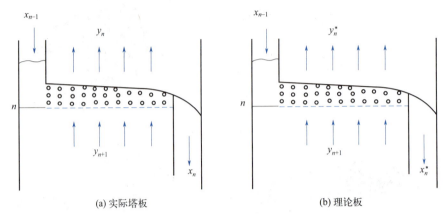

(a) 实际塔板   (b) 理论板

图 5-47 单板效率计算

按气相组成变化的单板效率为

$$E_{mV} = \frac{y_n - y_{n+1}}{y_n^* - y_{n+1}} \tag{5-49}$$

按液相组成变化的单板效率为

$$E_{mL} = \frac{x_{n-1} - x_n}{x_{n-1} - x_n^*} \tag{5-50}$$

式中 y_{n+1}，y_n——进入和离开第 n 块板的气相组成；

x_{n-1}，x_n——进入和离开第 n 块板的液相组成；

y_n^*，x_n^*——n 块板上达到气液平衡的气、液相组成。

需要指出的是，板式塔各层塔板的效率并不相等，单板效率直接反映了该层塔板的传质效果，而全塔效率反映了整个塔内的平均传质效果。即使塔内单塔板效率相等，全塔效率在数值上也不等于单板效率，这是因为两种板效率的定义基准不同。

3. 塔板效率的估算

影响塔板效率的因素很多，概括起来有物系性质、塔板结构及操作条件三个方面。物系性质主要是指黏度、密度、表面张力、扩散系数及相对挥发度等；塔板结构如塔径、板间距、堰高、堰长以及降液管尺寸等；操作条件是指温度、压强、气体上升速度及气液流量比等。影响塔板效率的因素多而复杂，很难找到各种因素之间的定量关系，设计中所用的板效率数据，一般是从条件相近的生产装置或中试装置中取得经验数据。此外，人们在长期实践的基础上，积累了丰富的生产数据，加上理论研究的不断深入，逐渐总结出一些估算板效率的经验关联式。

目前被认为较好的简易方法是奥康奈尔方法。该法归纳了试验数据及工业数据，得出总板效率与少数主要影响因素的关系。例如，对于精馏塔，奥康奈尔将总板效率对液相黏度与相对挥发度的乘积进行关联，得到如图 5-48 所示曲线，该曲线也可用式（5-51）表达，即

$$E_T = 0.49(\alpha \mu_L)^{-0.245} \tag{5-51}$$

式中 α——塔顶与塔底平均温度下的相对挥发度，对多组分系统，应取关键组分间的相对挥发度；

μ_L——塔顶与塔底平均温度下的液相黏度，mPa·s，对于多组分系统可按式（5-51a）计算，即

$$\mu_L = \sum x_i \mu_{Li} \tag{5-51a}$$

式中 μ_{Li}——液相任意组分 i 的黏度，mPa·s；
x_i——液相中任意组分 i 的摩尔分数。

应指出，图 5-48 和式（5-51）是根据若干个老式的工业塔和试验塔的总效率关联的，如果所选的精馏塔型式及结构比较高效，总效率要适当提高。

4. 提高板效率的措施

影响塔板效率的因素很多，其中塔的结构参数如塔径、板间距、堰高、堰长以及降液管尺寸等对板效率皆有影响，必须按某些经验规则恰当地选择。此外，需特别指出的有以下两点。

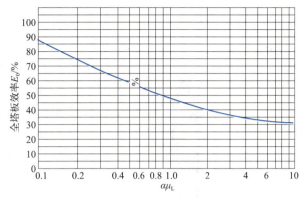

图 5-48 精馏塔板效率关联曲线

① 合理选择塔板的开孔率和孔径，使其达到适应于物系性质的气液接触状态。塔板上存在着两种气液接触状态，即泡沫接触状态和喷射接触状态。不同的孔速下将出现不同的气液接触状态，不同的物系适宜于不同的接触状态。

② 设置倾斜的进气装置，使全部或部分气流斜向流入液层。斜向进气具有维持一定的液层厚度，消除液面落差，促使气流的均布，液膜夹带量有所下降等优点。

总之，适量采用斜向进气装置，可减少气液两相在塔板上的非理想流动，提高塔板效率。实现斜向进气的塔板结构有多种形式。例如，舌形塔板、斜孔塔板、网孔塔板等都可使全部气体斜向进入液层；林德筛板则使部分气体斜向进入液层。

四、塔高的确定

1. 塔的有效高度

板式塔的有效高度是指安装塔板部分的高度（不考虑人孔和加料板处的板间距），可按式（5-52）计算

$$Z = (N-1)H_T = \left(\frac{N_T}{E_T} - 1\right)H_T \tag{5-52}$$

式中 Z——塔的有效高度，m；
E_T——全塔总板效率；
N_T——塔内所需的理论塔板数；
N——塔内所需的实际塔板数；
H_T——塔板间距，m。

2. 板间距的初选

板间距 H_T 的选定很重要。选取时应考虑塔高、塔径、物系性质、分离效率、操作弹性及塔的安装检修等因素。

对完成一定生产任务，若采用较大的板间距，能允许较高的空塔气速，对塔板效率、操作弹性及安装检修有利；但板间距增大后，会增加塔身总高度，金属消耗量，塔基、支座等的负荷，从而导致全塔造价增加。反之，采用较小的板间距，只能允许较小的空塔气速，塔径就要增大，但塔高可降低；但是板间距过小，容易产生液泛现象，降低板效率。所以在选取板间距时，要根据各种不同情况予以考虑。如对易发泡的物系，板间距应取大一些，以保证塔的分离效果。板间

距与塔径之间的关系，应根据实际情况，结合经济权衡，反复调整，作出最佳选择。设计时通常根据塔径的大小，由表5-2列出的塔板间距的经验数值选取。

表5-2 塔板间距与塔径的关系

塔径 D/m	0.3～0.5	0.5～0.8	0.8～1.6	1.6～2.4	2.4～4.0
板间距 H_T/mm	200～300	250～350	300～450	350～600	400～600

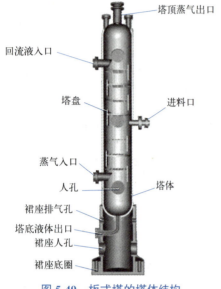

图 5-49 板式塔的塔体结构

化工生产中常用板间距为：200 mm，250 mm，300 mm，350 mm，400 mm，450 mm，500 mm，600 mm，700 mm，800 mm。在决定板间距时还应考虑安装、检修的需要。例如在塔体人孔处，应留有足够的工作空间，其值不应小于600 mm。

对于填料式精馏塔，在确定塔内填料层高度时可使用等板高度（HETP，Height Equivalent to a Theoretical Plate）概念。所谓等板高度，是与一层理论板的传质作用相当的填料层高度。填料式精馏塔的填料层高度 Z 为

$$Z = N_T \times HETP \tag{5-53}$$

等板高度 HETP 的数据可由实验测定，需要时可查设计手册。

3. 塔体总高度

板式塔的塔体如图 5-49 所示，总高度（不包括封头和裙座，但考虑人孔和加料板处的板间距）由式（5-54）计算

$$H = H_D + (N - 2 - S)H_T + SH'_T + H_F + H_B \tag{5-54}$$

式中 H——塔体总高度，m；
H_D——塔顶空间，m；
H_B——塔底空间，m；
H_T——塔板间距，m；
H'_T——开有人孔的塔板间距，m；
H_F——进料段高度，m；
N——塔内所需的实际塔板数；
S——人孔数目（不包括塔顶空间和塔底空间的人孔）。

【1】塔顶空间H_D　塔顶空间如图5-49所示，指塔内最上层塔板与塔顶空间的距离。为利于出塔气体夹带的液滴沉降，其高度应大于板间距，通常取H_D为（1.5～2.0）H_T，需要安装除沫器时，要根据除沫器的安装要求确定塔顶空间。

【2】人孔数目S　人孔数目根据塔板安装方便和物料的清洗程度而定。对于处理不需要经常清洗的物料，可隔8～10块塔板设置一个人孔；对于易结垢、结焦的物系需经常清洗，则每隔4～6块塔板开一个人孔。人孔直径通常为450 mm。

【3】塔底空间H_B　塔底空间指塔内最下层塔板到塔底间距。其值视具体情况而定，当进料有15 min缓冲时间的容量时，塔底产品的停留时间可取3～5 min，否则需有10～15 min的储量，以保证塔底料液不致流空。塔底产品量大时，塔底容量可取小些，停留时间可取3～5 min；对易结焦的物料，停留时间应短些，一般取1～15 min。

五、塔径的计算

塔的横截面应满足气液接触部分的面积、溢流部分的面积和塔板支承、固定等结构处理所需面积的要求。在塔板设计中起主导作用，往往是气液接触部分的面积，应保证有适宜的气体速度。

计算塔径的方法有两类：一类是根据适宜的空塔气速，求出塔截面积，即可求出塔径。另一类计算方法则是先确定适宜的孔流气速，算出一个孔（阀孔或筛孔）允许通过的气量，定出每块塔板所需孔数，再根据孔的排列及塔板各区域的相互比例，最后算出塔的横截面积和塔径。

1. 初步计算塔径

板式塔的塔径依据流量公式计算，即

$$D = \sqrt{\frac{4V_s}{\pi u}} \tag{5-55}$$

式中　D——塔径，m；
　　　V_s——塔内气体流量，m³/s；
　　　u——空塔气速，m/s。

由式（5-55）计算塔径的关键是计算空塔气速 u。设计中，空塔气速 u 的计算方法是，先求得最大空塔气速 u_{max}，即液泛气速，然后根据设计经验，乘以一定的安全系数，即

$$u = (0.6 \sim 0.8) u_{max} \tag{5-56}$$

最大空塔气速 u_{max} 可根据悬浮液滴沉降原理导出，其结果为

$$u_{max} = C \sqrt{\frac{\rho_L - \rho_V}{\rho_V}} \tag{5-57}$$

式中　u_{max}——最大空塔气速，m/s；
　　　ρ_V，ρ_L——分别为气相和液相的密度，kg/m³；
　　　C——气体负荷系数，m/s。

C 可用史密斯关联图，如图 5-50 所示，图中的气体负荷参数 C_{20} 仅适用于液体的表面张力为 0.02 N/m，若液体的表面张力偏离 0.02 N/m，则其气体负荷系数 C 可用式（5-58）校正求得

$$C = C_{20} \left(\frac{\sigma}{0.02} \right)^{0.2} \tag{5-58}$$

所以，初步估算塔径为

$$D = \sqrt{\frac{4V_s}{\pi u}} = \sqrt{\frac{V_s}{0.785 u}} \tag{5-59}$$

> **特别提示：** 由于精馏段、提馏段的气液流量不同，故两段中的气体速度和塔径也可能不同。在初算塔径中，精馏段的塔径可按塔顶第一块板上 V_s 计算，提馏段的塔径可按釜中的 V_s' 计算。若两段塔径差别不大可采用相同塔径，取较大者作为塔径，反之，若两段塔径差别较大，可采用变径塔，中间设变径段。

2. 塔径的圆整

目前，塔的直径已标准化。所求得的塔径必须圆整到标准值。塔径在 1 m 以下，标准化先按 100 mm 增值变化；塔径在 1 m 以上，按 200 mm 增值变化，即 1000 mm、1 200 mm、1 400 mm、1 600 mm……

【例 5-15】分离苯 - 甲苯混合物的常压连续精馏塔，泡点进料，进料中苯含量为 0.4（摩尔分数，下同），要求馏出液含苯 0.98，釜液中含苯不大于 0.03。馏出液量为 24.6 kmol/h，操作回流比为 2.3。试以塔顶的已知数据估算精馏段的塔径。

解　① 塔顶气液两相体积流量

苯与甲苯的摩尔质量为　　$M_A = 78 \text{ kg/kmol}$，$M_B = 92 \text{ kg/kmol}$

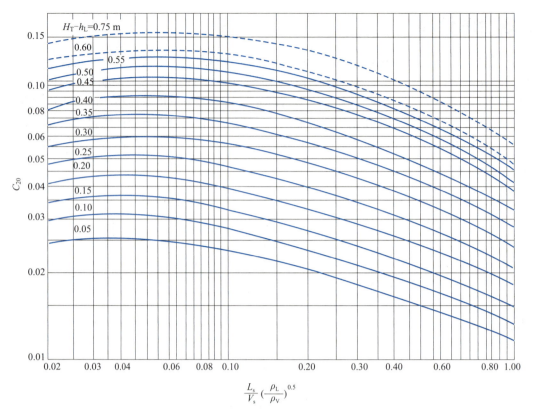

图 5-50　史密斯关联图

H_T—塔板间距，m；h_L—板上液层高度，m；V, L—分别为塔内气、液两相体积流量，m^3/s；
ρ_V, ρ_L—分别为塔内气、液相的密度，kg/m^3。

馏出液的摩尔质量
$$M = x_D M_A + (1-x_D)M_B$$
$$= 0.98 \times 78 + 0.02 \times 92 = 78.3 \text{ (kg/kmol)}$$

馏出液的密度按纯苯计算，苯的沸点为 80.1 ℃，从附录三查得苯在 80.1 ℃时的密度为 $\rho_L = 815 \text{ kg/m}^3$。

塔顶气相在压力 101.3 kPa、温度 80.1 ℃时的密度用气体状态方程计算
$$\rho_V = \frac{pM}{RT} = \frac{101.3 \times 78.3}{8.314 \times (273+80.1)} = 2.70 \text{ (kg/m}^3\text{)}$$

液相体积流量
$$L = \frac{RDM}{\rho_L} = \frac{2.3 \times 24.6 \times 78.3}{815} = 5.44 \text{ (m}^3\text{/h)}$$

气相体积流量
$$V = \frac{(R+1)DM}{\rho_V} = \frac{(2.3+1) \times 24.6 \times 78.3}{2.70} = 2\,350 \text{ (m}^3\text{/h)}$$

② 计算气相负荷因子 C　根据经验，初选板间距 $H_T = 0.35$ m。
$$\frac{L}{V}\sqrt{\frac{\rho_L}{\rho_V}} = \frac{5.44}{2\,350}\sqrt{\frac{815}{2.70}} = 0.040\,2$$

从图 5-50 查得 $C_{20} = 0.07$ m/s，从附录二十查得苯在 80.1 ℃时的表面张力 $\sigma = 21.2$ mN/m。修正表面张力后的 C 值为
$$C = C_{20}\left(\frac{\sigma}{20}\right)^{0.2} = 0.07\left(\frac{21.2}{20}\right)^{0.2} = 0.070\,8 \text{ (m/s)}$$

③ 计算塔径

最大允许空塔气速为

$$u_{\max} = C\sqrt{\frac{\rho_L - \rho_V}{\rho_V}} = 0.0708\sqrt{\frac{815 - 2.70}{2.70}} = 1.23 \text{（m/s）}$$

选取空塔气速　　　　$u = 0.75 u_{\max} = 0.75 \times 1.23 = 0.923$ （m/s）

塔径　　　　$D = \sqrt{\dfrac{4V_s}{\pi u}} = \sqrt{\dfrac{V_s}{0.785u}} = \sqrt{\dfrac{2\,350/3\,600}{0.785 \times 0.923}} = 0.949$ （m）

塔径圆整为 1.0 m。

六、板式塔的选用

板式塔是化工、石油生产中最重要的设备之一，它可使气液或液液两相之间进行紧密接触，达到相际传热和传质的目的。在塔内可完成的单元操作有精馏、吸收、解吸和萃取等。板式塔的类型很多，性能各异，本任务仅介绍板式塔选用的一般要求和原则。

1. 板式塔选择的一般要求

① 操作稳定，操作弹性大。当气、液负荷在较大范围内变动时，要求塔仍能在较高的传质传热效率下进行操作，并能保证长期操作所必须具有的可靠性。

② 流体流动的阻力小，即流体流经塔设备的压力降小。这将大大节省动力消耗，从而降低操作费用。对于减压精馏操作，过大的压力降会使整个系统无法维持必要的真空度，最终破坏操作。

③ 结构简单，材料耗用量小，制造和安装容易。

④ 耐腐蚀，不易堵塞，操作、调节和检修方便。

⑤ 塔内的流体滞留量小。

实际上，任何塔型都难以满足上述所有要求，况且上述要求有些也是互相矛盾的。不同的塔型各有某些独特的优点，选型时应根据物系的性质和具体要求，抓住主要方面进行选型。

2. 板式塔选择的原则

塔型的合理选择是做好板式塔设计的首要环节。选择时，除考虑不同结构的塔性能不同外，还应考虑物料性质、操作条件以及塔的制造、安装、运转和维修等因素。

【1】物性因素

① 物料容易起泡，在板式塔中操作易引起液泛。

② 具有腐蚀性的介质，宜选用结构简单，造价便宜的筛板塔盘、穿流式塔盘或舌形塔盘，以便及时更换。

③ 热敏性的物料须减压操作，降低分离温度，以防过热引起分解或聚合，因此宜选用压力降较小的塔型，如筛板塔、浮阀塔。

④ 含有悬浮物的物料，应选择液流通道较大的塔型。如泡罩塔、浮阀塔、栅板塔、舌形塔和孔径较大的筛板塔。

【2】操作条件

① 较大的液体负荷，宜选用气液并流的塔形（如喷射型塔盘）或选用板上液流阻力较小的塔型（如筛板塔和浮阀塔）。

② 塔的生产能力，即板式塔的处理能力，指单位时间内、单位塔截面积上的处理量。生产能力以筛板塔最大，其次是浮阀塔，再次是泡罩塔。

③ 操作弹性，浮阀塔最大，泡罩塔次之，筛板塔最小。

④ 对于真空塔或塔压降要求较低的场合，宜选用筛板塔，其次是浮阀塔。

【3】其他因素

① 当被分离物系及分离要求一定时，宜选用筛板塔，其设备造价最低，泡罩塔的价格最高。

② 从塔板效率考虑，浮阀塔、筛板塔效率相当，泡罩塔效率最低。

七、板式精馏塔的操作与控制

1. 板式塔的不正常操作现象

板式塔不正常的操作现象

(1) 雾沫夹带现象　上升气流穿过塔板上的液层时，必然将部分液体分散成微小液滴，气体离开塔板时，部分液滴如果来不及沉降分离，将随气体进入上层塔板，导致塔板的分离效率降低，这种现象称为雾沫夹带。为保证板式塔能正常操作，需将雾沫夹带限制在一定范围，一般允许的雾沫夹带量为e_v<0.1 kg液/kg气。

影响雾沫夹带量的因素很多，最主要的是空塔气速和塔板间距。空塔气速减小及塔板间距增大，可使液沫夹带量减小。

(2) "液泛"影响　对于一定直径的塔，气、液两相在塔内的流量是有限的，如果两相之一的流量增大到某一数值，导致塔板压降增大，使气液两相不能顺利地流动，造成塔内气液积累，当塔板间的气液相互混合后，塔的正常操作便遭到破坏，这种现象称为液泛，又称淹塔。

当塔内液体流量一定时，上升气体的速度升高到某一值后，液体被气体夹带到上一层塔板上的量剧增，形成大量的泡沫，使塔板上的气液聚集，形成很厚的泡沫层，甚至导致塔板间充满气、液混合物，这种由于液沫夹带量过大引起的液泛称为夹带液泛。

当塔内上升气速一定时液体流量增大至某一值后，降液管的截面不足以使液体及时流下，管内液体必然积累，最终也会导致塔内充满液体，这种由于降液管内充满液体而引起的液泛称为降液管液泛。

液泛的形成除与气液两相的流量有关外，还与流体物性、塔板的结构、塔板间距等参数有关。液泛时的气速称为泛点速，正常操作气速应控制在泛点速之下。

板式塔漏液状态

(3) 漏液现象　在正常操作的塔板上，液体自受液区开始横向流过塔板，然后经降液管流下。当气体通过塔孔的速度较小时，塔板上部分液体就会从孔口直接落下，这种现象称为漏液。漏液的发生导致气、液两相在塔板上的接触时间减少，上层板的液体与气相没有进行质量和热量交换就落到浓度较低的下层板上，塔板效率下降，严重时会使塔板不能积液而无法正常操作。造成漏液的主要原因是气速过小，或气流分布不均匀。通常，为保证塔的正常操作，漏液量应控制在液体流量的10%以内。

2. 塔板的负荷性能图及应用

(1) 塔板的负荷性能图　当物系性质及塔板结构已定时，将维持塔正常运行的操作参数即气、液负荷范围可用图的形式表示出来，称为负荷性能图，如图5-51所示，此图由板式塔塔板的设计结论绘制而成（参考板式塔的设计）。

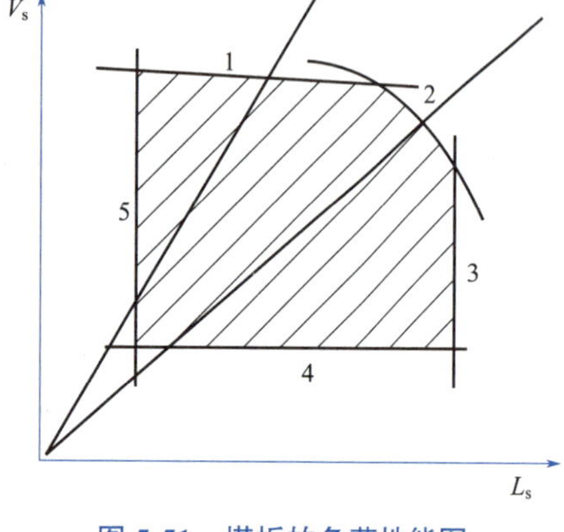

图 5-51　塔板的负荷性能图

塔板负荷性能图中五条线的含义

负荷性能图由五条线组成，分别为液沫夹带线、液泛线、液相负荷上限线、漏液线和液相负荷下限线。

① 线 1 为液沫夹带线，通常以 $e_v=0.1$ kg 液 /kg 气为依据确定，当气液负荷位于该线上方时，表示液沫夹带过量，精馏段不能正常操作；

② 线 2 为液泛线，可根据溢流液泛的产生条件确定，若气液负荷位于线 2 上方，塔内将出现溢流液泛；

③ 线 3 为液相负荷上限线，可根据 $\dfrac{H_T A_f}{L_{max}}$ 不小于 3～5 s 确定，若液量超过此上限，液体在降液管内停留的时间过短，液流中的气泡夹带现象大量发生，以致出现溢

流液泛；

④ 线4为漏液线，可根据漏液点气速 u_{ow} 确定，若气液负荷位于线2下方，表明操作气速过低，造成的漏液已使塔板效率大幅度下降；

⑤ 线5为液相负荷下限线，对平直堰，其位置可根据 k_{ow} = 6 mm 确定，对齿形堰有其他办法确定，当液量小于该下限时，板上液体流动严重不均匀而导致板效率急剧下降。

上述各线所包围的区域为塔板正常操作范围。在此范围内，气液两相流量的变化对板效率影响不大。塔板的设计点和操作点都必须位于上述范围内，方能获得较高的板效率。

> **特别提示：** 板型不同，负荷性能图中的各极限线也有所不同，即使是同一板型，由于设计不同，线的相对位置也会不同。

上、下限操作极限的气体流量之比称为塔的操作弹性，操作弹性越大，说明该塔的操作范围大，特别适用于生产能力变化较大的生产过程。

(2) 塔板负荷性能图的应用 塔板负荷性能图描述了精馏塔的液泛、漏液、干板、雾沫夹带现象与气液相负荷之间的关系，对精馏塔的设计操作、技术改造都有重要作用。

一座精馏塔建好后塔板负荷性能图就基本确定了，无论操作条件如何改变，都要求在五条线围成的区间内操作，否则不可能正常运行。要运行得经济、稳定，就需要操作点在操作区的中部，离五条线越远越好。

3. 板式精馏塔的正常操作

板式精馏塔正常操作时，气体穿过塔板上的孔道上升，液体则错流经过板面，越过溢流堰进入降液管到下一层塔板。在刚开车时，蒸气则倾向于通过降液管和塔板上蒸气孔道上升，液体趋向于经塔上孔道泄漏，而不是横流过塔板进入降液管。只有当气液两相流率适当，在降液管中建立起液封时才逐渐变成正常流动状况。建立液封的条件如下。

① 气体通过塔板上孔道的流速需足够大，能阻止液体从孔道中泄漏，使液体横流过塔板，越过溢流堰到达降液管。

② 气体一开始流经降液管的气速需足够小，使液体越过溢流堰后能降落并通过降液管。

③ 降液管必须被液体封住，即降液管中液层高度必需大于降液管的底隙高度。

4. 全回流操作及应用

全回流操作在精馏塔开车中常被采用，在短期停料时往往也用全回流操作来保持塔的良好操作状况，全回流操作还是脱除塔中水分的一种方法。全回流开车一般既简单又有效，因为塔不受上游设备操作干扰，有比较充裕的时间对塔的操作进行调整，全回流下塔中容易建立起浓度分布，达到产品组成的规定值，并能节省料液用量和减少不合格产品量。全回流操作时可应用料液，也可用合格的或不合格的产品，这用塔中建立的状况与正常操作时的较接近，一旦正式加料运转，容易调整得到合格产品。

对回流比大的高纯度塔，全回流开车有很大吸引力。如乙烯精馏塔和丙烯精馏塔开车常采用全回流开车，因为这类塔从开车到操作稳定需较长时间，全回流时塔中状况与操作状况比较接近。对于回流比小或很易开车的塔，则无需采取全回流开车办法。

5. 板式精馏塔的操作控制参数

精馏塔一般控制参数有塔（顶）压力、塔压差、塔顶温度、回流比、回流温度、塔釜温度、进料温度、进料量、进料组成、塔釜液位、回流罐液位等。控制目标是塔顶、塔釜馏分符合规定要求。

(1) 操作压力 精馏塔的设计和操作都是在一定的压力下进行的，应保证在恒压下操作。压力的波动将影响塔的气液相平衡关系、产品的质量和数量、操作温度、生产能力。在生产中，进料量、进料组成、进料温度、回流量、回流温度、加热剂和冷却剂的压强与流量以及塔板堵塞等都将会引起塔压力的波动，应查明原因，及时调整，使操作恢复正常。

(2) 进料状况

① 进料量对操作的影响。若进料量发生变动，加热剂和冷却剂均能做相应调整时，对塔顶温度和塔釜温度不会有显著的影响，只影响塔内蒸气上升的速度。进料量增大，上升气速接近液泛时，传质效果最好；超过液泛速度会破坏塔的正常操作。进料量降低，气速降低，对传质不利，严重时易漏液，分离效率降低。若进料量的变化范围超过了塔釜和冷凝器的负荷范围，温度的改变引起气液平衡组成的变化，将造成塔顶与塔底产品质量不合格，增加了物料的损失。因此，应尽量使进料量保持平稳，需要时，应缓慢地调节。

② 进料组成对操作的影响。原料中易挥发组分含量增大，提馏段所需塔板增多。对固定塔板数的精馏塔而言，提馏段的负荷加重，釜液中易挥发组分含量增多，使物料损失加大。同时引起全塔物料平衡的变化，塔温下降，塔压升高。原料中难挥发组分含量增大，情况相反。

进料组成的变化：一是改变进料口位置，组成变轻，进料口往上移；二是改变回流比，组成变轻，减小回流比；三是调整加热剂和冷却剂的量，维持产品质量不变。

③ 进料热状态对操作的影响。

(详见本项目任务四连续精馏过程的计算中的"五、回流比和进料状况对精馏过程的影响"）。

(3) 回流比的调节

(详见本项目任务四连续精馏过程的计算中的"五、回流比和进料状况对精馏过程的影响"）。

(4) 采出量

① 塔顶产品采出量。在冷凝器的冷凝负荷不变的情况下，减小塔顶产品采出量，使得回流量增加，塔压差增加，可以提高塔顶产品的纯度，但产品量减少。对一定的进料量，塔底产品量增多，由于操作压力的升高，塔底产品中易挥发组分含量升高，因此易挥发组分的回收率降低。若塔顶采出量增加，会造成回流量减少，塔压因此降低，结果是难挥发组分被带到塔顶，塔顶产品质量不合格。采出量只有随进料量变化时，才能保持回流比不变，维持正常操作。

② 塔底产品采出量。在正常操作中，若进料量、塔顶采出量一定时，塔底采出量应符合塔的总物料平衡。若采出量太小，会造成塔釜内液位逐渐上升，以致充满整个加热釜的空间，使釜内液体由于没有蒸发空间而难于汽化，使釜内汽化温度升高，甚至将液体带回塔内，这样将会引起产品质量的下降。若采出量太大，致使釜内液面较低，加热面积不能充分利用，则上升蒸气量减少，漏液严重，使塔板上传质条件变差，板效率下降，必须及时处理。

特别提示： 塔底采出量应以控制塔釜内液面保持一定高度并维持恒定为原则。另外，维持一定的釜液面还起到液封作用，以确保安全生产。

6. 精馏设备常见的操作故障与处理

(1) "液泛" 液泛的结果是塔顶产品不合格，塔压差超高，釜液减少，回流罐液面上涨。主要原因是气液相负荷过高，进入了液泛区；降液管局部垢物堵塞，液体下流不畅；加热过于猛烈，气相负荷过高；塔板及其他流道冻堵等都能形成液泛。需要弄清造成液泛的原因，对症处理。

(2) 加热故障 加热故障主要是加热剂和再沸器两方面的原因。用蒸汽加热时，可能是蒸汽压力低、减温减压器发生故障、有不凝性气体、凝液排出不畅等。用其他气体热介质加热时的故障与此类似。用液体热介质加热时，多数是因为堵塞、温差不够等。再沸器故障主要有泄漏、液面不准（过高或过低）、堵塞、虹吸遭破坏、强制循环量不足等，需要对症处理。

(3) 泵不上量 回流泵的过滤器堵塞、液面太低、出口阀开得过小、轻组分浓度过高等情况都有可能造成泵不上量。泵在启动时不上量，往往是预冷效果不好，物料在泵内汽化所致，应找出原因针对处理。釜液泵不上量大多数是因为液面太低、过滤器堵塞、轻组分没有脱净所致，应就其原因对症处理。

(4) 泵密封泄漏 回流泵或釜液泵密封在操作过程中有可能出现泄漏的情况，发现后要尽快切换到备用泵，备用泵应处于备用状态，以便及时切换。

(5) 换热器泄漏　塔顶冷凝器或再沸器常有内部泄漏现象，严重时造成产品污染，使运行周期缩短。除可用工艺参数的改变来判断外，一般靠分析产品组成来发现。处理方法视具体情况而定，当泄漏污染塔内物料，影响到产品质量或正常操作时，停车检修是最简单的方法。

(6) 塔压力超高　加热过猛、冷却剂中断、压力表失灵、调节阀堵塞、调节阀开度漂移、排气管冻堵等，都是塔压力超高的原因，找出原因，及时调整。不管什么原因，首先应加大排出气量，同时减少加热剂量，把压力控制住再作进一步的处理。

(7) 塔内件损坏　精馏塔易损坏的内件有阀片、降液管、填料、填料支撑件、分布器等，损坏形式大多为松动、移位、变形，严重时构件脱落、填料吹翻等。这类情况可从工艺参数的变化反映出来，如负荷下降，板效率下降，产品不合格，工艺参数偏离正常值，特别是塔顶与塔底压差异常等。设备安装质量不高，操作不当是主要原因，特别是超负荷、超压差运行很可能造成内件损坏，应尽量避免。处理方法是减小操作负荷或停车检修。

(8) 安全阀启跳　安全阀在超压时启跳属于正常动作，未达到规定的启跳压力就启跳属不正常启跳，应该重定安全阀。

(9) 仪表失灵　精馏塔上仪表失灵比较常见。某块仪表出现故障可根据相关的其他仪表来遥控操作。

(10) 电机故障　运行中电机常见的故障现象有振动、轴承温度高、漏油、跳闸等，处理方法是切换下来检修或更换。

复习思考题

一、单选题

1. 连续精馏塔中，原料入塔位置为（　　）。
   A. 塔底部　　　　　　　　B. 塔中部　　　　　　　　C. 塔顶部
2. 工程上通常将加料板视为（　　）。
   A. 精馏段　　　　　　　　B. 提馏段　　　　　　　　C. 全塔之外
3. 精馏分离中能准确地判断分离液体的难易程度的参数是（　　）。
   A. 温度差　　　　　　　　B. 浓度差　　　　　　　　C. 相对挥发度
4. 下列互溶液体混合物中能用一般蒸馏方法分离且分离较容易的是（　　）。
   A. 沸点相差较大的　　　　B. 沸点相近的　　　　　　C. 相对挥发度为1的
5. 空气中氧的体积分数为0.21，其摩尔分数为（　　）。
   A. 0.21　　　　　　　　　B. 0.79　　　　　　　　　C. 0.68
6. 在操作压力和组成一定时，互溶液体混合物的泡点温度和露点温度的关系是（　　）。
   A. 泡点高于露点　　　　　B. 泡点低于露点　　　　　C. 泡点等于露点
7. 回流的主要目的是（　　）。
   A. 降低塔内操作温度　　　B. 控制塔顶产品的产量　　C. 使精馏操作稳定进行
8. 精馏段的作用是（　　）。
   A. 浓缩气相中的轻组分　　B. 浓缩液相中的重组分　　C. 轻重组分都浓缩
9. 要提高精馏塔塔顶产品的组成可以采用的方法是（　　）。
   A. 增大回流比　　　　　　B. 减小回流比　　　　　　C. 提高塔顶温度
10. 在塔设备和进料状况一定时，增加回流比，塔顶产品的组成（　　）。
    A. 减少　　　　　　　　　B. 不变　　　　　　　　　C. 提高
11. 在下列塔盘中，结构最简单的是（　　）。
    A. 泡罩塔　　　　　　　　B. 浮阀塔　　　　　　　　C. 筛板塔

12. 二元连续精馏计算中，进料热状态 q 的变化将引起 x-y 图上变化的线有（　　）。
   A. 平衡线和对角线　　　　B. 平衡线和 q 线　　　　C. 操作线和 q 线
13. 在精馏设计中，对一定的物系，其 x_F、q、x_D 和 X_W 不变，若回流比 R 增加，则所需理论板数 N_T 将（　　）。
   A. 减小　　　　　　　　　B. 增加　　　　　　　　　C. 不变
14. 精馏塔操作时，其温度从塔顶到塔底的变化趋势为（　　）。
   A. 温度逐渐增大　　　　　B. 温度逐渐减小　　　　　C. 温度不变
15. 引发"液泛"现象的原因是（　　）。
   A. 板间距过大　　　　　　B. 严重漏液　　　　　　　C. 气液负荷过大
16. 精馏分离某二元混合物，规定分离要求为 x_D、x_W。如进料分别为 x_{F1}、x_{F2} 时，其相应的最小回流比分别为 R_{min1}、R_{min2}。当 $x_{F1} > x_{F2}$ 时，则（　　）。
   A. $R_{min1} < R_{min2}$　　　　B. $R_{min1} = R_{min2}$　　　　C. $R_{min1} > R_{min2}$
17. 精馏的操作线为直线，主要是因为（　　）。
   A. 恒摩尔流假定　　　　　B. 理论板假定　　　　　　C. 理想物系
18. 某二元混合物，其中 A 为易挥发组分。液相组成 $x_A = 0.5$ 时相应的泡点为 t_1，气相组成 $y_A = 0.3$ 时相应的露点为 t_2，则（　　）
   A. $t_1 < t_2$　　　　　　　B. $t_1 = t_2$　　　　　　　C. $t_1 > t_2$
19. 操作中连续精馏塔，如采用的回流比小于原回流比，则（　　）。
   A. x_D 减小，x_W 增加　　B. x_D、x_W 均增加　　　C. x_D、x_W 均不变
20. 某真空操作精馏塔，在真空度降低后，若保持 F、D、x_F、q、R 及加料位置不变，则塔顶产品组成 x_D 变化为（　　）。
   A. 变小　　　　　　　　　B. 变大　　　　　　　　　C. 不变

二、多选题

1. 在化工生产中应用的板式塔有（　　）。
   A. 泡罩塔　　　　B. 筛板塔　　　　C. 浮阀塔　　　　D. 浮舌塔　　　　E. 填料塔
2. 精馏塔的主要组成部分是（　　）。
   A. 精馏段　　　　B. 提馏段　　　　C. 塔板　　　　　D. 冷凝器　　　　E. 回流泵
3. 分离均相液体混合物常用的方法有（　　）。
   A. 简单精馏　　　B. 闪蒸　　　　　C. 连续精馏　　　D. 萃取精馏　　　E. 恒沸精馏
4. 精馏操作原料的进料状态有（　　）。
   A. 冷液体进料　　B. 饱和液体进料　C. 饱和蒸气进料
   D. 气液混合物进料　E. 过热蒸气进料
5. 精馏塔塔顶回流有（　　）。
   A. 泡点回流　　　B. 冷液体回流　　C. 饱和蒸气回流
   D. 气液混合物回流　E. 过热蒸气回流
6. 板式塔的设计内容有（　　）。
   A. 塔板的选择　　B. 塔径的计算　　C. 塔高的计算
   D. 流体力学验算　E. 绘制操作负荷性能图
7. 板式塔的操作负荷性能图包括（　　）。
   A. 液相负荷下限线　B. 液相负荷上限线　C. 液泛线　　　　D. 雾沫夹带线　　E. 漏液线
8. 板式塔理论塔板数的计算方法有（　　）。
   A. 梯级图解法　　B. 逐版计算法　　C. 简捷法　　　　D. 等板高度法　　E. 以上都对
9. 某精馏塔操作时，在进料流量及组成、进料热状况和塔顶流率不变的条件下，增加回流比，下面说法正确的是（　　）。
   A. 塔顶产品组成增加　B. 塔底产品组成减少　C. 精馏段蒸气量增加
   D. 精馏段液气比增加　E. 以上都对
10. 精馏塔设计时，若工艺要求一定，减少需要的理论板数，下面说法正确的是（　　）。

A.回流比应减小　　　　　　B.加热蒸气消耗量应增加　　　　　　C.塔径应增加
D.操作费和设备费的总投资将先升后降　　　　　　E.以上都对

三、判断题

1. 降液管是液体自上一层塔板流至其下一层塔板的通道，有弓形与圆形两种。（　）
2. 相对挥发度愈大，则相平衡曲线偏离对角线愈远，分离愈困难。（　）
3. 组成不同的物料之间混合即返混，对于分离过程是一个不利的工程因素。（　）
4. 精馏塔全回流时，其回流比为无穷大，全塔无精馏段和提馏段之分。（　）
5. 在全凝器中，气液两相呈气液平衡状态，因此全凝器相当于一层理论板。（　）
6. 简单蒸馏又称微分蒸馏，也是一种单级蒸馏过程。（　）
7. 平衡时气液两相的相平衡关系取决于体系的热力学性质，是蒸馏过程的热力学基础和基本依据。（　）
8. 在混合物中各组分间挥发能力的差异定义为相对挥发度。（　）
9. 简单蒸馏又称为微分蒸馏，属于间歇操作过程。（　）
10. 连续精馏广泛应用于石油、化工等工业生产中，是液体混合物分离中首选的分离方法。（　）
11. 简单蒸馏相当于分批多次采用一个理论塔板进行蒸馏，同一理论板相当于多次发挥作用。（　）
12. 闪蒸相当于总进料一次通过一个理论板，进行一次分离，分离效果不及简单蒸馏。（　）
13. 精馏过程中，传热、传质过程同时进行，属传质过程控制。（　）
14. 回流比 R 是精馏过程的设计和操作的重要参数，直接影响精馏塔的分离能力和系统的能耗。（　）
15. 精馏总板效率是反映全塔综合情况，不能反映某一段、某一塔板上的效率。（　）

四、填空题

1. 实现精馏操作的必要条件是_____和_____。
2. 写出用相对挥发度 α 表示的相平衡关系式_____。
3. 精馏设计中，当选料为气液混合物，且气液摩尔比为2:3，则进料热状态 q 值等于_____。
4. q 线方程的表达式为_____；该表达式的几何意义是_____。
5. 已知357.0时苯的饱和蒸气压 $p_A^0 = 113.6\ kN/m^2$，甲苯的饱和蒸气压 $p_B^0 = 44.4\ kN/m^2$，故此温度下的相对挥发度为_____。
6. 回流装置的作用为_____和_____。
7. 在实际生产中，引入塔内的原料为泡点进料时，$q=$_____。
8. 求理论塔板数必须利用_____方程和_____方程。
9. 当混合液中组分的相对挥发度很小或者是恒沸混合物，为了经济合理获得目的产物，就必须采用_____蒸馏，它包括_____、_____和____蒸馏。
10. 分离均相液体混合物的方法是采用_____单元操作，其分离的依据为_____。
11. 简单蒸馏所得馏出液的组成随时间延长而_____，连续精馏所得馏出液的组成随时间延长而_____（填"变大"、"变小"或"不变"）。
12. 液化分率为_____；当冷液体进料时其液化分率的范围为_____。
13. 若进料状况发生变化，试问 q 值____，精馏段操作线在 x-y 图上的位置____，q 线在 x-y 图上的位置____，提馏段在 x-y 图上的位置____（填"变"或"不变"）。
14. 雾沫夹带和气沫夹带均属于气液____现象，其结果均是传质推动力____（填"增大"或"减小"）。
15. 板式精馏塔的组成为_____。
16. 精馏的原理是_____和_____。
17. 当分离要求和回流比一定时，__进料的 q 值最小，此时分离所需的理论板数___。
18. 连续精馏操作时，操作压力越大，对分离___，若进料气液比为1:4（摩尔）时，则进料热状况参数 q 为_____。
19. 当二元理想溶液精馏时，在 F、x_F、x_D、x_W 不变的条件下，最小回流比随原料中液相分率的减小___，塔釜热负荷随原料中液相分率的减小___。(填增加或降低)
20. 精馏塔设计时，若工艺要求一定，减少需要的理论板数，回流比应___，蒸馏釜中所需的加热蒸气消耗量应

___，所需塔径应____，操作费和设备费的总投资将是___的变化过程。

五、简答题

1. 挥发度与相对挥发度有何不同？相对挥发度在精馏计算中有何重要意义？
2. 为什么说理论板是一种假定，理论板的引入在精馏计算中有何重要意义？
3. 精馏塔在一定条件下操作时，试问：将加料口向上移动两层塔板，此时塔顶和塔底产品组成将有何变化？为什么？
4. 在分离任务一定时，进料热状况对所需的理论板数有何影响？在完成同样的分离任务下，进料热状况参数越大（即进料温度越低）所需的理论板数越少，为何工业上还经常将原料液预热至接近泡点后进料？
5. 用图解法求理论板数时，为什么一个直角梯级代表一块理论板？
6. 全回流没有出料，它的操作意义是什么？
7. 简述精馏段操作线、提馏段操作线、q 线的做法和图解理论板的步骤。

六、计算题

1. 正戊烷（A）和正己烷（B）在 55 ℃时的饱和蒸气压分别为 185.18 kPa 和 64.44 kPa。试求组成为 0.35 的正戊烷和 0.65 的正己烷（均为摩尔分数）的混合液在 55 ℃时各组分的平衡分压、系统总压及平衡蒸气组成（假设正戊烷-正己烷溶液为理想溶液）。

   [答案：p_A = 64.81 kPa；p_B = 41.89 kPa；p = 106.7 kPa；y_A = 0.61；y_B = 0.39]

2. 苯-甲苯混合物在总压 p=26.67 kPa 下的泡点为 45 ℃，求气相各组分的分压、气液两相的组成和相对挥发度。已知蒸气压数据：t=45 ℃，p_A^0 =31.11 kPa、p_B^0 =9.88 kPa。

   [答案：p_A = 25.111 kPa；p_B = 1.55 kPa；x_A = 0.84；y_A = 0.94；α = 3.01]

3. 在连续精馏塔中分离苯和甲苯混合液。已知原料液流量为 12 000 kg/h，苯的组成为 0.4（质量分数，下同）。要求馏出液组成为 0.97，釜残液组成为 0.02。试求馏出液和釜残液的流量；馏出液中易挥发组分的回收率和釜残液中难挥发组分的回收率。

   [答案：D=61.3 kmol/h，W=78.7 kmol/h；η_D=97%，η_W=98%]

4. 某二元物系，原料液的组成为 0.42（摩尔分数，下同），连续精馏分离得塔顶产品组成为 0.95。已知塔顶产品中易挥发组分回收率 92%，求塔底产品浓度。

   [答案：0.056 6]

5. 每小时将 15 000 kg 含苯 0.40（质量分数，下同）和甲苯 0.60 的溶液，在连续精馏塔中进行分离，要求釜残液中含苯不高于 0.02，塔顶馏出液中苯的回收率为 97.1%。试求馏出液和釜残液的流量及组成，以摩尔流量和摩尔分数表示。

   [答案：D=80.0 kmol/h，W=95.0 kmol/h；x_D=0.935，x_W=0.023 5]

6. 已知某精馏塔操作以饱和液体进料，操作线方程分别如下：

   精馏段操作线：$y = 0.714\,3x + 0.271\,4$

   提馏段操作线：$y = 1.25x - 0.01$

   试求该塔操作的回流比、进料组成及塔顶、塔底产品中易挥发组分的摩尔分数。

   [答案：R=2.5；x_F=0.525 3；x_D=0.949 9；x_W=0.023 6]

7. 某精馏塔用于分离苯-甲苯混合液，泡点进料，进料量为 30 kmol/h，进料中苯的摩尔分数为 0.5，塔顶、塔底产品中苯的摩尔分数分别为 0.95 和 0.10，采用回流比为最小回流比的 1.5 倍，操作条件下可取系统的平均相对挥发度 α=2.40。求：（1）塔顶、底的产品量；（2）若塔顶设全凝器，各塔板可视为理论板，求离开第二块板的蒸气和液体组成。

   [答案：（1）D=14.1 kmol/h，W=15.9 kmol/h；（2）y_2=0.910，x_2=0.808]

8. 在一连续精馏塔内分离某理想二元混合物。已知进料量为 100 kmol/h，进料组成为 0.5（易挥发组分的摩尔分数，下同），泡点进料，釜残液组成为 0.05，塔顶采用全凝器，操作条件下物系的平均相对挥发度为 2.303，精馏段操作线方程为 $y = 0.72x + 0.275$。试计算：①塔顶易挥发组分的回收率；②所需的理论板数。

   [答案：①94.82%；②15]

9. 在常压操作的连续精馏塔中分离含甲醇 0.4 与水 0.6（均为摩尔分率）的溶液，试求以下各种进料状况下的 q 值。①进料温度 40 ℃；②泡点进料；③饱和蒸气进料。常压下甲醇-水溶液的平衡数据列于本题附表中。

附表 甲醇-水溶液的平衡数据(101.325 kPa)

温度/℃	液相中甲醇的摩尔分数	气相中甲醇的摩尔分数	温度/℃	液相中甲醇的摩尔分数	气相中甲醇的摩尔分数
100	0.00	0.00	75.3	0.40	0.729
96.4	0.02	0.134	73.1	0.50	0.779
93.5	0.04	0.234	71.2	0.60	0.825
91.2	0.06	0.304	69.3	0.70	0.870
89.3	0.08	0.365	67.6	0.80	0.915
87.7	0.10	0.418	66.0	0.90	0.958
84.4	0.15	0.517	65.0	0.95	0.979
81.7	0.20	0.579	64.5	1.00	1.00
78.0	0.30	0.665			

[答案：① $q=1.073$；② $q=1$；③ $q=0$]

10. 对习题9中的溶液，若原料液流量为100 kmol/h，馏出液组成为0.95，釜液组成为0.04（以上均为易挥发组分的摩尔分率），回流比为2.5，试求产品的流量，精馏段的下降液体流量和提馏段的上升蒸气流量。假设塔内气液相均为恒摩尔流。

[答案：$D=39.6$ kmol/h，$L=99$ kmol/h，$V'=145.9$ kmol/h]

11. 在常压连续精馏塔中，分离苯-甲苯混合液。若原料为饱和液体，其中含苯0.5（摩尔分数，下同）。塔顶馏出液组成为0.9，塔底釜残液组成为0.1，回流比为2.0，试求理论板层数和加料板位置。苯-甲苯混合液的平衡数据见附录二十四。

[答案：$N_T=8$（包括再沸器）]

12. 若原料液组成和热状况，分离要求，回流比及气液平衡关系都与习题11相同，但回流温度为20 ℃，试求所需理论板层数。已知回流液的泡点温度为83 ℃，平均汽化热为3.2×10^4 kJ/kmol，平均比热容为140 kJ/(kmol·℃)

[答案：$N_T=7$（包括再沸器）]

13. 在连续精馏塔中分离某种组成为0.5（易挥发组分的摩尔分率，下同）的两组分理想溶液。原料液于泡点下进入塔内。塔顶采用分凝器和全凝器，分凝器向塔内提供回流液，其组成为0.88，全凝器提供组成为0.95的合格产品。塔顶馏出液中易挥发组分的回收率为96%。若测得塔顶第一层板的液相组成为0.79，试求：①操作回流比和最小回流比；② 若馏出液量为100 kmol/h，则原料液流量为多少？

[答案：① $R=1.593$，$R_{min}=1.032$；② $F=198$ kmol/h]

项目六

吸收操作

吸收依据　　吸收是化工生产中最重要的单元操作之一。在工业生产中应用广泛，并同时兼有净化和回收的双重目的。本项目重点介绍吸收的原理、流程、有关过程的计算及所用设备的结构和操作，并通过具体的吸收操作训练，培养学生的操作技能。

 素质目标

1. 培养工程意识、标准意识、质量意识、责任意识和客户至上的服务意识。
2. 培养信念坚定、专业素质过硬、国际视野开阔的职业素质。
3. 培养以爱国主义为核心的团结统一、爱好和平、勤劳勇敢、自强不息的伟大民族精神。

 学习目标

技能目标
1. 会根据给定的吸收任务完成吸收塔的工艺计算。
2. 会识读带控制点的工艺流程图。
3. 会分析吸收塔操作的控制因素。
4. 会分析和处理吸收系统中常见的操作故障。

知识目标
1. 熟知吸收气液相平衡、溶解度、吸收机理及传质速率等基本概念。
2. 熟知吸收塔的物料衡算，操作线、吸收剂消耗量及填料层高度的计算。
3. 熟知吸收塔的操作控制因素。
4. 熟知吸收流程、吸收设备的结构组成及操作维护。

项目六 吸收操作

生产案例

以焦化厂洗苯脱苯工段为例,介绍吸收与解吸联合操作流程。在炼焦及制取城市煤气的生产过程中,焦炉煤气内含有少量的苯、甲苯系等低烃类化合物的蒸气(约 35 g/m³)应分离回收。所用的吸收溶剂为该生产过程的副产物,即煤焦油的精制产品洗油。回收苯系物质的流程如图 6-1 所示,包括吸收和解吸两大部分。含苯煤气在常温下由塔底部进入吸收塔,洗油从塔顶喷淋入塔,塔内装有木栅等填充物,在煤气与洗油的接触过程中,煤气中的粗苯蒸气溶解于洗油,使塔顶离去的煤气粗苯含量降至允许值(小于 2 g/m³),而溶有较多粗苯溶质的洗油称富油,由吸收塔底排出送入解吸系统。解吸是为取出富油中的粗苯并使洗油能够再次循环使用(称溶剂的再生),在解吸塔的设备中进行与吸收相反的操作。为此,先将富油预热至 170 ℃左右由解吸塔顶喷淋而下,塔底通入过热水蒸气,洗油中的粗苯在高温下逸出而被水蒸气带走,经冷凝分层将水除去,最终可得粗苯,而脱除溶质的洗油(称贫油)经冷却后可作为吸收溶剂再次送入吸收塔顶部循环使用。

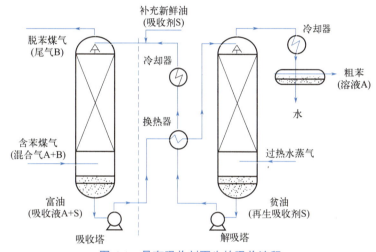

图 6-1 具有吸收剂再生的吸收流程

吸收与解吸流程

通过本生产案例熟知吸收过程的几个名词。
① 吸收剂:吸收过程中所用的溶剂,如洗油;
② 吸收质:混合气体中能显著被吸收剂吸收的组分,如粗苯;
③ 惰性组分:不能被吸收剂吸收的组分,如净煤气;
④ 富液:含有较高溶质浓度的吸收剂,即吸收液,如富油;
⑤ 贫液:从富液中将溶质分离出来后得到的吸收剂,如贫油;
⑥ 吸收过程:溶质由气相到液相的质量传递过程,如粗苯在洗油中的溶解过程;
⑦ 解吸过程:溶质由液相到气相的质量传递过程,如粗苯从富油中解吸过程。

拓展阅读

火力发电厂废气的处理,保护环境,建设美丽中国

随着人们对环保意识的提高,火力发电厂的烟气处理工艺越来越受到关注。燃煤火力发电过程中,会产生大量的烟气,其中包括二氧化碳、氮氧化物、二氧化硫等有害气体和烟灰粉尘等固体颗粒物。如果这些废气排放到大气中,会对环境和人体健康造成极大的危害。因此,为了避免这种情况的发生,火力发电厂必须对烟气进行处理,将其中的有害物质去除,以达到国家规定的排放标准。火力发电厂烟气处理一般包括以下几个步骤。
① 除尘。其目的是将烟气中的粉尘去除,降低排放浓度,保护大气环境。除尘设备一般采用电除尘器、袋式除尘器等。

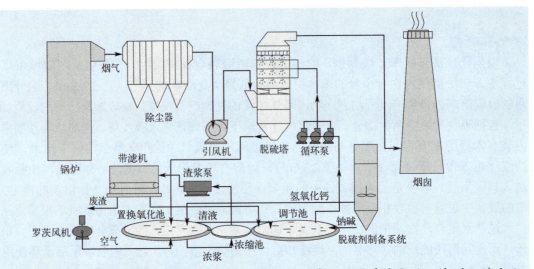

② 脱硫。烟气中的二氧化硫（SO_2）是火力发电厂排放中的重要有害气体，会对环境和人类健康造成危害，主要采用石灰石石膏法脱出，属于吸收单元操作。

③ 脱硝。烟气中的氮氧化物（NO_x）是大气污染的主要来源之一，常用脱硝工艺包括选择性催化还原（SCR）、非选择性催化还原（SNCR）等。

④ 除氟。烟气中的氟化物是大气污染的一种重要成分，可采用吸附法、结晶法等多种方法进行。

总之，火力发电厂烟气处理是保护环境的必要措施。通过对烟气进行除尘、脱硫、脱硝等步骤，可以尽量减少有害气体和固体颗粒物的排放，使之达到国家规定的排放标准。

任务一

吸收流程及其选择

一、吸收操作目的

吸收操作在工业生产中应用广泛，有净化和回收的双重目的，吸收操作的目的如下。

（1）**回收有价值的组分** 例如，用硫酸吸收焦炉气中的氨；用液态烃回收裂解气中的乙烯和丙烯；用洗油吸收焦炉气中的苯、甲苯蒸气。

（2）**制备某种气体的溶液** 例如，用水分别吸收氯化氢、二氧化硫、甲醛气体可制备盐酸、硫酸和福尔马林溶液等。

（3）**分离气体混合物** 石油化工中用油吸收精制裂解原料气；用水吸收丙烯胺氧化法反应器中的丙烯腈等。

（4）**除去有害组分以净化气体或环境** 用水或碱液脱出合成氨原料气中的二氧化碳；用氨水吸收磺化反应中的二氧化硫；用碳酸钠吸收甲醇合成原料气中的硫化氢等。

> **拓展阅读**
>
> **煤焦化生产中荒煤气净化回收，践行绿色发展观，养成良好的职业道德**
>
> 煤焦化生产中荒煤气净化回收工艺采用的是半负压流程，包含初冷鼓风、脱硫、脱氨、终冷洗苯、富油脱苯、蒸氨六个工段，其回收原理涉及化工原理的多个单元操作，如流体流动、流体输送机械、非均相混合物分离、传热、吸收、蒸馏等，其中脱硫、脱氨、终冷洗苯均属于吸收的原理。

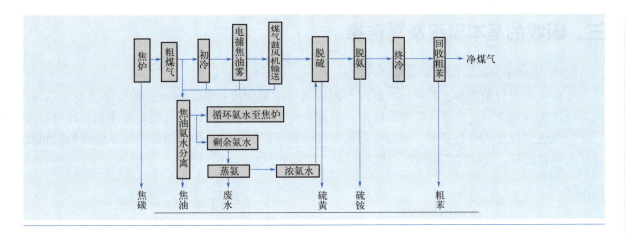

二、吸收操作分类

1. 单组分吸收与多组分吸收

按被吸收组分的数目可分为单组分吸收和多组分吸收。如制取盐酸、硫酸等为单组分吸收，用液态烃吸收石油裂解气中的多种烃类组分使之与甲烷、氢气分开。

2. 等温吸收与非等温吸收

按吸收剂的温度是否发生显著变化，吸收可分为等温吸收与非等温吸收。在吸收的过程中，如用大量的溶剂吸收少量的溶质，溶解热或反应热很小，吸收剂的温度变化很小，则视为等温吸收。相反，在吸收过程中溶质溶解时放出的溶解热和反应热很大，使得吸收剂的温度发生显著的变化，则此吸收过程称为非等温吸收。如用水吸收二氧化硫制硫酸或用水吸收氯化氢制盐酸等吸收过程均属于非等温吸收。

3. 物理吸收与化学吸收

按溶质和吸收剂之间是否发生显著的化学反应，吸收可分为物理吸收和化学吸收。若溶质和吸收剂之间无显著的化学反应，只是溶质在溶剂中进行物理溶解的吸收操作称为物理吸收，如用洗油吸收煤气中的粗苯。在物理吸收中溶质与溶剂的结合力较弱，解吸比较方便。

若溶质在溶剂中的溶解度不高，利用适当的化学反应，可大幅度地提高溶剂对溶质气体的吸收能力，此吸收过程则称为化学吸收过程。例如，CO_2 在水中的溶解度较低，但若以 K_2CO_3 水溶液吸收 CO_2 时，则在液相中发生下列反应

$$K_2CO_3 + CO_2 + H_2O = 2KHCO_3$$

从而使 K_2CO_3 水溶液具有较高的吸收 CO_2 的能力，此种利用化学反应而实现吸收的操作称为化学吸收。

4. 低浓度吸收与高浓度吸收

被吸收的物质数量多时，称为高浓度吸收，反之称为低浓度吸收。对于低浓度吸收，可认为气液两相流经吸收塔的流率为常数，因溶解而产生的热效应很小，引起的液相温度变化不显著，故低浓度的吸收可视为等温吸收。

5. 定态过程与非定态过程

按吸收过程吸收分为定态过程与非定态过程，定态过程是连续操作，非定态过程是间歇操作或脉冲式操作。

本项目重点研究低浓度、单组分、等温物理吸收、定态连续的操作过程。

已知 Z 为定值，并考虑到操作条件的改变不能太大，从而对 H_{OG} 的大小影响不大，认为 N_{OG} 为定值，所以 $N_{OG}=Z/H_{OG}$ 为定值。

1. 对数平均推动力法

在填料吸收塔的操作中，要想增大吸收率（或降低气相出口组成 Y_2），就必须想办法增大吸收过程的气相对数平均推动力 ΔY_m，即增大操作线与相平衡线之间的距离，可以增大液气比 L/G，以改变操作线的位置，或降低操作温度、提高操作压力，以降低相平衡常数 m，使相平衡线远离操作线。另外，也可考虑降低吸收剂进口组成 X_2，L/G 及 m 保持不变，当 X_2 减小时，则操作线会远离平衡线。

2. 吸收因数法

利用式（6-59）及图 6-20 可以定量分析各种因素（L、m 及 X_2）对气相出口组成 Y_2 的影响。

当 L 增大，m 减小时，会使 mV/L 减小。若 N_{OG} 已定，从图 6-20 可知，$\dfrac{Y_1-mX_2}{Y_2-mX_2}$ 将增大。因此，Y_2 将减小。另外，从式（6-59）可知，当 N_{OG}、mV/L 已定时，则 $\dfrac{Y_1-mX_2}{Y_2-mX_2}$ 为定值。令该定值为 β，则有 $\dfrac{Y_1-mX_2}{Y_2-mX_2}=\beta$（$Y_1>Y_2$，$\beta>1$），解得 $Y_2=\dfrac{Y_1+(\beta-1)mX_2}{\beta}$，由此式可知，当 X_2 减小时，Y_2 将减小。

> 分析 X_2 的减小对吸收操作的影响

【**例 6-14**】一个正在操作的逆流吸收塔，进口气体中含溶质浓度为 0.05（摩尔分数，下同），吸收剂进口浓度为 0.001，实际液气比为 4，操作条件下平衡关系为 $Y^*=2.0X$，此时出口气相中含溶质为 0.005。若实际液气比下降为 2.5，其他条件不变，计算时忽略传质单元高度的变化，试求此时出塔气体浓度及出塔液体浓度。

解
$$Y_1=\frac{y_1}{1-y_1}=\frac{0.05}{1-0.05}=0.0526$$

$$Y_2=\frac{y_2}{1-y_2}=\frac{0.005}{1-0.005}=0.005$$

$$X_2=\frac{x_1}{1-x_1}=\frac{0.001}{1-0.001}=0.001$$

因为
$$V(Y_1-Y_2)=L(X_1-X_2)$$

$$\frac{L}{V}=\frac{Y_1-Y_2}{X_1-X_2}=4$$

所以 $X_1=0.01225$

$$S=\frac{mV}{L}=\frac{2}{4}=\frac{1}{2}=0.5$$

$$N_{OG}=\frac{1}{1-S}\ln\left[(1-S)\frac{Y_1-mX_2}{Y_2-mX_2}+S\right]$$

$$=\frac{1}{1-0.5}\times\ln\left[(1-0.5)\times\frac{0.0526-2\times0.001}{0.005-2\times0.001}+0.5\right]$$

$$=4.38$$

实际液气比下降为 2.5 时，$S'=\dfrac{mV}{L}=\dfrac{2}{2.5}=0.8$

传质单元数为
$$N'_{OG}=\frac{1}{1-S'}\ln\left[(1-S')\frac{Y_1-mX_2}{Y'_2-mX_2}+S'\right]$$

根据题意知
$$N_{OG}=N'_{OG}$$

即
$$\frac{1}{1-S}\ln\left[(1-S)\frac{Y_1-mX_2}{Y_2-mX_2}+S\right]=\frac{1}{1-S'}\ln\left[(1-S')\frac{Y_1-mX_2}{Y_2'-mX_2}+S'\right]$$

$$4.38=\frac{1}{1-0.8}\times\ln\left[(1-0.8)\times\frac{0.0526-2\times0.001}{Y_2'-2\times0.001}+0.8\right]$$

所以 $Y_2'=0.0066$

又因为 $V(Y_1-Y_2')=L(X_1'-X_2)$

所以 $X_1'=\dfrac{V}{L}(Y_1-Y_2')+X_2=\dfrac{1}{2.5}(0.0526-0.0066)+0.001$

$\qquad\quad=0.0194$

【例 6-15】在一填料塔中用清水吸收氨-空气中的低浓度氨气，若清水量适量加大，其余操作条件不变，则出口浓度 Y_2、X_1 如何变化？（已知 $k_Y\propto V^{0.8}$）

解 水吸收氨属于易溶体系，其过程为气膜控制，故 $K_{Ya}\approx k_Y\propto V^{0.8}$。

因气体流量 V 不变，所以 k_Y，K_{Ya} 近似不变，H_{OG} 不变。

因填料层高度不变，根据 $Z=N_{OG}H_{OG}$ 可得到 N_{OG} 不变。

当清水量加大时，$\dfrac{L}{mV}$ 增大，而 $\dfrac{mV}{L}$ 减小，由图 6-20 可知 $\dfrac{Y_1-mX_2}{Y_2-mX_2}$ 会增大，故 Y_2 将下降。

根据全塔物料衡算 $L(X_1-X_2)=V(Y_1-Y_2)\approx VY_1$ 可近似推出 X_1 将下降。

【例 6-16】在【例 6-12】的基础上，若吸收剂改为含 NH_3 0.1%（摩尔分数）的水溶液，在该吸收塔中吸收气相中的 NH_3。试求 NH_3 的回收率，并与原来的回收率比较。

解 已知 $x_2=0.001$，因浓度很稀，近似 $X_2=0.001$。x_2 的改变，不会改变 H_{OG}。在一定的条件下，$N_{OG}=Z/H_{OG}$ 也不会改变。用吸收因数法计算 N_{OG}

$$N_{OG}=\frac{1}{1-\dfrac{mV}{L}}\ln\left[\left(1-\dfrac{mV}{L}\right)\left(\dfrac{Y_1-mX_2}{Y_2-mX_2}\right)+\dfrac{mV}{L}\right]$$

可知。在新工况与原工况下，N_{OG} 与 $\dfrac{L}{mV}$ 没有改变，所以 $\dfrac{Y_1-mX_2}{Y_2-mX_2}$ 也不会改变

即 $\dfrac{Y_1-mX_2}{Y_2-mX_2}=200$

已知 $Y_1=0.0134$，$X_2=0.001$，$m=0.75$，代入上式，求得 $Y_2=0.000813$，回收率为

$$\eta=\frac{Y_1-Y_2}{Y_1}=1-\frac{Y_2}{Y_1}=1-\frac{0.000813}{0.0134}=93.9\%$$

与原来的回收率 99.5% 比较，减少了 5.6%。

结论：若其他条件不变，只增大 X_2，则吸收率是减小的，所以在吸收操作中尽可能地提高吸收剂的纯度。

【例 6-17】在【例 6-12】的基础上，若想用增大吸收剂用量的办法使尾气组成 Y_2 从 6.69×10^{-5} kmol（氨）/kmol（空气）降至 2.26×10^{-5} kmol（氨）/kmol（空气），试求清水的用量。

解 已知 $Y_1=0.0134$，$x_2=0$，$X_2=0$，$Y_2=2.26\times10^{-5}$

$$\frac{Y_1-mX_2}{Y_2-mX_2}=\frac{0.0134-0}{2.26\times10^{-5}-0}=592.9$$

L 的改变，不会改变 H_{OG}，在 Z 一定的条件下，$N_{OG}=\dfrac{Z}{H_{OG}}$ 也不会改变，故 $N_{OG}=14.24$，从图 6-20 查得 $\dfrac{mV}{L}=0.6$ 而 $\dfrac{L}{mV}=1.7$。

已知 $m=0.75$，$V=47.7$ kmol（空气）/h，清水用量为

$$L=1.7\times0.75\times47.7=60.8 \text{ kmol（水）/h}$$

原来水用量为 49.84 kmol（水）/h，多了 10.98 kmol（水）/h。

原来液-汽比 $\quad\dfrac{L}{V}=\dfrac{49.84}{47.7}=1.04$

增加到 $\quad\dfrac{L}{V}=\dfrac{60.8}{47.7}=1.27$

结论：其他条件不变，提高液气比，吸收率是提高的。

【例6-18】在【例6-12】的基础上，由于操作温度从 20 ℃升为 25 ℃，相平衡常数 m 从 0.75 变为 0.98，试求 NH_3 的回收率变为多少？

解 已知：$m=0.98$，$V=47.7$ kmol/h，$L=49.84$ kmol/h，$Y_1=0.0134$，$x_2=0$。

温度和 m 的改变，不会改变 H_{OG}，在 Z 一定的条件下，$N_{OG}=\dfrac{Z}{H_{OG}}$ 也不会改变。

原工况 $N_{OG}=14.24$ 见【例6-12】，新工况

$$N'_{OG}=\dfrac{1}{1-\dfrac{mV}{L}}\ln\left[\left(1-\dfrac{mV}{L}\right)\left(\dfrac{Y_1-mX_2}{Y'_2-mX_2}\right)+\dfrac{mV}{L}\right]$$

$$\dfrac{mV}{L}=\dfrac{0.98\times 47.7}{49.84}=0.938$$

因 $N'_{OG}=N_{OG}=14.24$

$$14.24=\dfrac{1}{1-0.938}\ln\left[(1-0.938)\left(\dfrac{0.0134-0}{Y'_2-0}\right)+0.938\right]$$

解得 $\quad Y'_2=0.0005683$

回收率 $\quad\eta'=\dfrac{Y_1-Y_2}{Y_1}=1-\dfrac{Y_1}{Y_2}=1-\dfrac{0.0005683}{0.0134}=95.8\%$

与原来的回收率 99.5% 比较，减少了 3.9%。

结论：温度升高、相平衡常数增大，吸收率降低，所以高温不利于吸收操作。

【例6-19】有一填料层高度为 4 m 的填料塔，用清水吸收混合气中的 CO_2，CO_2 的组成为 0.05（摩尔比），其余气体为惰性气体。液-气比为 150，吸收率为 95%，操作温度 20 ℃，总压力为 1.5 MPa。若总压力改为 2 MPa，试计算 CO_2 的吸收率。

解 已知：$x_2=0$，$Y_1=0.05$，$L/V=150$，$Z=4$ m。

原工况：$\eta=0.95$，$\quad Y_2=Y_1(1-\eta)=0.05\times(1-0.95)=0.0025$

温度 $t=20$ ℃，查得 CO_2 水溶液的亨利系数 $E=144$ MPa，操作总压力 $p=1.5$ MPa 则相平衡常数 $m=\dfrac{E}{p}=\dfrac{144}{1.5}=96$

$$\dfrac{mV}{L}=\dfrac{96}{150}=0.64$$

气相总传质单元数

$$N_{OG}=\dfrac{1}{1-\dfrac{mV}{L}}\ln\left[\left(1-\dfrac{mV}{L}\right)\left(\dfrac{Y_1-mX_2}{Y_2-mX_2}\right)+\dfrac{mV}{L}\right]$$

$$=\dfrac{1}{1-0.64}\ln\left[(1-0.64)\left(\dfrac{0.05-0}{0.0025-0}\right)+0.64\right]=5.72$$

气相总传质单元高度

$$H_{OG}=\dfrac{Z}{N_{OG}}=\dfrac{4}{5.72}=0.7\,(\text{m})$$

新工况：因 $H_{OG}=\dfrac{V}{K_Y a\Omega}=\dfrac{V}{pK_G a\Omega}$，$H'_{OG}=\dfrac{V}{p'K_G a\Omega}$，得 $H'_{OG}=\dfrac{p}{p'}H_{OG}$

已知 $p=1.5$ MPa，$p'=2$ MPa 故

$$H'_{OG} = \frac{1.5}{2} \times 0.7 = 0.525 \text{ (m)}$$

$$N'_{OG} = \frac{Z}{H'_{OG}} = \frac{4}{0.525} = 7.62$$

用气相总传质单元数计算式计算 Y'_2

当 $p' = 2$ MPa 时，$m' = \dfrac{E}{p'} = \dfrac{144}{2} = 72$，$\dfrac{m'V}{L} = \dfrac{72}{150} = 0.48$

代入下式求解

$$N'_{OG} = \frac{1}{1-\dfrac{m'V}{L}} \ln\left[\left(1-\dfrac{m'V}{L}\right)\left(\dfrac{Y_1 - mX_2}{Y'_2 - mX_2}\right) + \dfrac{m'V}{L}\right]$$

$$7.62 = \frac{1}{1-0.48} \ln\left[(1-0.48)\left(\dfrac{0.05-0}{Y'_2 - 0}\right) + 0.48\right]$$

解得 $Y'_2 = 0.000\,499$

则 CO_2 的吸收率为 $\eta = 1 - \dfrac{Y'_2}{Y_1} = 1 - \dfrac{0.000\,499}{0.05} = 0.99 = 99\%$

计算结果表示，总压力从 1.5 MPa 改为 2 MPa，吸收率从 95% 增加到 99%。

结论：提高操作压力，有利于吸收操作。

任务五

解吸及其他类型的吸收操作

一、解吸目的与方法

1. 解吸操作目的

解吸又称脱吸，即使溶质从液相溢出到气相的过程。在工业生产中，解吸过程有两个目的：①获得较纯的气体溶质；②使溶剂得以再生，以便返回吸收塔循环使用，从经济上看更合理。

在工业生产中，按逆流方式操作的解吸过程类似于逆流吸收。吸收液从解吸塔的塔顶喷淋而下，惰性气体（空气、水蒸气或其他气体）从底部通入自下而上流动。气液两相在逆流接触的过程中，溶质将不断地由液相转移到气相并混入惰性气体中从塔顶送出，经解吸后的溶液从塔底引出。若溶质为不凝性气体或溶质冷凝液不溶于水，则可通过蒸气冷凝的方法获得纯度较高的溶质组分。

如图 6-1 所示，用水蒸气解吸溶解了粗苯的洗油溶液，便可把粗苯从冷凝液中分离出来。

2. 解吸的方法

工业上常用的解吸方法有以下几种。

(1) 加热解吸 加热使溶液升温或增大溶液中溶质的平衡分压，减小溶质的溶解度，则必有部分溶质从液相中释放出来，从而有利于溶质与溶剂的分离。如采用"热力脱氧"法处理锅炉用水，就是通过加热使溶解氧从水中逸出。

(2) 减压解吸 若将原来处于较高压力的溶液进行减压，则因总压降低，气相中溶质的分压也相应降低，而使溶质从吸收液中释放出来。溶质被解吸的程度取决于解吸的最终压力和温度。

（3）汽提解吸　汽提解吸法也称载气解吸法。其过程为吸收液从解吸塔顶喷淋而下，载气从解吸塔底靠压差自下而上与吸收液逆流接触，载气中不含溶质或含溶质量极少，因此溶质从液相向气相转移，最后气体溶质从塔顶排出。载气解吸是在解吸塔中引入与吸收液不平衡的气相。作为汽提载气的气体一般有空气、氮气、二氧化碳、水蒸气等。根据工艺要求及分离过程的特点，可选用不同的载气。由于入塔惰性气体中溶质的分压$p=0$，有利于解吸过程进行。

（4）精馏解吸　溶质溶于溶剂中，所得的溶液可通过精馏的方法将溶质与溶剂分开，达到既回收溶质，又得到新鲜的吸收剂循环使用的目的。

二、解吸塔的计算

解吸塔的计算方法在原则上与吸收并无不同，但也有以下差别。

① 逆流解吸时塔顶的气、液组成（X_1，Y_1）最浓，而塔底的气、液组成（X_2，Y_2）最稀，如图 6-21（a）所示。

② 解吸过程的操作线与吸收操作线相同，所不同的是该操作线在平衡线的下方，如图 6-21（b）所示，所以其推动力的表达式正好与吸收相反，$\Delta Y = Y^* - Y$，$\Delta X = X - X^*$。

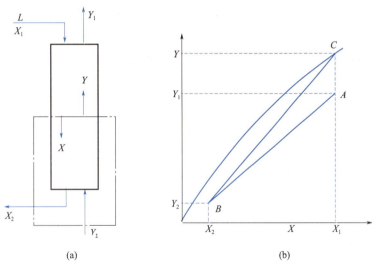

图 6-21　解吸操作线及最小气液比

设计计算时，当吸收液与载气在解吸塔中逆流接触时，吸收液进出口液体组成 X_1、X_2 及载气进塔组成 Y_2 通常由工艺规定，多数情况下是 $Y_2=0$，而出口气体浓度 Y_1 则根据适宜的气液比来计算。

当平衡线为正常曲线时，载气所用惰性气体量 V 减少时，解吸操作线斜率增大，操作线 A 点向平衡线靠近，Y_1 增大，但 Y_1 增大的极限为与 X_1 成平衡，则到达 C 点，此时解吸操作线的斜率 $\dfrac{L}{V}$ 最大，即气液比最小，以 $\left(\dfrac{V}{L}\right)_{\min}$ 表示。

最小气液比可用下式计算，即

$$\left(\frac{V}{L}\right)_{\min} = \frac{X_1 - X_2}{Y_1^* - Y_2} \quad (6\text{-}61)$$

当解吸平衡线为非正常曲线的下凹线时，由塔底点 A' 作平衡线的切线，如图 6-22 所示，$A'B'$ 的极限位置为操作线与平衡线相切，此时所对应的最小气液比为

$$\left(\frac{V}{L}\right)_{\min} = \frac{X_1 - X_2}{Y_1 - Y_2} \quad (6\text{-}62)$$

根据生产实际经验，实际操作气液比通常为最小气液

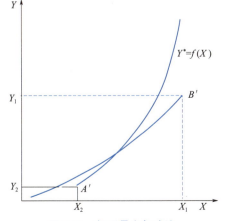

图 6-22　解吸最小气液比

比的 1.1～2.0 倍，即

$$\frac{V}{L} = (1.1 \sim 2.0)\left(\frac{V}{L}\right)_{\min} \tag{6-63}$$

解吸塔的填料层高度计算式与吸收塔的基本相同，但习惯用液相的浓度差来表示吸收推动力，即

$$Z = N_{OL} \cdot H_{OL} = \frac{L}{K_X a \Omega} \int_{X_2}^{X_1} \frac{\mathrm{d}X}{X - X^*} \tag{6-64}$$

传质单元数的计算方法与吸收过程的相同，当平衡关系服从亨利定律时，N_{OL} 为

$$N_{OL} = \frac{1}{1-A} \ln\left[(1-A)\frac{X_1 - Y_2/m}{X_2 - Y_2/m} + A\right] \tag{6-65}$$

式中 A 操作线斜率与平衡线斜率之比，称为吸收因数，量纲为 1。

$$A = \frac{L}{mV} \tag{6-66}$$

【例 6-20】在某吸收 - 解吸联合流程中，吸收塔内用洗油逆流吸收煤气中含苯蒸气。入塔气体中苯的浓度为 0.03（摩尔分数，下同），吸收操作条件下，平衡关系为 $Y^* = 0.125X$，吸收操作液气比为 0.244 4，进塔洗油中苯的浓度为 0.007，出塔煤气中苯的浓度降至 0.001 5，气相总传质单元高度为 0.6 m。从吸收塔排出的液体升温后在解吸塔内用过热蒸汽逆流解吸，解吸塔内操作气液比为 0.4，解吸条件下的相平衡关系为 $Y^* = 3.16X$，气相总传质单元高度为 1.3 m。试求：① 吸收塔填料层高度；② 解吸塔填料层高度。

解 ① 吸收塔填料层高度计算

已知：$Y_1 = \dfrac{y_1}{1-y_1} = \dfrac{0.03}{1-0.03} = 0.031$

$Y_2 = \dfrac{y_2}{1-y_2} = \dfrac{0.001\,5}{1-0.001\,5} = 0.001\,5$

$S = \dfrac{mV}{L} = \dfrac{0.125}{0.244\,4} = 0.511\,5$

$$N_{OG} = \frac{1}{1-S} \ln\left[(1-S)\frac{Y_1 - mX_2}{Y_2 - mX_2} + S\right]$$

$$= \frac{1}{1-0.511\,5} \times \ln\left[(1-0.511\,5) \times \frac{0.031 - 0.125 \times 0.007}{0.001\,5 - 0.125 \times 0.007} + 0.511\,5\right]$$

$$= 6.51$$

吸收塔填料层高度为 $Z = N_{OG} \cdot H_{OG} = 6.51 \times 0.6 = 3.91$（m）

② 吸收塔中吸收液浓度

$$X_1 = X_2 + \frac{V}{L}(Y_1 - Y_2) = 0.007 + \frac{1}{0.244\,4} \times (0.031 - 0.001\,5) = 0.127\,7$$

解吸塔中溶液进口浓度 $X_1 = 0.127\,7$

溶液出口浓度 $X_2 = 0.007$

$Y_2 = 0$

$$A = \frac{L}{Vm} = \frac{1}{0.4 \times 3.16} = 0.791$$

$$\frac{X_1 - Y_2/m}{X_2 - Y_2/m} = \frac{0.127\,7 - 0}{0.007 - 0} = 18.24$$

$$N_{\mathrm{OL}} = \frac{1}{1-A} \ln\left[(1-A)\frac{X_1 - Y_2/m}{X_2 - Y_2/m} + A\right]$$

$$= \frac{1}{1-0.791} \times \ln[(1-0.791) \times 18.24 + 0.791] = 7.30$$

因为 $\quad S = \dfrac{1}{A} = \dfrac{1}{0.791}$

所以 $\quad H_{\mathrm{OL}} = SH_{\mathrm{OG}} = \dfrac{1.3}{0.791} = 1.643 \,(\mathrm{m})$

解吸塔塔高为 $\quad Z = N_{\mathrm{OL}} H_{\mathrm{OL}} = 7.30 \times 1.643 = 11.99\,(\mathrm{m})$

【例 6-21】 含烃摩尔比为 0.025 5 的溶剂油用水蒸气在一塔截面积为 1 m² 的填料塔内逆流解吸，已知溶剂油流量为 10 kmol/h，操作气液比为最小气液比的 1.35 倍，要求解吸后溶剂油中烃的含量减少至摩尔比为 0.000 5。已知该操作条件下，系统的平衡关系为 $Y^* = 33X$，液相总体积传质系数 $K_X a$ =30 kmol/(m³·h)。假设溶剂油不挥发，蒸汽在塔内不冷凝，塔内维持恒温。试求解吸所需水蒸气量。

解 $X_2 = 0.000\,5$，$X_1 = 0.025\,5$，$Y_2 = 0$，$m = 33$，

$$Y_1^* = mX_1 = 33 \times 0.025\,5 = 0.841\,5$$

$$\left(\frac{V}{L}\right)_{\min} = \frac{X_1 - X_2}{Y_1^* - Y_2} = \frac{0.025\,5 - 0.000\,5}{0.841\,5 - 0} = 0.029\,7$$

$$\frac{V}{L} = 1.35\left(\frac{V}{L}\right)_{\min} = 1.35 \times 0.029\,7 = 0.04$$

蒸汽用量 $\quad V = L \times 1.35\left(\dfrac{V}{L}\right)_{\min} = 10 \times 0.04 = 0.4\,(\mathrm{kmol/h})$

三、其他类型的吸收

1. 化学吸收

⑴ 化学吸收过程分析 多数工业吸收过程都伴有化学反应，但只有化学反应较为显著的吸收过程才称为化学吸收。对于化学吸收，溶质从气相主体到气液界面的传质机理与物理吸收完全相同，其复杂之处在于液相内的传质。溶质由界面向液相主体扩散的过程中，将与吸收剂或液相中的其他活泼组分发生化学反应，因此溶液中溶质的组成沿扩散途径的变化情况不仅与其自身的扩散速率有关，而且与液相中活泼组分的反向扩散速率、化学反应速率以及反应产物的扩散速率等因素有关。

如用硫酸吸收氨气、用碱液吸收二氧化碳等均属于化学吸收。在化学吸收过程中，一方面，由于反应消耗了液相中的溶质，导致液相中溶质的浓度下降，相应的平衡分压亦下降，从而增大了吸收过程的传质推动力；另一方面，由于溶质在液膜扩散的中途即被反应所消耗，故吸收阻力有所减小，吸收系数有所增大。因此，化学吸收速率一般要大于相应的物理吸收速率。

目前，化学吸收速率的计算尚无一般性方法，设计时多采用实测数据。若化学吸收的反应速率较快，且反应不可逆，则气液相界面处的溶质分压近似为零，即吸收阻力主要集中于气膜，此时吸收速率可参照气膜控制的物理吸收速率计算。若化学反应的速率较慢，则反应主要在液相主体中进行，此时与物理吸收过程相比，气膜和液膜内的吸收阻力均未发生明显变化，只是总的吸收推动力要稍大于物理吸收过程。所以，发生化学反应总会使吸收速率得到不同程度的提高。

⑵ 化学吸收过程的特点 工业吸收操作多数是化学吸收，这是因为：

① 溶质与吸收剂的化学反应提高了吸收的选择性；

② 吸收中的化学反应增大了吸收的推动力，提高了吸收速率，从而减小了设备的体积；

③ 化学反应增加了溶质在液相的溶解度，减少了吸收剂的用量；

④ 化学反应降低了溶质在气相中的平衡分压，可较彻底地除去气相中很少量的有害气体。

图 6-23 所示的流程就是合成氨原料气（含 CO_2 30% 左右）的净化过程，在原料气精制过程中需要除去 CO_2，而得到的 CO_2 气体又是制取尿素、碳酸氢铵和干冰的原料，为此，采用乙醇胺法的吸收与解吸联合流程。将合成氨原料气从底部引入吸收塔，塔顶喷乙醇胺液体，乙醇胺吸收了 CO_2 后从塔底排出，从塔顶排出的气体中 CO_2 含量可降到 0.2% ~ 0.5%。将吸收塔底排出的含 CO_2 的乙醇胺溶液用泵送至加热器，加热（130 ℃左右）后从解吸塔顶喷淋下来，塔底通入水蒸气，CO_2 在高温、低压（约 300 kPa）下自溶液中解吸。从解吸塔顶排出的气体经冷却、冷凝后得到可用的 CO_2。解吸塔底排出的溶液经冷却降温（约 50 ℃）、加压（约 1 800 kPa）后仍作为吸收剂，返回吸收塔循环使用，溶质气体则用于制取尿素。

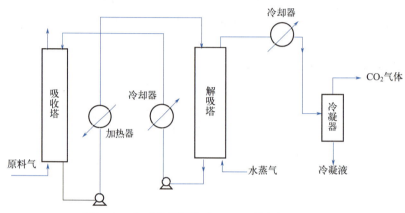

图 6-23 合成氨原料气中 CO_2 吸收与解吸流程

2. 高浓度气体吸收

当进塔混合气体中吸收质含量高于 10% 时，工程上常称为高浓度气体吸收。由于吸收质的含量较高，在吸收过程中吸收质从气相向液相的转移量较大，因此，高浓度气体吸收具有自己的特点。

(1) 气液两相的摩尔流量沿塔高有较大的变化　吸收过程中由于传质过程的进行，塔内不同截面处混合气摩尔流量和吸收剂摩尔流量是不相同的，沿塔高有显著变化，不能再视为常数。但惰性气摩尔流量沿塔高基本不变，若不考虑吸收剂的挥发性，纯吸收剂的摩尔流量亦为常数。

(2) 吸收过程有显著的热效应　由于被吸收的溶质较多，产生的溶解热也较多。若吸收过程的液气比较小或者是吸收塔的散热效果不好，将会使吸收液温度明显升高，此时的吸收为非等温吸收。但若溶质的溶解热不大、吸收的液气比较大或吸收塔的散热效果较好，此时气体吸收仍可视为等温吸收。

(3) 吸收系数不是常数　由于受气速的影响，吸收系数从塔底至塔顶是逐渐减小的。但当塔内不同截面气液相摩尔流量的变化不超过10时，吸收系数可取塔顶与塔底吸收系数的平均值并视其为常数进行有关计算。

3. 多组分吸收

多组分吸收过程中，由于其他组分的存在，使得吸收质在气液两相中的平衡关系发生了变化，所以多组分吸收的计算较单组分吸收过程复杂。但对于喷淋量很大的低含量气体吸收，可以忽略吸收质间的相互干扰，其平衡关系仍可认为服从亨利定律，因而可分别对各吸收质组分进行单独计算。不同吸收质组分的相平衡常数不相同，在进、出吸收设备的气体中各组分的含量也不相同，因此，每一吸收质组分都有平衡线和操作线。

关键组分是指在吸收操作中必须首先保证其吸收率达到预定指标的组分。如处理石油裂解气中的油吸收塔,其主要目的是回收裂解气中的乙烯,乙烯即为此过程的关键组分,生产上一般要求乙烯的回收率达98%～99%,这是必须保证达到的。因此,此过程虽属多组分吸收,但在计算时,则可视为用油吸收混合气中乙烯的单组分吸收过程。

在多组分吸收过程中,为了提高吸收液中溶质的含量,可以采用吸收蒸出流程。图6-24为用油吸收分离裂解气的蒸出流程。该塔的上部是吸收段,下部是蒸出段,裂解气由塔的中部进入,用C_4馏分作吸收液,吸收裂解气中的C_1～C_3馏分,吸收液通过下塔段蒸出甲烷、氢等气体,使塔釜得到纯度较高的C_2～C_3馏分。

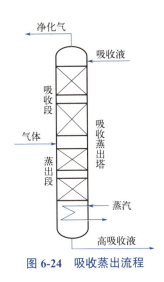

图6-24 吸收蒸出流程

任务六

吸收设备选择

吸收设备及操作

吸收设备是完成吸收操作的设备,其主要作用是为气液两相提供充分的接触面积,使两相间的传质与传热过程能够充分有效地进行,并能使接触之后的气液两相及时分开,互不夹带。所以,吸收设备性能的好坏直接影响到产品质量、生产能力、吸收率及消耗定额等。

一、吸收设备的一般要求

目前,工业生产中使用的吸收设备种类很多,主要有板式吸收塔、填料吸收塔、湍球塔、喷洒吸收塔、喷射式吸收器和文丘里吸收器等。而每种类型的吸收设备都有着各自的长处和不足之处,一个高效的吸收设备应该具备以下要求。

① 能提供足够大的气液两相接触面积和一定的接触时间。
② 气液间的扰动强烈,吸收阻力小,吸收效率高。
③ 气流压力损失小。
④ 结构简单,操作维修方便,造价低,具有一定的抗腐蚀和防堵塞能力。

常见吸收设备的结构及特点见表6-6。本节重点介绍填料吸收塔设备。

二、常见吸收设备的结构和特点

工业上常用的吸收设备

表6-6 常见吸收设备的结构及特点

类型	设备结构	特点
喷射式吸收器	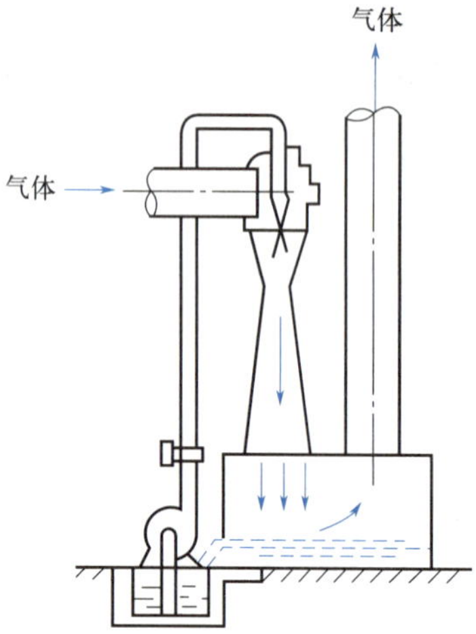 (气体进入,气体排出示意图)	喷射式吸收器操作时吸收剂靠泵的动力送到喉头处,由喷嘴喷成细雾或极细的液滴,在喉管处由于吸收剂流速的急剧变化,使部分静压能转化为动能,在气体进口处形成真空,从而使气体吸入。其特点为: ① 吸收剂喷成雾状后与气相接触,增加了两相接触面积,吸收速率高,处理能力大; ② 吸收剂利用压力流过喉管雾化而吸气,因此不需要加设送风机,效率较高; ③ 吸收剂用量较大,但循环使用时可以节省吸收剂用量并提高吸收液中吸收质的浓度
文丘里吸收器	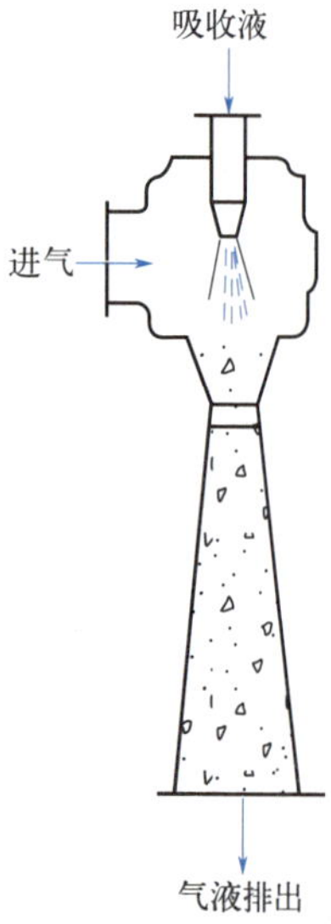 (吸收液、进气、气液排出示意图)	文丘里吸收器有多种形式,左图为液体喷射式文丘里吸收器,其特点为: ① 液体吸收剂借高压由喷嘴喷出,分散成液滴与抽吸过来的气体接触,气液接触效果良好; ② 可省去气体送风机,但液体吸收剂用量大,耗能大,仅适用于气量较小的情况,气量大时,需将几个文丘里管并联使用
喷洒吸收塔	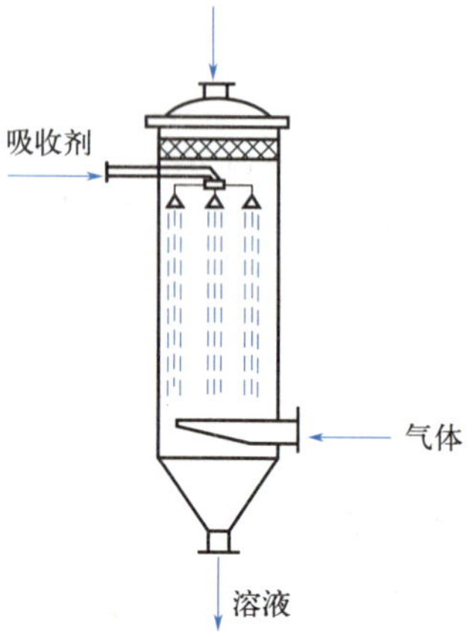 (吸收剂、气体、溶液示意图)	喷洒吸收塔有空心式喷洒和机械式喷洒两种,左图为空心式喷洒吸收塔。当塔体较高时,常将喷嘴或喷洒器分层布置,也可采用旋风式喷洒塔,其特点为: ① 结构简单、造价低、气体压降小,净化效率不高; ② 可兼作气体冷却、除尘设备; ③ 喷嘴易堵塞,不适于用污浊液体作吸收剂; ④ 气液接触面积与喷淋密度成正比,喷淋液可循环使用

续表

类型	设备结构	特点
板式吸收塔	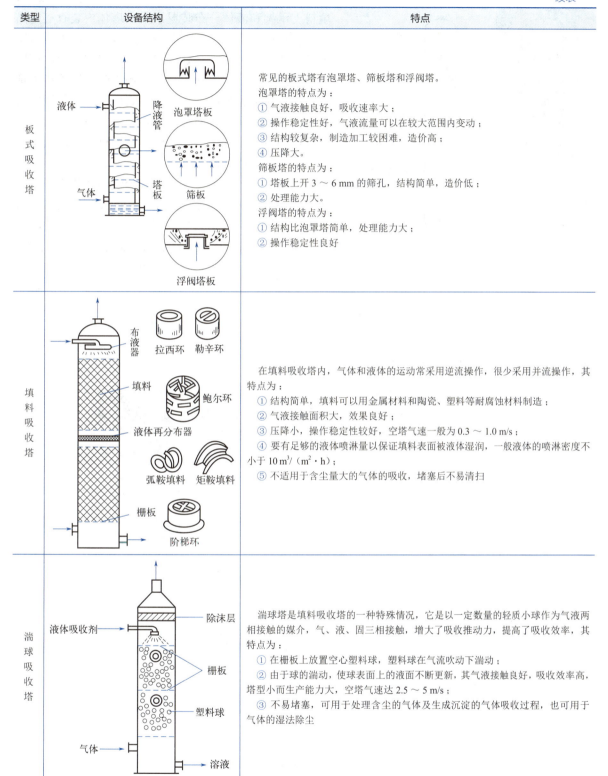	常见的板式塔有泡罩塔、筛板塔和浮阀塔。 泡罩塔的特点为： ① 气液接触良好，吸收速率大； ② 操作稳定性好，气液流量可以在较大范围内变动； ③ 结构较复杂，制造加工较困难，造价高； ④ 压降大。 筛板塔的特点为： ① 塔板上开 3～6 mm 的筛孔，结构简单，造价低； ② 处理能力大。 浮阀塔的特点为： ① 结构比泡罩塔简单，处理能力大； ② 操作稳定性良好
填料吸收塔		在填料吸收塔内，气体和液体的运动常采用逆流操作，很少采用并流操作，其特点为： ① 结构简单，填料可以用金属材料和陶瓷、塑料等耐腐蚀材料制造； ② 气液接触面积大，效果良好； ③ 压降小，操作稳定性较好，空塔气速一般为 0.3～1.0 m/s； ④ 要有足够的液体喷淋量以保证填料表面被液体湿润，一般液体的喷淋密度不小于 10 m^3/(m^2·h)； ⑤ 不适用于含尘量大的气体的吸收，堵塞后不易清扫
湍球吸收塔		湍球塔是填料吸收塔的一种特殊情况，它是以一定数量的轻质小球作为气液两相接触的媒介，气、液、固三相接触，增大了吸收推动力，提高了吸收效率，其特点为： ① 在栅板上放置空心塑料球，塑料球在气流吹动下湍动； ② 由于球的湍动，使球表面上的液面不断更新，其气液接触良好，吸收效率高，塔型小而生产能力大，空塔气速达 2.5～5 m/s； ③ 不易堵塞，可用于处理含尘的气体及生成沉淀的气体吸收过程，也可用于气体的湿法除尘

三、填料吸收塔

1. 填料吸收塔的结构组成

填料吸收塔是一种非常重要的气液传质设备，在化工生产中有着广泛的应用。填料吸收塔结

填料塔结构

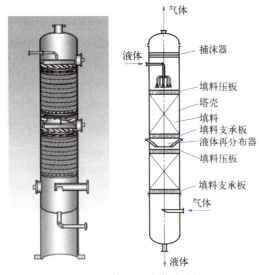

图 6-25 填料吸收塔的结构

构比较简单,如图 6-25 所示,主要由塔体、填料、填料支承架和液体分布装置组成。塔体内装有一定高度的填料层,填料层的下面为支承板,上面为填料压板及液体分布装置。必要时需要将填料层分段,在段与段之间设置液体再分布装置。操作时,液体经过顶部液体分布装置分散后,沿填料表面流下,气液两相主要在填料的润湿表面上接触。气体自塔底向上与液体做逆向流动,气、液两相的传质通过填料表面上的液层与气相间的界面进行。

填料吸收塔属于连续接触式的气液传质设备,气液两相组成沿塔高呈连续变化,在正常操作状态下,气相为连续相,液相为分散相。

填料吸收塔的优点是生产能力大、分离效率高、阻力小、操作弹性大、结构简单、易用耐腐蚀材料制作、造价低。

2. 填料的类型及特性

填料吸收塔操作性能的好坏关键在于填料。填料的种类很多,大致可以分为实体填料与网体填料两大类。各种常用填料及新型填料如图 6-26 所示。

填料类型

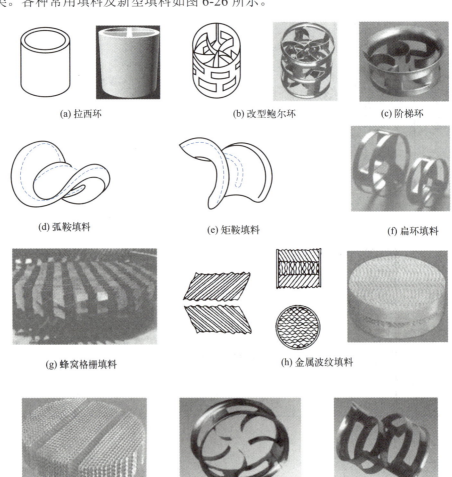

(a) 拉西环　　(b) 改型鲍尔环　　(c) 阶梯环

(d) 弧鞍填料　　(e) 矩鞍填料　　(f) 扁环填料

(g) 蜂窝格栅填料　　(h) 金属波纹填料

(i) GEMPAK填料　　(j) DC填料环　　(k) 共轭环

图 6-26 各种常用填料及新型填料

（1）**实体填料** 实体填料包括环形填料，如拉西环、鲍尔环和阶梯环；鞍形填料，如弧鞍填料、矩鞍填料；栅板填料和波纹填料等。

拉西环是开发最早、应用最广泛的环形填料，常用的拉西环为外径与高相等的圆筒，拉西环的主要优点是结构简单、制造方便、造价低廉，缺点是气液接触面小，液体的沟流及塔壁效应较严重，气体阻力大，操作弹性范围窄等。对拉西环加以改进后，开发了鲍尔环、阶梯环、共轭环等填料，这些填料在增大传质表面、提高传质通量、降低传质阻力等方面都有所改善。

鞍形（弧鞍和矩鞍）填料，是一种像马鞍形的敞开填料，在塔内不易形成大量的局部不均匀区域，孔隙率大，气流阻力小，是一种性能较好的工业填料。

鞍环填料综合了鞍形填料液体再分布性能较好和环形填料通量较大的优点，是目前性能最优良的散装填料。

波纹填料由许多层高度相同但长短不等的波纹薄板组成，波纹薄板搭配排列成圆饼状，竖直叠放于塔内，波纹与水平方向成45°倾角，相邻两饼反向叠靠，组成90°交错。这种填料属于整砌结构，流体阻力小，通量大，分离效率高，但不适合有沉淀物、易结焦和黏度大的物料，且装卸、清洗较困难，造价也高。

（2）**网体填料** 网体填料主要是由金属丝网制成的各种填料，如鞍形网、多孔网、波纹网等。这种填料的特点是网质轻，填料尺寸小，比表面积和孔隙率都大，液体分布能力强。因此，网体填料的气流阻力小，传质效率高。

3. 填料的选择

填料的选择包括确定填料的种类、规格及材质等。选用时应从分离要求、通量要求、场地条件、物料性质及设备投资、操作费用等方面综合考虑，使所选填料既能满足生产工艺的要求，又要使设备投资和操作费用最低，具有经济合理性。

（1）**填料选择的安全原则** 填料是填料塔的核心构件，它提供了气液两相接触传质的相界面，是决定填料塔性能的主要因素。为了使填料塔高效率地操作，可按以下原则选择填料。

① 有较大的比表面积。单位体积填料层所具有的表面积称为比表面积，用符号 a 表示，单位为 m^2/m^3。在吸收塔中，填料的表面只有被流动的液相所润湿，才可能构成有效的传质面积。填料的比表面积越大，所提供的气液传质面积越大，对吸收越有利。因此应选比表面积大的填料，此外还要求填料有良好的润湿性能及有利于液体均匀分布的形状。

② 有较高的孔隙率。单位体积填料具有的孔隙体积称为孔隙率，用符号 ε 表示，单位为 m^3/m^3。当填料的孔隙率较高时，气流阻力小，气体通过能力大，气液两相接触的机会多，对吸收有利。同时，填料层质量轻，对支承板要求低，也是有利的。

③ 具有适宜的填料尺寸和堆积密度。单位体积填料的质量为填料的堆积密度。单位体积内堆积填料的数目与填料的尺寸大小有关。对同一种填料而言，填料尺寸小，堆积的填料数目多，比表面积大，孔隙率小，则气体流动阻力大；反之填料尺寸过大，在靠近塔壁处，由于填料与塔壁之间的孔隙大，易造成气体短路通过或液体沿壁下流，使气液两相沿塔截面分布不均匀，为此，填料的尺寸不应大于塔径的 1/10～1/8。

④ 有足够的机械强度。为使填料在堆砌过程及操作中不被压碎，要求填料具有足够的机械强度。

⑤ 对于液体和气体均须具有化学稳定性。

总之，选择填料要符合填料的安全性能。在相同的操作条件下，填料的比表面积越大，气液分布越均匀，表面的润湿性能越优良，则传质效率越高；填料的孔隙率越大，结构越开敞，则流量越大，压降亦越低。

应予指出，一座填料塔可以选用同种类型同一规格的填料，也可选用同种类型不同规格的填料；有的塔段可选用规整填料，而有的塔段可选用散装填料。设计时应灵活掌握，根据技术和经济统一的原则来选择填料的规格。

（2）**填料材质的选择** 填料的材质分为陶瓷填料、金属填料和塑料填料三大类。

① 陶瓷填料。具有很好的耐腐蚀性及耐热性，价格便宜，表面润湿性能好，质脆、易碎是其最大缺点。在气体吸收、气体洗涤、液体萃取等过程中应用较为普遍。常见的陶瓷散装填料如图 6-27 所示。

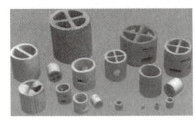 

图 6-27　陶瓷散装填料

② 金属填料。可用多种金属材质制成，如图 6-28 所示。选择时主要考虑腐蚀问题。碳钢填料造价低，且具有良好的表面润湿性能，对于无腐蚀或低腐蚀性物系应优先考虑使用；不锈钢填料虽然耐腐蚀性强，但表面润湿性能较差、造价较高，在某些特殊场合，如极低喷淋密度下的减压精馏过程，需对其表面进行处理，才能取得良好的使用效果；钛材、特种合金钢等材质制成的填料造价很高，一般只在某些腐蚀性极强的物系下使用。

图 6-28　金属散装填料

一般来说，金属填料可制成薄壁结构，它的通量大、气体阻力小，且具有很高的抗冲击性能，能在高温、高压、高冲击强度下使用，应用范围最为广泛。

③ 塑料填料。材质主要包括聚丙烯、聚乙烯及聚氯乙烯（PVC）等，国内一般多采用聚丙烯材质，如图 6-29 所示。塑料填料的耐腐蚀性能较好，可耐一般的无机酸、碱和有机溶剂的腐蚀，其耐温性良好，可长期在 100 ℃以下使用。

(a) 聚丙烯半软性填料　　　(b) 聚丙烯鲍尔环　　　(c) 聚丙烯阶梯环

(d) 聚丙烯花环　　　(e) 聚丙烯共轭环

图 6-29　塑料散装填料

塑料填料质轻、价廉，具有良好的韧性，耐冲击、不易碎，可以制成薄壁结构。它的通量大、压降低，多用于吸收、解吸、萃取、除尘等装置中。塑料填料的缺点是表面润湿性能差，但可通过适当的表面处理来改善其表面润湿性能。

4. 填料吸收塔的附件

（1）**填料支承板**　对于填料吸收塔，无论是使用散装填料还是规整填料，都要设置填料支承装置，其作用是支承塔内的填料重量及操作中填料所含液体的重量。填料支承板不仅要有足够的机械强度，而且通道面积不能小于填料层的自由截面积，否则会增大气体的流动阻力，降低塔的处理能力。

> 支承板的作用

常用的填料支承装置有栅板式、升气管式、驼峰型式等，如图 6-30 所示。栅板型支承板是常用的支承装置，结构简单，如图 6-30（a）、（b）所示。此外，升气管式的支承装置，其优点是机械强度大，通道截面积大，如图 6-30（d）所示。气体从升气管的管壁小孔或齿缝中流出，而液体则由板上的筛孔流下。

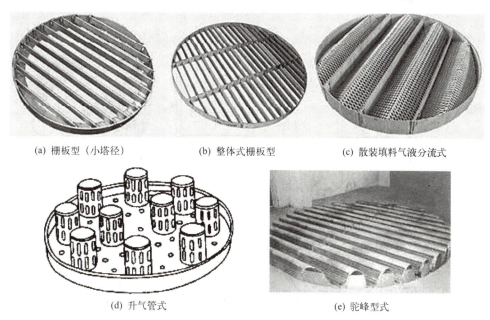

(a) 栅板型（小塔径）   (b) 整体式栅板型   (c) 散装填料气液分流式

(d) 升气管式   (e) 驼峰型式

图 6-30　填料支承板的型式

填料支承装置的选择，主要依据塔径、填料种类及型号、塔体及填料的材质、气液流速等确定。

(2) 液体分布器　由于填料吸收塔的气液接触是在润湿的填料表面上进行的，所以液体在填料吸收塔内的分布情况直接影响到填料表面的利用率。如果液体分布不均匀，填料表面不能充分润湿，塔内填料层的气液接触面积就降低，致使塔的效率下降。因此，要求填料层上方的液体分布器能为填料层提供良好的初始分布，即提供足够多的均匀喷淋点，且各喷淋点的喷淋液体量相等。一般要求每 30～60 cm^2 塔截面上有一个喷淋点，大直径塔的喷淋密度可以小些。另外，液体分布装置应不易堵塞，以免产生过细的雾滴，被上升气体带走。

> 液体分布器的作用

液体分布器的种类很多，常见的液体分布装置有多孔管式分布器、莲蓬头式分布器、盘式分布器及槽式分布器，如图 6-31 所示。其中莲蓬头式分布器和盘式分布器一般用于塔径小于 0.6 m 的小塔中，而多孔管式液体分布器用于直径大于 0.8 m 的较大塔中。

(3) 液体再分布器　填料吸收塔操作时，由于塔壁面处填料密度小，液体阻力小，因此液体沿填料层向下流动的过程中有逐渐离开中心向塔壁集中的趋势。这样，沿填料层向下距离愈远，填料层中心的润湿程度就愈差，形成了所谓"干锥体"的不正常现象，减小了气、液相有效接触面积。当填料层较高时，克服"干锥体"现象的措施是沿填料层高度每隔一定距离装设液体再分布器，将沿塔壁流下的液体导向填料层中心。常用的液体再分布器有截锥式、斜板式及槽式，如图 6-32 所示。

> 液体再布器的作用

(4) 气体进口装置　填料吸收塔的气体进口装置应能防止淋下的液体进入进气管，同时又能使气体分布均匀。如图 6-33 所示，对于直径 500 mm 以下的小塔，可使进气管伸到塔的中心，管端切成 45°向下的斜口。对于大塔可采用喇叭形扩大口或多孔盘管式分布器。进气口应向下开，使气流折转向上。

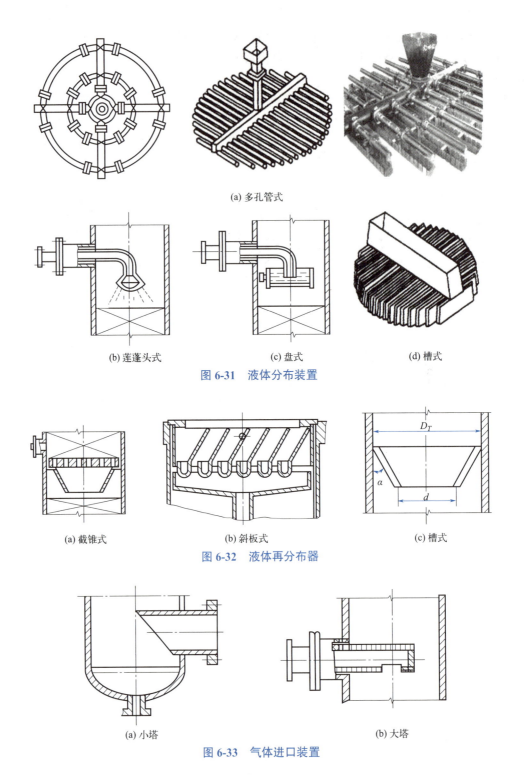

(a) 多孔管式

(b) 莲蓬头式　　(c) 盘式　　(d) 槽式

图 6-31　液体分布装置

(a) 截锥式　　(b) 斜板式　　(c) 槽式

图 6-32　液体再分布器

气体进口类型

(a) 小塔　　(b) 大塔

图 6-33　气体进口装置

（5）液体出口装置　液体的出口装置应保证形成塔内气体的液封，并能防止液体夹带气体，以免有价值气体的流失，且应保证流体的通畅排出。常压操作的吸收塔，排出液体的装置可采用如图6-34（a）所示的液封装置。若塔内外压差较大，可采用如图6-34（b）所示的倒U形管密封装置。

（6）气体出口装置　气体的出口装置既要保证气体流动通畅，又应能除去被夹带的液体雾滴。若经吸收处理后的气体为下一工序的原料，或吸收剂价高、毒性较大时，要求塔顶排出的气体应尽量少夹带吸收剂雾沫，因此需在塔顶安装除雾器。常用的除雾器有折板除雾器、填料除雾器及丝网除雾器，如图6-35所示。

折板除雾器是最简单有效的除雾器，除雾板由 50 mm×50 mm×3 mm 的角钢组成，板间横

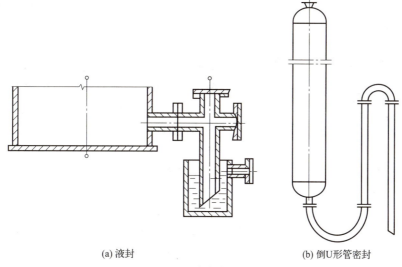

(a) 液封　　　　　　　　(b) 倒U形管密封

图 6-34　液体出口装置

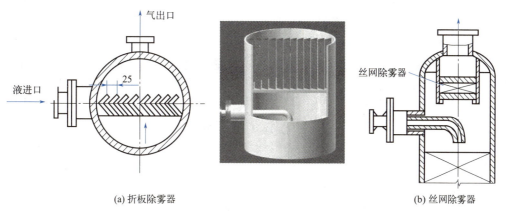

(a) 折板除雾器　　　　　　　(b) 丝网除雾器

图 6-35　除雾器

向距离为 25 mm。除雾板阻力为 5～10 mmH$_2$O，能除去最小雾滴直径为 5 μm。丝网除雾器效率高，可除去大于 5 μm 的液滴。

通过以上分析，填料吸收塔有很多优点，如结构简单、没有复杂部件；适应性强，填料可根据净化要求增减高度；气流阻力小，能耗低，气液接触效果好等，因此是目前应用最广泛的吸收设备。填料吸收塔的缺点是当烟气中含尘浓度较高时，填料易堵塞，清理时填料损耗较大。

5. 填料吸收塔的流体力学特性

填料吸收塔传质性能的好坏、负荷的大小及操作的稳定性在很大程度上取决于流体通过填料的流体力学性能。填料吸收塔的流体力学性能通常用填料层的持液量、填料层压降、液泛及气液两相流体的分布等参数描述。

【1】填料层的持液量　填料层的持液量是指单位体积填料所持有的液体体积，以 m^3 液体/m^3 填料表示。持液量小则阻力亦小，但要使操作平稳，则一定的持液量还是必要的，它是填料塔流体力学性能的重要参数之一。

填料的总持液量包括静持液量和动持液量。静持液量是指在充分润湿的填料层中，气液两相不进料，且填料层中不再有液体流下时填料层所持有的液体量。动持液量是指填料塔停止气液两相进料后，经足够长时间排出的液体量。

持液量与填料类型、规格、液体性质、气液负荷等有关。持液量太大，气体流通截面积减少，气体通过填料层的压降增加，则生产能力下降；持液量太小，操作不稳定。一般认为持液量以能提供较大的气液传质面积且操作稳定为宜。

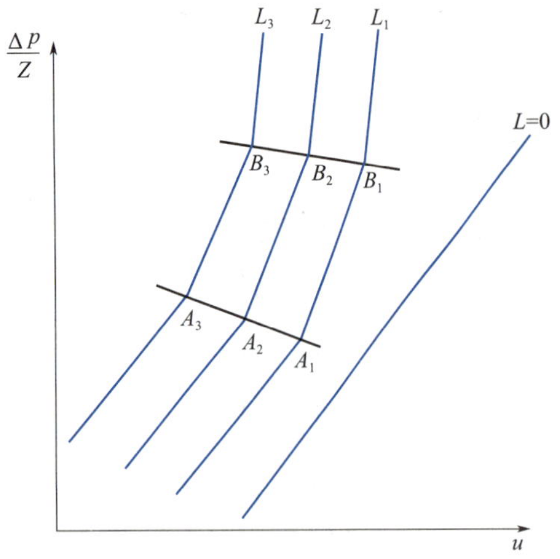

两点三区的含义

(2) 气体通过填料层的压降 图6-36为双对数坐标系内不同液体喷淋量下,单位填料层高度的压降与空塔气速的定性关系。

空塔气速是气体体积流量与塔截面积之比,用 u 表示,单位为 m/s。图中最右边的直线为无液体喷淋时的干填料,即喷淋密度 $L_0=0$ 时的情形,其余三条线为不同的液体喷淋量喷淋到填料表面时的情形,并且从左至右喷淋密度递减,即 $L_3>L_2>L_1$。由于填料层内的部分空隙被液体占据,使气体流动的通道截面减小,同一气速下,喷淋密度越大,压降也越大。对于不同的液体喷淋密度,其各线所在位置虽不相同但其走向是一致的,线上各有两个转折点,即图中 A_1、A_2、A_3 点称为"载点",B_1、B_2、B_3 点称为"泛点"。这两个转折点将曲线分成三个区域。

图6-36 填料塔压降与空塔气速的关系

① 恒持液量区。此区域位于"载点"以下,当液体喷淋量一定时,气速较小,压降与气速的关系线与干填料层时的压降与气速关系线几乎平行,斜率仍为 1.8～2。此时,气液两相几乎没有互相干扰,填料表面的持液量不随气速而变。

② 载液区。此区域位于 A_i 与 B_i 点之间。在喷淋量一定,当气速增加到某一数值 A_i 点时,上升气流与下降液体间的摩擦力开始阻碍液体顺畅下流,致使填料层中的持液量开始随气速的增大而增加,此种现象称为拦液现象。开始发生拦液现象时的空塔气速称为载点气速。此时,压降随气速变化关系线的斜率大于 2。试验表明,当操作处在载液区时,流体湍动加剧,传质效果提高。

③ 液泛区。此区域位于 B_i 点以上,当气速继续增大到这一点后,填料层内持液量增加至充满整个填料层的空隙,使液体由分散相变为连续相,气相则由连续相变为分散相,气体以鼓泡的形式通过液体,气体的压强降骤然增大,而液体很难下流,塔内液体迅速积累而达到泛滥,即发生了液泛。此时压降与气速近似成垂直关系,出现第二个转折点,该点称为泛点。泛点是填料塔操作的上限,泛点对应的气速为泛点气速。

(3) 泛点气速 在液泛情况下,含有气泡的液体几乎充满填料层空隙,使气体通过时的阻力剧增,流体出现脉动现象。顶端填料往往在液体的腾涌中翻上摔下被打碎,操作平衡基本遭破坏。作为填料塔,液泛时的气速也是最大的极限气速,并由其确定适宜的空塔气速。

任务七

吸收塔的操作与调节

吸收塔操作控制参数

一、吸收塔操作的主要控制因素

吸收操作往往是以吸收后的尾气浓度或出塔溶液中溶质的浓度作为控制指标。当以净化气体为操作目的时,吸收后的尾气浓度为主要控制对象;当以吸收液作为产品时,出塔溶液的浓度为主要控制对象。

在正常的化工生产中,吸收塔的结构形式、尺寸、吸收质的浓度范围、吸收剂的性质等都已确定,此时影响吸收操作的主要因素有以下几个方面。

1. 操作温度

吸收塔的操作温度对吸收速率有很大影响。温度越低,气体溶解度越大,吸收率越高;反之，温度越高，吸收率下降，容易造成尾气中溶质浓度升高。同时，由于有些吸收剂容易发泡，温度越高，造成气体出口处液体夹带量增加，增大了出口气液分离负荷。但温度太低时，除了消耗大量冷介质外，还会增大吸收剂的黏度，使流体在塔内流动状况变差，输送时能耗增加。因此应综合考虑各方面因素，选择一个最适宜的温度。

2. 操作压力

增加吸收系统的压力，即增大了吸收质的分压，提高了吸收推动力，有利于吸收。但过高地增大系统压力，又会使动力消耗增大，对设备强度的要求提高，使设备投资和经常性生产费用加大，因此一般能在常压下进行的吸收操作不必在高压下进行。但对一些在吸收后需要加压的系统，可以在较高压力下进行吸收，既有利于吸收，又有利于增加吸收塔的生产能力。如合成氨生产中的二氧化碳洗涤塔就是这种情况。

3. 喷淋密度

单位时间内单位塔截面积上所接收的液体喷淋量称为喷淋密度。吸收剂用量的大小直接影响吸收剂的喷淋密度，即影响了气体吸收效果的好坏。在填料塔中，若喷淋密度过小，有可能导致填料表面不能被完全湿润，从而使传质面积下降，甚至达不到预期的分离目标；若喷淋密度过大，则流体阻力增加，甚至还会引起液泛。因此，适宜的喷淋密度应该能保证填料的充分润湿和良好的气液接触状态。

4. 气流速度

气体吸收是一个气、液两相间的扩散传质过程，气流速度的大小直接影响这个传质过程。气流速度小，气体湍动不充分，吸收传质系数小，不利于吸收；反之，气流速度大，有利于吸收，同时也提高了吸收塔的生产能力。但是气流速度过大时，又会造成雾沫夹带甚至液泛，使气液接触效率下降，不利于吸收。因此对每一个塔都应选择一个适宜的气流速度。

5. 吸收剂的纯度

降低入塔吸收剂中溶质的浓度，可以增加吸收的推动力。因此，对于溶剂再循环的吸收操作来说，吸收液在解吸塔中的解吸应越完全越好。

6. 液位

液位是吸收系统重要的控制因素，无论是吸收塔还是解吸塔，都必须保持液位稳定。液位过低，会造成气体窜到后面低压设备引起超压，或发生溶液泵抽空现象；液位过高，则会造成出口气体带液，影响后工序安全运行。

总之，在操作过程中根据原料组分的变化和生产负荷的波动，及时进行工艺调整，发现问题及时解决，是吸收操作不可缺少的工作。

二、强化吸收过程的措施

在工业过程中，强化吸收过程，提高吸收速率主要从提高吸收过程的推动力、降低吸收过程的阻力两方面考虑。具体措施包括以下几个方面。

1. 采用逆流吸收操作

在气、液两相进口组成相等及操作条件相同的情况下，逆流操作可获得较高的吸收液浓度及较大的吸收推动力。

2. 提高吸收剂的流量

一般混合气入口的气体流量、气体入塔浓度一定，如果提高吸收剂的用量，则吸收的操作线上扬，吸收推动力提高，气体出口浓度下降，因而提高了吸收速率。但吸收剂流量过大会造成操作费用提高，因此吸收剂用量应适当。

3. 降低吸收剂入口温度

当吸收过程其他条件不变时，吸收剂温度降低，相平衡常数将增加，吸收的操作线远离平衡线，吸收推动力增加，从而使吸收速率加快。

4. 降低吸收剂入口溶质的浓度

当吸收剂入口浓度降低时，液相入口处吸收的推动力增加，从而使全塔的吸收推动力增加。

5. 选择适宜的气体流速

经常检查出口气体的雾沫夹带情况，气速太小（低于载点气速），对传质不利。若太大，达到液泛气速，液体被气体大量带出，操作不稳定，同时大量的雾沫夹带造成吸收塔的分离效率降低及吸收剂的损失。

6. 选择吸收速率较高的塔设备

根据处理物料的性质来选择吸收速率较高的塔设备，如果选用填料塔，在装填填料时应尽可能使填料分布比较均匀，否则液体通过时会出现沟流和壁流现象，使有效传质面积减少，塔的分离效率降低。填料塔使用一段时间后，应对填料进行清洗，以避免填料被液体黏结和堵塞。

7. 控制塔内的操作温度

低温有利于吸收，温度过高时必须移走热量或进行冷却，以维持吸收塔在低温下操作。

8. 提高流体流动的湍动程度

流体的湍动程度越剧烈，气膜和液膜厚度越薄，传质阻力越小。通常分为两种情况：一是若气相传质阻力大，提高气相的湍动程度，如加大气体的流速，可有效地降低吸收阻力；二是若液相传质阻力大，提高液相的湍动程度，如加大液体的流速，可有效地降低吸收阻力。只有掌握了吸收过程的控制步骤，降低控制步骤的传质阻力，才能有效地降低总阻力。

三、吸收塔的调节

在 $X-Y$ 图上，操作线与平衡线的相对位置决定了过程推动力的大小，直接影响过程进行的好坏。因此，影响操作线、平衡线位置的因素均为影响吸收过程的因素。然而，在实际工业生产中，吸收塔的气体入口条件往往是由前一工序决定的，不能随意改变。因此，吸收塔在操作时的调节手段只能是改变吸收剂的入口条件。吸收剂的入口条件包括流量、温度、组成这三大要素。

> **特别提示**：适当增大吸收剂用量，有利于改善两相的接触状况，并提高塔内的平均吸收推动力。降低吸收剂温度，气体溶解度增大，平衡常数减小，平衡线下移，平均推动力增大。降低吸收剂入口的溶质浓度，液相入口处推动力增大，全塔平均推动力亦随之增大。

四、吸收操作常见故障与处理

1. 拦液和液泛

对于一定的吸收系统，在设计时已经充分考虑了避免液泛的主要因素，因此按正常条件进行操作一般不会发生液泛，但当操作负荷（特别是气体负荷）大幅度波动或溶液起泡后，气体夹带雾沫过多，就会形成拦液乃至液泛。操作中判断液泛的方法通常是观察塔体的液位。如果操作

吸收塔调节参数

填料塔液泛

中溶液循环量正常而塔体液位下降,或者气体流量未变而塔的压差增加,都可能是液泛发生的前兆。防止拦液和液泛发生的措施是严格控制工艺参数,保持系统操作平稳,尽量减轻负荷波动,使工艺变化在装置许可的范围内,及时发现、正确判断、及时解决生产中出现的问题。

2. 溶液起泡

吸收溶液随着运转时间的增加,由于一些表面活性剂的作用,会生成一种稳定的泡沫,这种泡沫不像非稳定性泡沫那样能够迅速地生成又迅速地消失,为气、液两相提供较大的接触面积,提高传质速率。由于稳定性泡沫不易破碎而逐步积累,当积累到一定量时就会影响吸收和再生效果,严重时气体的带液量增大,甚至发生"液泛",使系统不能正常运行。对于溶液起泡常采取以下方式进行处理。

(1) 高效过滤　使用高效的机械过滤器,辅以活性炭过滤器,可以有效地除去溶液中的泡沫、油污及细小的固体杂质微粒。

(2) 向溶液中加入消泡剂　良好的消泡剂可以减少泡沫的形成,通常选择消泡能力强、难溶于吸收溶液、化学稳定性和热稳定性好、无明显积累性副作用的消泡剂。消泡剂的使用量要适度,过量的消泡剂会在溶液中积累、变质、沉淀,使溶液黏度增加,表面张力加大,反而成为发泡剂,产生稳定性的泡沫,造成恶性循环。使用消泡剂的基本原则是因地制宜,择优使用,少用慎用,用除结合。

(3) 加强化学药品的管理　加强药品采购、运输、储存等环节的管理,保证化学药品质量,严格控制杂质含量,新配制的溶液要将其静置几天,待"熟化"后再进入系统。

3. 塔阻力升高

吸收塔的阻力在正常的操作条件下是基本稳定的,通常在一个很小的范围内波动,当溶液起泡或填料层被破碎、腐蚀的填料或其他机械杂质、脏物堵塞等,会影响溶液流通,引起塔阻力升高,对吸收塔的操作非常不利,日常操作中应尽量避免。针对引起塔阻力升高的不同原因,采用相应的处理方式。

五、吸收操作常见设备的故障与处理

1. 塔体腐蚀

塔体腐蚀主要是吸收塔或解吸塔内壁的表面因腐蚀出现凹痕,主要产生原因如下:
① 塔体的制造材质选择不当;
② 原始开车时钝化效果不理想;
③ 溶液中缓蚀剂浓度与吸收剂浓度不对应;
④ 溶液偏流,塔壁四周气液分布不均匀。

一般在腐蚀发生的初始阶段,塔壁先是变得粗糙,钝化膜附着力变弱,当受到冲刷、撞击时出现局部脱落,使腐蚀范围扩大,腐蚀速率加快。对于已发生腐蚀的塔壁要立即进行修复,即对所有被腐蚀处先补焊、堆焊后再衬以耐腐蚀钢带(如不锈钢板)。在日常操作过程中应严格控制工艺指标,确保良好的钝化质量,要适当增加对吸收溶液的分析次数,及时、准确、有效地监控溶液组分的变化,并及时清除溶液中的污物,保持溶液的洁净,减少系统污染。

2. 液体分布器和液体再分布器损坏

液体分布器和液体再分布器损坏在吸收系统中比较常见,其主要原因如下:
① 由于设计不合理,受到液体高流速冲刷造成腐蚀;
② 选择材料不当所致;

③ 填料的摩擦作用使分布器、再分布器上的保护层被破坏产生的腐蚀；

④ 经过多次开、停车，钝化控制不好。

当发现液体分布器、再分布器损坏后，应及时找出原因，并立即进行修复。同时采取相应的措施，防止事故重复发生。

3. 填料损坏

对于填料塔，由于所选用填料的材质不同，损坏的原因也各不相同。

(1) 瓷质填料　由于瓷质填料耐压性能较差，受压后产生破碎，也可能由于发生腐蚀而使填料损坏，瓷质填料损坏后，设备、管道严重堵塞，系统无法继续运转。

(2) 塑料填料　塑料填料损坏的主要表现为变形，由于其耐热性不好，在高温下容易变形，变形后填料层高度下降，空隙率下降，阻力明显增加，使传质、传热效果变差，易引起拦液泛塔事故。

(3) 普通碳钢填料　具有较好的耐热、耐压特性，其损坏的方式主要是被溶液腐蚀，被腐蚀后的填料性能变差，影响吸收或再生效果，降低溶液的吸收性能，同时由于溶液中铁离子大幅度升高，与溶液中的缓蚀剂形成沉淀，缓蚀剂的浓度快速降低，失去缓蚀作用，使其他设备的腐蚀加快。

(4) 不锈钢填料　一般不太容易损坏，在条件允许的情况下最好采用不锈钢填料。

4. 溶液循环泵的腐蚀

吸收系统溶液循环离心泵被腐蚀的主要原因是发生"汽蚀"现象。"汽蚀"现象的发生使离心泵的叶轮出现蜂窝状的蚀坑，严重时变薄甚至穿孔，密封面和泵壳也会发生腐蚀。当溶液泵入口压力、温度和流量达到汽蚀的临界条件后即发生"汽蚀"，因此严格控制溶液的温度、压力和流量，避免"汽蚀"现象的发生，是防止溶液循环泵被腐蚀的关键。

5. 塔体振动

吸收塔体振动的主要原因可能是系统气液相负荷产生了突然波动，塔体受到溶液流量突变的剧烈冲击所致。这种现象通常发生在再生塔，吸收塔比较少见，因为再生塔顶部溶液的流通量一般比较大，如果溶液进口分布不合理，就会出现塔体及管线振动。采取以下措施可以减轻或消除塔体振动的问题。

① 设置限流孔板，控制塔体两侧溶液流量，尽量保持两侧分配均匀。

② 在溶液总管上设减振装置，如减振弹簧等，减轻管线的振动幅度，防止塔体和管线发生共振。

③ 调整溶液入口角度，减小旋转力对塔体的影响。

④ 控制系统波动范围，尽量保持操作平稳。

复习思考题

一、单选题

1. 吸收操作的依据是（　　）。
   A. 挥发度差异　　　　　　　　B. 溶解度差异　　　　　　　　C. 温度差异

2. 吸收剂应选择（　　）。
   A. 选择性高的　　　　　　　　B. 选择性差的　　　　　　　　C. 高黏度的

3. 已知 SO_2 水溶液在两种温度 t_1、t_2 下的亨利系数分别为 $E_1=0.0035$ atm、$E_2=0.011$ atm，则（　　）。
   A. $t_1 < t_2$　　　　　　　　B. $t_1 > t_2$　　　　　　　　C. $t_2 = t_1$

4. 气体物质的溶解度一般随温度升高而（　　）。
   A. 增加　　　　　　　　　　　B. 减小　　　　　　　　　　　C. 不变

5. 相平衡常数的值越大，表明气体的溶解度（　　）。
   A. 越大　　　　　　　　B. 越小　　　　　　　　C. 适中

6. 吸收塔的操作线是直线，主要基于的原因是（　　）。
   A. 物理吸收　　　　　　B. 化学吸收　　　　　　C. 低浓度物理吸收

7. 吸收操作分离的是（　　）。
   A. 均相气体混合物　　　B. 均相液体混合物　　　C. 非均相液体混合物

8. 亨利定律适用于（　　）。
   A. 溶解度大的溶液　　　B. 理想溶液　　　　　　C. 稀溶液

9. 为了防止出现沟流和壁流现象，通常在填料吸收塔内装设（　　）。
   A. 除沫器　　　　　　　B. 液体再分布器　　　　C. 液体分布器

10. 混合气体中被液相吸收的组分称为（　　）。
    A. 吸收剂　　　　　　　B. 吸收质　　　　　　　C. 吸收液

11. 亨利定律亨利系数 E 越大，气体被吸收的程度越（　　）。
    A. 难　　　　　　　　　B. 易　　　　　　　　　C. 无关

12. 单位体积填料所具有的表面积，为填料的（　　）。
    A. 比表面积　　　　　　B. 孔隙率　　　　　　　C. 有效比表面积

13. 操作中的吸收塔，当用清水作吸收剂时，其他操作条件不变，仅降低入塔气体浓度，则吸收率将（　　）。
    A. 增大　　　　　　　　B. 不变　　　　　　　　C. 降低

14. 低浓度逆流吸收操作中，若其他操作条件不变，仅增加入塔气量，则气相总传质单元高度 H_{OG} 将（　　）；气相总传质单元数 N_{OG}（　　）；出塔气相组成 Y_2（　　）；出塔液相组成 X_1（　　）；溶质回收率（　　）。
    A. 增大　　　　　　　　B. 不变　　　　　　　　C. 降低

15. 低浓度逆流吸收操作中，若其他操作条件不变，仅降低入塔液体组成 X_2，则气相总传质单元高度 H_{OG} 将（　　）；气相总传质单元数 N_{OG} 将（　　）；气相出塔组成 Y_2 将（　　）；液相出塔组成 X_1 将（　　）。
    A. 增加　　　　　　　　B. 减小　　　　　　　　C. 不变

16. 低浓度逆流吸收操作中，若其他入塔条件不变，仅增加入塔气体浓度 Y_1，则出塔气体浓度 Y_2 将（　　）；出塔液体浓度 X_1（　　）。
    A. 增加　　　　　　　　B. 减小　　　　　　　　C. 不变

17. 低浓度难溶气体的逆流吸收过程，若其他操作条件不变，仅入塔气量有所下降，则液相总传质单元数 N_{OL} 将（　　）；液相总传质单元高度 H_{OL} 将（　　）；气相总传质单元数 N_{OG} 将（　　）；气相总传质单元高度 H_{OG} 将（　　）；操作线斜率将（　　）。
    A. 增加　　　　　　　　B. 减小　　　　　　　　C. 基本不变

18. 在常压塔中用水吸收二氧化碳，k_y 和 k_x 分别为气相和液相传质分系数，K_y 为气相总传质系数，m 为相平衡常数，则此过程（　　）。
    A. 为气膜控制且 $K_y \approx k_y$　　B. 为液膜控制且 $K_y \approx k_x$　　C. 为液膜控制且 $K_y \approx \dfrac{k_x}{m}$

19. 下述说法中正确的是（　　）。
    A. 用水吸收氨属难溶气体的吸收，为液膜阻力控制
    B. 常压下用水吸收二氧化碳属难溶气体的吸收，为气膜阻力控制
    C. 用水吸收氧气属难溶气体的吸收，为液膜阻力控制

20. 下述说法中错误的是（　　）。
    A. 板式塔内气液逐级接触，填料塔内气液连续接触
    B. 吸收用填料塔，精馏用板式塔
    C. 吸收既可以用板式塔，也可以用填料塔

二、多选题

1. 吸收操作是分离均相气体混合物的一种方法，其分离设备吸收塔可以是（　　）。
   A. 板式塔　　　B. 填料塔　　　C. 泡罩塔　　　D. 筛板塔　　　E. 浮阀塔

效，常采用机械去湿法与热能去湿法相组合的联合操作。即先采用机械法去除物料中的大部分水分，然后再用热能去湿法达标。

二、干燥操作的分类

干燥是利用热能将固 - 液两相物系中的液相汽化后排出，即热能去湿法，称为干燥。例如，将湿物料烘干，牛奶制成奶粉等。干燥过程的种类很多，但可按一定的方式进行分类。

1. 按操作压力分类

按操作压力的不同，干燥可分为常压干燥和真空干燥两种。真空干燥具有操作温度低、干燥速度快、热效率高等优点，适用于热敏性、易氧化以及要求最终含水量极低的物料的干燥。

2. 按操作方式分类

按操作方式的不同，干燥可分为连续式和间歇式两种。连续式具有生产能力大、热效率高、产品质量均匀、劳动条件好等优点，缺点是适应性较差。间歇式具有投资少、操作控制方便、适应性强等优点，缺点是生产能力小、干燥时间长、产品质量不均匀、劳动条件差等。

3. 按传热方式分类

按热能传给湿物料的方式不同，干燥可分为传导干燥、对流干燥、辐射干燥、介电干燥和冷冻干燥。

（1）传导干燥 热量通过金属壁面以热传导方式传递给湿物料，湿物料中的湿分吸收热量后汽化，产生的蒸汽被抽走。该法的热效率较高，可达70%～89%，但物料与金属壁面接触处常因过热而焦化，造成变质。

（2）对流干燥 载热体（热空气、烟道气等）将热量以对流传热方式传递给与其直接接触的湿物料，物料中的湿分吸收热量后汽化为蒸汽并扩散至载热体中被带走。在对流干燥过程中，热空气既起着载热体的作用，又起着载湿体的作用。但干燥后干燥介质带走大量的热量，故热效率较低，一般仅为30%～50%。

（3）辐射干燥 当辐射器发射的电磁波传播至湿物料表面时，有部分被反射和透过，部分被湿物料吸收并转化为热能而使湿分汽化，产生的蒸汽被抽走。

辐射器发射的电磁波通常为红外线。在辐射干燥过程中，电磁波将能量直接传递给湿物料，因而不需要干燥介质，从而可避免空气带走大量的热量，故热效率较高。此外，辐射干燥还具有干燥速度快、产品均匀洁净、设备紧凑、使用灵活等特点，常用于表面积较大而厚度较薄的物料的干燥。

（4）介电干燥 介电干燥又称为高频干燥。将被干燥物料置于高频电场内，在高频电场的交变作用下，物料内部的极性分子运动振幅将增大，其振动能量使物料发热，从而使湿分汽化而达到干燥的目的。

通常将电场频率低于300 MHz的介电加热称为高频加热，300 MHz～300 GHz的介电加热称为超高频加热，又称为微波加热。由于设备投资大，能耗高，故大规模工业化生产应用较少。目前，介电加热常用于科研和日常生活中，如家用微波炉等。

（5）冷冻干燥 冷冻干燥也称升华干燥，是将湿物料冷冻至冰点以下，然后将其置于高真空中加热，使其中的水分由固态冰直接升华为气态，再经冷凝而除去，从而达到干燥的目的。

冷冻干燥可以保持物料原有的物理和化学性质，同时热消耗较小，干燥设备不需要保暖及采用良导热材料制造，此法多用于医药、蔬菜、食品等方面的干燥。

在上述干燥方法中，以对流干燥的应用最为广泛。对流干燥是用热的气体（未达到该温度下某种液体的饱和蒸气压）流过被干燥物料的表面，使物料中的液体吸收热量而汽化成蒸汽被干燥介质——气流带走,从而使湿物料转变成干物料。

在实际生产中,最常用的干燥介质是空气。只要被干燥的湿物料不与空气中的 O_2 和 N_2 起化学反应,用热空气干燥后的物料能满足产品质量要求,通常选用热空气作为干燥介质。下面以空气为干燥介质来讨论对流干燥过程。

三、对流干燥过程分析

本项目主要讨论以空气为干燥介质、湿分为水的对流干燥过程。

1. 对流干燥流程

如图 8-2 所示,空气经风机送入预热器,加热到一定温度后送入干燥器与湿物料直接接触,进行传质、传热,最后废气自干燥器另一端被抽出。

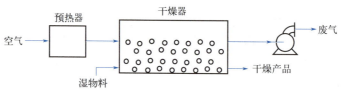

图 8-2 对流干燥流程

干燥若为连续过程,物料被连续地加入与排出,物料与气流接触可以是并流、逆流或其他方式。干燥若为间歇过程,湿物料则被成批放入干燥器内,达到一定的要求后再取出。

2. 传热、传质过程

在对流干燥过程中,经预热的高温热空气与低温湿物料接触时,热空气传热给固体物料,当气流的水汽分压低于固体表面水的分压时,水分汽化并进入气相,湿物料内部的水分以液态或水汽的形式扩散至表面,再汽化进入气相,被空气带走。所以,干燥是传热、传质同时进行的过程,但传递方向相反,如图 8-3 所示。

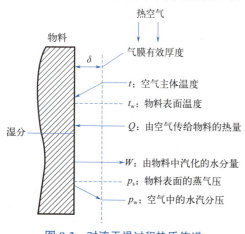

图 8-3 对流干燥过程热质传递

3. 干燥过程进行的必要条件

① 湿物料表面水汽压力大于干燥介质水汽分压,压差越大,干燥过程进行得越迅速。

② 干燥介质将汽化的水汽及时带走,以保持一定的汽化水分的推动力。

干燥过程所需空气用量、热量消耗及干燥时间的确定均与湿空气的性质有关,为此,需了解湿空气的物理性质及相互关系。

任务二

湿空气的性质及湿焓图的应用

一、湿空气的性质

湿空气的状态参数除总压 p、温度 t 之外,与干燥过程有关的主要是水分在空气中的含量。

根据不同的测量原理，同时考虑计算的方便，水蒸气在空气中的含量有不同的定义和不同的表示方法。

1. 湿度 H

湿度是一定量的湿空气中，水蒸气的质量与干空气的质量之比，即

$$H = \frac{M_w n_w}{M_g n_g} = \frac{18 p_w}{29(p - p_w)} = 0.622 \frac{p_w}{p - p_w} \tag{8-1}$$

式中　H——空气湿度，kg（水汽）/kg（绝干空气）；
　　　M_w——水蒸气的摩尔质量，kg/kmol；
　　　M_g——绝干空气的摩尔质量，kg/kmol；
　　　n_w——水蒸气的物质的量，kmol；
　　　n_g——绝干空气的物质的量，kmol；
　　　p_w——水蒸气的分压，kPa；
　　　p——湿空气总压，kPa。

> 湿空气的组成

拓展阅读

白露节气与湿空气的性质的关系

白露是二十四节气中的第十五个节气。由于天气已凉，空气中的水汽每到夜晚常在树木花草上凝结成白色的露珠。谚语说："过了白露节，夜寒日里热。"意即白露时白天夜里的温差很大。从白露这一天起，露水一天比一天凝重，空气中的湿度也逐渐降低，白露到，秋意渐浓、凉爽袭来，人的精神也随之舒缓与柔展。

说到白露，自然会想起那首广为流传的《诗经·蒹葭》。"蒹葭苍苍，白露为霜。所谓伊人，在水一方。"《蒹葭》是《诗经》里广为流传的诗，因为它的意境实在是太美，音节也美。秋天、河流、芦苇、露珠、姑娘，结合在一起，是一幅略带忧伤的诗意画面。白露是丰收的季节，能否有如愿以偿的回馈，其实需要提早打基础。在工作与生活中，面对风险与挑战，攻坚克难也要遵循自然客观规律，创造美好同样要顺应自然的变化，但心中不变的是奋斗精神。

2. 相对湿度 φ

相对湿度是在压力一定的情况下，空气中水蒸气的分压 p_w 与该温度下水的饱和蒸气压 p_s 比值的百分数，其数学表达式为

$$\varphi = \frac{p_w}{p_s} \times 100\% \tag{8-2}$$

> 湿空气的性质有哪些？

式中　p_s——湿空气温度下水的饱和蒸气压，kPa。

由式（8-1）和式（8-2）可得到 H 与 φ 的关系为

$$H = 0.622 \frac{\varphi p_s}{p - \varphi p_s} \tag{8-3}$$

则

$$\varphi = \frac{pH}{(0.622 + H) p_s} \tag{8-3a}$$

拓展阅读

酷暑的季节在水里比在岸上凉快，为什么？

我们可以通过实验来验证此结论。取两个同样大的烧杯，分别装入同质量同温度（25 ℃）

的水和沙子，分别放在酒精灯上加热，5分钟后分别测定，沙子的温度升高到72 ℃，水的温度升高到35 ℃。结论是吸收同样的热量，沙子的温度升高得快，而水的温度升高得慢，若升高相同的温度，水吸收的热量会更多，是因为水的比热容较大，吸热能力强，故温度变化不大，所以酷暑的季节在水里比在岸上凉快。

3. 湿空气的比体积 v_H

1 kg 绝干空气和其所含的 H kg 水汽所具有的总体积，用 v_H 表示，单位为 m³(湿空气)/kg(干空气)。常压下，温度为 t、湿度为 H 的湿空气的比体积为 v_g 与 v_w 之和，即

1 kg 绝干空气的分体积为

$$v_g = \frac{1}{29} \times 22.4 \times \frac{t+273}{273}$$

H kg 水蒸气的分体积为

$$v_w = \frac{H}{18} \times 22.4 \times \frac{t+273}{273}$$

二者总体积为

$$v_H = \left(\frac{1}{29} + \frac{H}{18}\right) \times 22.4 \times \frac{t+273}{273} \tag{8-4}$$

式中　v_H——湿空气的比体积，m³/kg；
　　　t——湿空气的温度，℃。

若以 1 kg 绝干空气为基准，则湿空气所具有的体积为 v_H，质量为（1+H）kg，故湿空气的密度为

$$\rho_H = \frac{1+H}{v_H} \tag{8-5}$$

式中　ρ_H——湿空气的密度，kg/m³。

4. 湿空气比热容 c_H

常压下，将 1 kg 绝干空气及其所带有的 H kg 水汽每升高 1 ℃时所需的热量，称为湿空气的比热容，以 C_H 表示，单位为 kJ/(kg·℃)，即

$$C_H = 1 \times C_g \times 1 + H \times C_w \times 1 \approx 1.01 + 1.88H \tag{8-6}$$

式中　C_H——湿空气的比热容，kJ/(kg 绝干空气·℃)；
　　　C_g——绝干空气的比热容，可取 1.01 kJ/(kg·℃)；
　　　C_w——水汽的比热容，可取 1.88 kJ/(kg·℃)。

由式（8-6）可知，湿空气比热容仅随湿度 H 变化。

> **拓展阅读**
>
> #### 为什么冬天晴天虽然气温很低，但衣服容易被晒干，而夏季闷热潮湿的天气则不易干？
>
> 衣服晒干得快慢与空气的相对湿度有关，相对湿度才是决定空气的吸湿能力指标。冬日晴天，虽然温度低，但空气的相对湿度小，吸湿能力大，所以衣服容易被晒干；同理，夏季虽然气温高，有益于蒸发，但是空气的相对湿度大，空气吸湿能力弱，所以衣服不易晒干。南方的夏季，多雨潮湿闷热，空气湿度高，衣服不易干，相反，北方的夏季，雨水少，气温高，湿度小，晒衣服干得快。

5. 湿空气的焓 I

含有 1 kg 绝干空气的湿空气所具有的焓，称为湿空气的焓，以 I 表示，单位为 kJ/kg（绝干

空气），即

$$I = I_g + HI_w \tag{8-7}$$

式中　I——湿空气的焓，kJ/kg 绝干空气；
　　　I_g——绝干空气的焓，kJ/kg 绝干空气；
　　　I_w——水汽的焓，kJ/kg 绝干空气。

在干燥计算中，常规定绝干空气及液态水以 0 ℃时的焓值为基准，则温度为 t 的绝干空气的焓为

$$I_g = C_g t = 1.01 t \tag{8-8}$$

$$I_w = r_0 + C_w t = 2\,491 + 1.88 t \tag{8-9}$$

式中　r_0——0 ℃时水的汽化潜热，其值为 2 491 kJ/kg。

将式（8-8）和式（8-9）代入式（8-7）得

$$I = (1.01 + 1.88 H) t + 2\,491 H \tag{8-10}$$

可见，湿空气所具有的焓可分为两部分：一部分是湿空气所具有的显热；另一部分是湿空气所具有的潜热。在干燥过程中，只能利用湿空气所具有的显热，而潜热是不能利用的。

6. 干球温度 t 和湿球温度 t_w

干球温度是大气环境的真实温度，即普通温度计的读数。

在普通温度计的感温部位包上纱布，纱布下端浸入水中，使之始终保持湿润，即成为湿球温度计，如图 8-4 所示。湿球温度计在空气中达到稳定时的温度称为湿球温度，以 t_w 表示，单位为 ℃ 或 K。

特别提示： 湿球温度并非湿空气的真实温度，而是当湿纱布中的水与湿空气达到动态平衡时纱布中水的温度。湿球温度取决于湿空气的干球温度和湿度，是湿空气性质和重要参数之一。对于饱和空气，湿球温度与干球温度相等；对不饱和空气，湿球温度小于干球温度。

7. 绝热饱和温度 t_{as}

在绝热条件下，使湿空气增湿冷却并达到饱和时的温度，以 t_{as} 表示，单位为 ℃ 或 K。

绝热饱和温度可在图 8-5 所示的绝热饱和冷却塔中测得。将一定量的湿空气与大量的温度为 t_{as} 的循环水充分接触。由于循环水量大，而空气的流量是一定的（与湿球温度测量时的情况正好相反），因此水温可视为恒定。冷却塔与外界绝热，故热量传递只在气、液两相间进行。由于水温恒定，因此水分汽化所需的潜热只能来自于空气。这样，空气的温度将逐渐下降，同时放出显热。但水汽化后又将这部分热量以潜热（忽略水汽的显热变化）的形式带回到空气中，所以空气的温度不断下降，但焓却维持不变，即空气的绝热降压增湿过程为等焓过程。

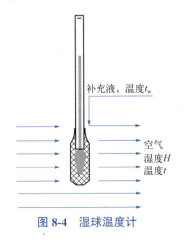

图 8-4　湿球温度计

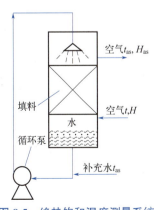

图 8-5　绝热饱和温度测量系统

若两相有足够长的接触时间，最终空气将被水汽所饱和，温度降至循环水温 t_{as}，该过程称为湿空气的绝热饱和冷却过程或等焓过程，达到稳定状态时的温度称为初始湿空气的绝热饱和温度，以 t_{as} 表示；与之相对应的湿度称为绝热饱和湿度，以 H_{as} 表示。

> **特别提示：** 绝热饱和温度取决于湿空气的干球温度和湿度，也是湿空气的性质或状态参数之一。研究表明，对于空气-水汽体系，温度为 t、湿度为 H 的湿空气，其绝热饱和温度与湿球温度近似相等。在工程计算中，常取 $t_w \approx t_{as}$。

8. 露点

在一定的总压下，将不饱和湿空气（$\varphi < 100\%$）等湿冷却至饱和状态（$\varphi = 100\%$）时的温度，称为该湿空气的露点温度，以 t_d 表示，单位为 ℃ 或 K。

将不饱和湿空气等湿冷却至饱和状态时，空气的湿度变为饱和湿度，但数值仍等于原湿空气的湿度；而水汽分压变为露点温度下的饱和蒸汽压，数值仍等于原湿空气中水汽分压。由式（8-3）得

$$p_{std} = \frac{pH}{(0.622+H)\varphi} = \frac{pH}{0.622+H} \tag{8-11}$$

式中 p_{std}——露点温度下水的饱和蒸汽压，Pa。

将湿空气的总压和湿度代入式（8-11）可求出 p_{std}，再从饱和水蒸气表中查出与 p_{std} 相对应的温度，即为该湿空气的露点温度 t_d。将露点温度 t_d 与干球温度 t 进行比较，可确定湿空气所处的状态。

若 $t > t_d$，则湿空气处于不饱和状态，可作为干燥介质使用；若 $t = t_d$，则湿空气处于饱和状态，不能作为干燥介质使用；若 $t < t_d$，则湿空气处于过饱和状态，与湿物料接触时会析出露水。

空气在进入干燥器之前先进行预热可使过程在远离露点下操作，以免湿空气在干燥过程中析出露水，这是湿空气需预热的又一主要原因。

> **特别提示：** 对于湿空气，干球温度 t，湿球温度 t_w，绝热饱和温度 t_{as} 及露点温度 t_d 之间的关系为
> 不饱和空气 $t > t_w = t_{as} > t_d$
> 饱和空气 $t = t_w = t_{as} = t_d$

拓展阅读

大雾天气是发生在夏天还是秋冬季？

雾是指在接近地球表面、大气中悬浮的由小水滴或冰晶组成的水汽凝结物，是一种常见的天气现象。当气温达到或接近露点温度时，空气里的水蒸气凝结生成雾。雾和云的不同在于，云生成于大气的高层，而雾接近地表。根据凝结的成因不同，雾有数种不同类型。当气温高于冰点时，水汽凝结成液滴。当气温低于冰点时，水汽直接凝结为固态的冰晶，比如冰雾。因为露点只受气温和湿度影响，所以雾的形成主要有两个原因：一是空气中的水汽大量增加，使得露点升高至气温，从而形成雾，比如蒸汽雾和锋面雾；二是气温下降至低于露点而生成雾，比如平流雾和辐射雾。

我国春、秋、冬三季都容易形成大雾天气，但各季节雾的特点和覆盖区域不同。春季雾的范围较小，集中在长江以南。秋冬季雾的范围较大，大雾可以覆盖从华北到华南的广泛区域。华北南部的雾主要出现在冬季，汉水流域的雾主要出现在秋季，陕西中南部雾主要出现在秋冬季，新疆北部的雾主要出现在冬季，四川盆地、重庆、云南南部及长江以南终年有雾，但秋冬季雾较多。

【例 8-1】常压（101.3 kPa）下，空气的干球温度为 50 ℃，湿度为 0.014 68 kg（水汽）/kg（绝干空气），试计算：①空气的相对湿度 φ；②空气的比体积 v_H；③空气的比热容 C_H；④空气的焓 I；

⑤ 空气的露点温度 t_d。

解 ① 空气的相对湿度 φ

由附录八查得 $p_s = 12.34$ kPa，由式（8-3a）得

$$\varphi = \frac{pH}{(0.622+H)p_s} = \frac{101.3 \times 0.01468}{(0.622+0.01468) \times 12.34} = 18.93\%$$

② 空气的比体积 v_H

由式（8-4）得

$$v_H = \left(\frac{1}{29} + \frac{H}{18}\right) \times 22.4 \times \frac{t+273}{273} = (0.772 + 1.244 \times 0.01468) \times \frac{50+273}{273}$$
$$= 0.935 \, (\text{m}^3/\text{kg 绝干空气})$$

③ 空气的比热容 C_H

由式（8-6）得

$$C_H = 1.01 + 1.88H = 1.01 + 1.88 \times 0.01468 = 1.038 \, [\text{kJ}/(\text{kg} \cdot \text{℃})]$$

④ 空气的焓 I

由式（8-10）得

$$I = (1.01 + 1.88H)t + 2491H = (1.01 + 1.88 \times 0.01468) \times 50 + 2491 \times 0.01468$$
$$= 88.45 \, [\text{kJ/kg 绝干空气}]$$

⑤ 空气的露点温度 t_d

由式（8-11）得

$$p_{std} = \frac{pH}{(0.622+H)\varphi} = \frac{pH}{0.622+H} = \frac{101.3 \times 0.01468}{0.622+0.01468} = 2.336 \, (\text{kPa})$$

由附录八查得空气的露点 $t_d = 19.6$ ℃。

【例 8-2】 常压下湿空气的温度为 70 ℃、相对湿度为 10%。试求该湿空气中水汽的分压 p_w、湿度 H、比体积 v_H、比热容 C_H 及焓 I。

解 查附录八得 70 ℃ 水的饱和蒸汽压为 $p_s = 31.16$ kPa，则湿空气中水汽的分压 p_w 为

$$p_w = 0.1 p_s = 0.1 \times 31.16 = 3.116 \, (\text{kPa})$$

$$H = 0.622 \frac{p_w}{p-p_w} = 0.622 \times \frac{3.116}{101.33-3.116} = 0.01973 \, (\text{kg 水汽/kg 绝干空气})$$

$$v_H = (0.772 + 1.244H) \times \frac{273+t}{273}$$
$$= (0.772 + 1.244 \times 0.01973) \times \frac{273+70}{273} = 1.001 \, (\text{m}^3/\text{kg 绝干空气})$$

$$C_H = 1.01 + 1.88H = 1.01 + 1.88 \times 0.01973 = 1.047 \, [\text{kJ}/(\text{kg 绝干空气} \cdot \text{℃})]$$

$$I = (1.01 + 1.88H)t + 2491H$$
$$= (1.01 + 1.88 \times 0.01973) \times 70 + 2491 \times 0.01973$$
$$= 122.4 \, (\text{kJ/kg 绝干空气})$$

二、湿焓图及其应用

1. 湿焓图

从上述讨论可知，湿空气各物性参数之间存在一定关系，如湿空气的焓与湿度之间存在一定关系，如果要从一个参数计算出另一个参数，通常用试差法计算，这种计算方式比较麻烦，如果

将其关系作成图，由已知参数查未知参数则变得非常容易。图8-6是工程上常用的空气湿焓图。

在总压 p 一定时，湿空气的各个参数（t、p_s、H、φ、I、t_w等）中，只有两个参数是独立的，即规定两个互相独立的参数，湿空气的状态即被唯一地确定。工程上为方便起见，将诸参数之间的关系在平面坐标上绘制成湿度图。目前，常用的湿度图有两种，即 H-T 图和 I-H 图，这里主要介绍 I-H 图。

I-H图中各线的含义

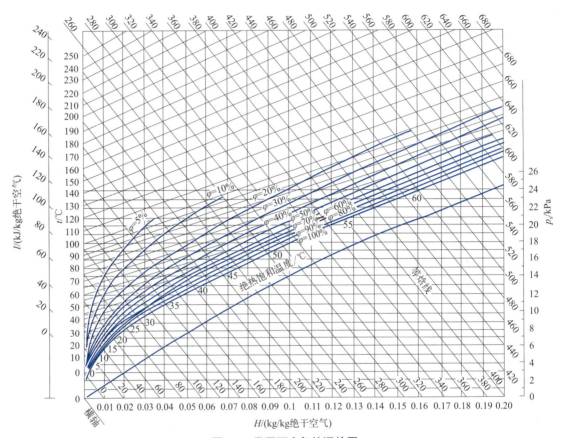

图 8-6 常压下空气的湿焓图

I-H 图是以总压 $p=100\ \text{kPa}$ 画出的，p 偏离较大时此图不适用。纵坐标为 I（kJ/kg 绝干空气），横坐标为 H（kg 水汽/kg 绝干空气），注意两坐标的交角为 $135°$ 而不是 $90°$，目的是使图中各种曲线群不至于拥挤在一起，从而提高读图的准确度。水平轴（辅助坐标）的作用是将横轴上的湿度值 H 投影到辅助坐标上便于读图，而真正的横坐标 H 在图中并没有完全画出。

I-H 图由等湿线群、等焓线群、等温线群、等相对湿度线群和湿空气中水蒸气分压 p_w 线组成。

【1】**等 H 线（等湿线）** 等 H 线为一系列平行于纵轴的直线。同一等 H 线上不同点的 H 值相同，但湿空气的状态不同（在一定 p 下必须有两个独立参数才能确定空气的状态）；根据露点 t_d 的定义，H 相同的湿空气具有相等的 t_d，因此在同一条等 H 线上湿空气的 t_d 是不变的，换句话说 H、t_d 不是彼此独立的参数。

【2】**等 I 线（等焓线）** 等 I 线为一系列平行于横轴（不是水平辅助轴）的直线。同一等 I 线上不同点的 I 值相同，但湿空气状态不同。前已述及湿空气的绝热增湿过程近似为等 I 过程，因此等 I 线也就是绝热增湿过程线。

【3】**等 t 线（等温线）** 将式（8-10）$I=(1.01+1.88H)t+2491H$ 改写为 $I=1.01t+(1.88t+2491)H$，当 t 一定时，I-H 为直线。各直线的斜率为 $(1.88t+2491)$，t 升高，斜率增大，因此各等 t 线不是平行的直线。

【4】**等 φ 线（等相对湿度线）** 由式（8-3）分析 p 一定时，当 φ 一定，$p_s=f(t)$，假设一个 t，求出 p_s，可算出一个相应的 H，将若干个（t，H）点连接起来，即为一条等 φ 线。

注意，$\varphi=100\%$ 的线称为饱和曲线，线上各点空气为水蒸气所饱和，此线上方为未饱和区（$\varphi<1$），在这个区域的空气可以作为干燥介质。此线下方为过饱和区域，空气中含雾状水滴，不能用于干燥物料。

（5）p_w 线（水蒸气分压线） 由式（8-2）和式（8-3）整理得

$$p_w = p_{std} = \frac{pH}{(0.622+H)\varphi} = \frac{pH}{0.622+H} \tag{8-12}$$

可见，当总压一定时，水蒸气分压 p_w 是湿度 H 的函数。当 $H \ll 0.622$ 时，p_w 与 H 可视为线性关系。在总压为 101.3 kPa 的条件下，根据式（8-12）在湿焓图上标绘出 p_w 与 H 之间的关系曲线，即为水蒸气分压线。为保持图面清晰，将水蒸气分压线标绘于饱和空气线 $\varphi=100\%$ 的下方，其水汽分压 p_w 可从右端的纵轴上读出。

2. 湿焓图的应用

根据已知湿空气的物性参数，不需计算，利用湿焓图可以方便地查到其他物性参数，方便快捷，查图方法如下。

根据空气中任意两个独立参数确定状态点，独立参数可以是湿度 H、焓 I、温度 t、相对湿度 φ 中任意两个参数。例如，若已知 H 和 t 两个参数，在湿焓图中确定湿空气状态点，如图 8-7 所示的 A 点。以 A 点为基准查空气其他物性参数。

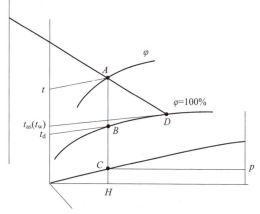

图 8-7 湿焓图的应用

① 求湿空气的焓 I。则以 A 点作平行于 H 轴的线（不是水平线），该平行线即为等 I 线，该等焓线所对应的焓值，即为湿空气的焓。

② 求空气的相对湿度 φ。过 A 点的等相对湿度线所对应的值，即为空气的相对湿度。

③ 求空气的露点温度 t_d。过 A 点的等湿度线与 $\varphi=100\%$ 的等相对湿度线交于 B 点，过 B 点等温线所对应的温度值，即为空气的露点温度。

④ 求绝热饱和温度 t_{as} 或湿球温度 t_w（$t_{as} \approx t_w$）。过 A 点的等焓线与 $\varphi=100\%$ 的等相对湿度线相交于 D 点，过 D 点等温线所对应的温度值，即为空气的绝热饱和温度 t_{as} 或湿球温度 t_w。

⑤ 求空气中水蒸气分压 p_s。过 A 点的等湿线与水蒸气分压线交于 C 点，C 点对应右侧纵坐标的值为空气中水蒸气的分压。

应予指出，只有根据湿空气的两个独立参数，才可在 $I-H$ 图上确定状态点。湿空气状态参数并非都是独立的，例如 t_d-H、p-H、t_w（或 t_{as}）-H 之间就不彼此独立，由于它们均落在同一条等 H 线或等 I 线上，因此不能用来确定空气的状态点。通常，能确定湿空气状态的两个独立参数为：t-φ、t-H、t-t_d、t-t_w（或 t_{as}）等，其状态点的确定方法如图 8-8 所示，并在图 8-8 所示的（a）、（b）、（c）上标出湿空气的其他性质，如图 8-9 所示。

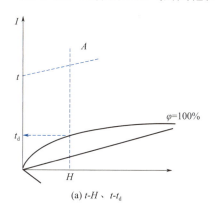
(a) t-H、t-t_d

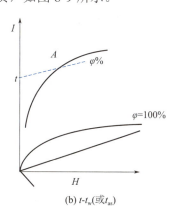
(b) t-t_w（或 t_{as}）

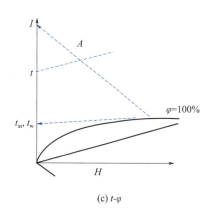
(c) t-φ

图 8-8 I-H 图空气状态点的确定

【例 8-3】已知湿空气的总压为 101.325 kPa，相对湿度为 50%，干球温度为 20 ℃。试用 I-H 图作以下计算。

① 求湿空气其他参数：水汽分压 p_s、湿度 H、焓 I、露点温度 t_d、湿球温度 t_w；
② 如果将上述含 500 kg/h 绝干空气的湿空气预热至 117 ℃，求所需的热量 Q。

解 ① 由已知条件

p = 101.325 kPa、φ = 50%、t = 20 ℃，在 I-H 图上定出湿空气状态点 A（如例 8-3 附图所示）。

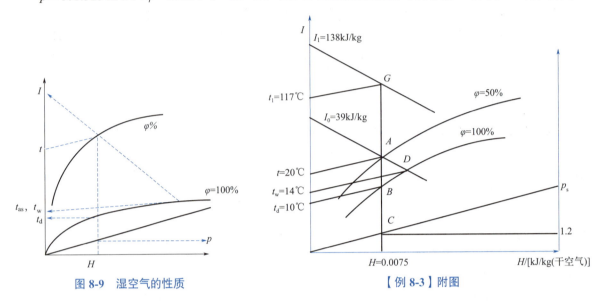

图 8-9 湿空气的性质 　　　　　　　　　【例 8-3】附图

a. 由 A 点沿等 H 线向下交水蒸气分压线于 C 点，对应图右端纵坐标上读得 p_s = 1.2 kPa。
b. 由 A 点沿等 H 线向下，与水平轴交点的读数为 H = 0.007 5 kJ/kg 干空气。
c. 沿 A 点作等 I 线，与纵轴交点的读数为 I = 39 kJ/kg 干空气。
d. 由 A 点沿等 H 线与 φ = 100% 饱和线相交于 B 点，由等 t 线读得 t_d = 10 ℃。
e. 由 A 点沿等 I 线与 φ = 100% 饱和线相交于 D 点，由等 t 线读得 $t_w = t_{as}$ = 14 ℃。

② 因湿空气通过预热器加热时其湿度不变，所以可由 A 点沿等 H 线向上与 t_1 = 117 ℃ 线相交于 G 点，读得 I_1 = 138 kJ/kg 干空气（湿空气离开预热器的焓值）。

含 1 kg 干空气的湿空气通过预热器吸收的热量为

$$Q' = I_1 - I_0 = 138 - 39 = 99（kJ/kg 干空气）$$

含 500 kg/h 干空气的湿空气通过预热器所需要的热量为

$$Q = 500Q' = 500 \times 99 = 49\,500（kJ/h）= 13.8（kW）$$

任务三

湿物料的性质分析

一、物料含水量的表示方法

1. 湿基含水量

在干燥操作中，水分在湿物料中的质量分数为湿基含水量，以 w 表示，即

$$w = \frac{水分质量}{湿物料总质量} \times 100\% \tag{8-13}$$

2. 干基含水量

干基含水量的定义为以 1 kg 绝干物料为基准时湿物料中水分的含量，以 X 表示，单位为 kg（水）/kg（绝干物料），其表达式为

$$X = \frac{湿物料中水分的质量}{湿物料中绝干物料的质量} \tag{8-14}$$

3. 两种含水量的关系

$$w = \frac{X}{1+X} \quad 或 \quad X = \frac{w}{1-w} \tag{8-15}$$

二、物料中水分的性质

固体物料中所含的水分与固体物料结合的形式不同，对干燥速率影响很大，有时需要改变干燥方式。在干燥中，一般将物料中的水分按其性质或干燥情况予以区分。

1. 水分与物料的结合方式

根据水分与物料的结合方式，水分可分为以下几种。

（1）附着水分 指湿物料表面机械附着的水分，它的存在方式与液体水相同。因此，在任何温度下，湿物料表面上附着水分的蒸汽压 p_M 等于同温度下纯水的饱和蒸汽压 p_s，即 $p_M = p_s$。

（2）毛细管水分 指湿物料内毛细管中所含的水分。由于物料的毛细管孔道大小不一，孔道在物料表面上开口的大小也各不相同。根据物理化学表面现象知识可知，直径较小的毛细管中的水分，由于凹表面曲率的影响，其平衡蒸汽压 p_e 低于同温度下纯水的饱和蒸汽压 p_s，即 $p_e < p_s$，而且水的蒸汽压将随着干燥过程的进行而下降，因为此时已逐渐减少的水分仍保留于更小的毛细管中，这类物料称为吸水性物料。

（3）溶胀水分 指物料细胞壁或纤维皮壁内的水分，是物料组成的一部分。其蒸汽压低于同温度下纯水的饱和蒸汽压，即 $p_e < p_s$。

（4）化学结合水分 如结晶水等，是靠化学结合力与物料结合在一起，因此其蒸汽压低于同温度下纯水的饱和蒸汽压，即 $p_e < p_s$。这种水分的去除不属于干燥的范围。

2. 物料中水分的划分

（1）平衡水分与自由水分

① 平衡水分。在一定的空气状态下（t、H 或 φ 一定），物料与空气接触时间足够长，使物料含水量不因接触时间的延长而改变，此时物料所含的水分称为该物料在固定空气状态下的平衡水分，简称平衡含水量（以 X^* 表示）。平衡含水量是湿物料在该固定空气状态下的干燥极限。不同的空气状态，平衡含水量不一样。

物料的平衡含水量与物料的种类及湿空气的性质有关，图 8-10 为某些物料在 25 ℃ 时的平衡含水量 X^* 与空气相对湿度 φ 的关系曲线（又称平衡曲线）。平衡含水量随物料种类的不同而有较大差异，非吸水性的物料如陶土、玻璃棉等，其平衡含水量接近于零；而吸水性物料如烟叶、皮革等，则平衡含水量较高。对于同一物料，平衡含水量又因所接触的空气状态不同而变化，温度一定时，空气的相对湿度越高，其平衡含水量越大；相对湿度一定时，温度越高，平衡含水量越小，但变化不大，由于缺乏不同温度下平衡含水量的数据，一般温度变化不大时，可忽略温度对平衡含水量的影响。

② 自由水分。如图 8-11 所示，物料中超过平衡水分的那部分水分为自由水分，即能被一定

状态的空气干燥去除的水分。

总水分 = 平衡水分 + 自由水分

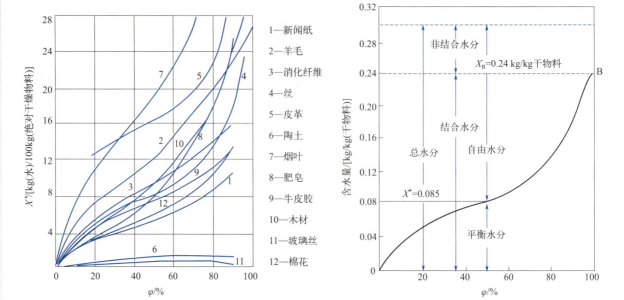

图 8-10　25 ℃下某些物料的平衡含水量 X^* 与空气相对湿度 φ 的关系

图 8-11　物料所含水分

（2）结合水分与非结合水分　如图8-11所示，根据物料中水分除去的难易程度可分为结合水分和非结合水分。

总水分 = 结合水分 + 非结合水分

① 结合水分。结合水分是存在于物料细胞壁内及细毛细管内的水分，这部分水分与水的结合力较强，所产生的蒸汽压低于同温度下水的饱和蒸汽压，因此，在干燥过程中不易被汽化除去。

② 非结合水分。非结合水分是指物料中吸附着的水分及存在于粗毛细管中的水分，这部分水分与水的结合力较弱，所产生的蒸汽压等于同温度下水的饱和蒸汽压，因此，在干燥过程中易被汽化除去。

任务四

干燥过程的计算

一、物料衡算

根据干燥过程的物料衡算可以计算从物料中除去水分的质量、湿空气的消耗量和干燥产品的量。

1. 水分蒸发量

单位时间内从湿物料中除去水分的质量称为水分蒸发量，以 W 表示，单位为 kg/h。在对流连续干燥过程中，图 8-12 所示的干燥系统，物料不会在干燥系统中累积，根据质量守恒定律，进入干燥系统物质的质量应等于流出该干燥系统物质的质量，即对干燥系统作物料衡算可以求出水分蒸发量。

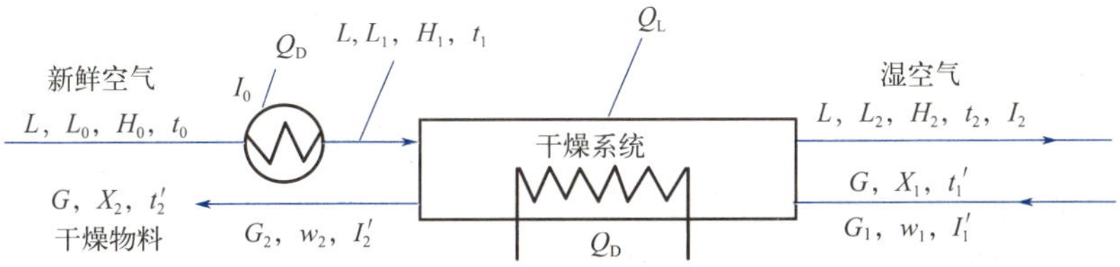

图 8-12 干燥系统的物料衡算和热量衡算图

以 1 h 为基准，对图 8-12 作全系统的水分衡算

$$LH_1 + GX_1 = LH_2 + GX_2 \tag{8-16}$$

或

$$W = L(H_2 - H_1) = G(X_1 - X_2) \tag{8-16a}$$

式中　L——绝干空气的质量流量，kg/h；
　　　G——绝干物料的质量流量，kg/h；
　　　H_1——干燥器进口湿空气的湿度，kg 水汽 /kg 干空气；
　　　H_2——干燥器出口湿空气的湿度，kg 水汽 /kg 干空气；
　　　X_1——干燥器进口湿物料的干基含水量，kg 水 /kg 绝干物料；
　　　X_2——干燥器出口干燥产品的干基含水量，kg 水 /kg 绝干物料；
　　　W——单位时间内从物料中蒸发的水分量，kg/h。

2. 空气消耗量

整理（8-16a）式，得

$$L = \frac{G(X_1 - X_2)}{H_2 - H_1} = \frac{W}{H_2 - H_1} \tag{8-16b}$$

等式两边除以 W，得

$$l = \frac{L}{W} = \frac{1}{H_2 - H_1} \tag{8-17}$$

式中　l——蒸发 1 kg 水分消耗的绝干空气的量，kg 绝干空气 /kg 水分。

由于湿空气中绝干空气的量是恒定值，作物料衡算采用绝干空气的量，计算简单，但实际进入干燥器的是湿空气，故换算成湿空气的消耗量为

$$L_0 = L(1 + H_1) \tag{8-18}$$

式中　L_0——干燥器进口湿空气的质量流量，kg/h。

3. 干燥产品的质量流量

参考图 8-12，进入和离开干燥系统的绝干物料的量是恒定的。

$$G = G_1(1 - w_1) = G_2(1 - w_2)$$

$$G_2 = \frac{G_1(1 - w_1)}{1 - w_2} \tag{8-19}$$

式中　G_1——干燥器进口湿物料的质量流量，kg/h；
　　　G_2——干燥器出口干燥产品的质量流量，kg/h；
　　　w_1——干燥器进口湿物料的湿基含水量，kg 水 /kg 湿物料；
　　　w_2——干燥器出口干燥产品的湿基含水量，kg 水 /kg 湿物料。

二、热量衡算

如图 8-12 所示，在对流连续干燥系统中，外界向干燥系统提供的热量总和应等于新鲜空气的温度从 t_0 上升到 t_2 吸收的热量、干燥物料温度从 t'_1 上升至 t'_2 吸收的热量、干燥过程水汽化吸

收的热量及系统热损失之和，即

$$Q_{总} = Q_P + Q_D \tag{8-20}$$
$$= L(I_2 - I_0) + G_2(I_2' - I_1') + W(2490 + 1.88t_2 - 4.187t_1') + Q_L$$

式中　$Q_{总}$——外界需向干燥系统提供的总热量，kW；
　　　Q_P——干燥器向干燥系统提供的热量，kW；
　　　Q_D——预热器向干燥系统提供的热量，kW；
　　　Q_L——干燥系统的热损失，kW；
　　　G_2——干燥器出口物料的质量流量，kg/s；
　　　I_1'——干燥后的物料在进口温度 t_1' 下的焓，kJ/kg；
　　　I_2'——干燥后的物料在出口温度 t_2' 下的焓，kJ/kg。

因为
$$I = (1.01 + 1.88H)t + 2490H$$
$$I_2' - I_1' = C_{Hm}(t_2' - t_1')$$
$$W = L(H_2 - H_1) = L(H_2 - H_0)$$

分别代入式（8-20）整理得

$$Q_{总} = L(1.01 + 1.88H_0)(t_2 - t_0) + W(1.88t_2 + 2490 - 4.187t_1') + G_2 C_{Hm}(t_2' - t_1') + Q_L \tag{8-21}$$

式中　C_{Hm}——干燥器出口物料的比热容，kJ/(kg 绝干物料·℃)。

若忽略新鲜空气中水蒸气在干燥系统中吸收的热量（正值）、被蒸发水分带入干燥系统的焓（负值）和干燥器出口物料中水分从 t_1' 升至 t_2' 所吸收的热量（正值），则式（8-21）可改写为

$$Q_{总} = 1.01L(t_2 - t_0) + W(1.88t_2 + 2490) + GC_m(t_2' - t_1') + Q_L \tag{8-22}$$

式中　C_m——干基物料的比热容，kJ/(kg 绝干物料·℃)。

用式（8-22）计算出干燥系统所需的总热量，误差很小，能满足要求。

三、干燥器的热效率

通常将干燥系统的热效率定义为水分蒸发消耗的热量占总消耗热量的百分率，其计算式为

$$\eta = \frac{\text{蒸发水分所需的热量}}{\text{向干燥系统输入的总热量}} \times 100\%$$

蒸发水分所需要的热量　　　$Q = W(2490 + 1.88t_2 - 4.187t_1')$
若忽略湿物料中水分代入系统的焓即　$Q = W(2490 + 1.88t_2)$

$$\eta \approx \frac{W(2490 + 1.88t_2)}{Q_{总}} \times 100\% \tag{8-23}$$

干燥系统的热效率愈高表示热利用率愈好。若空气离开干燥器的温度较低而湿度较高，则可提高干燥操作的热效率。但是空气湿度增加，使物料与空气间的推动力减小。一般来说，对于吸水性物料的干燥，空气出口温度应高些，而湿度则应低些，即相对湿度要低些。在实际干燥操作中，空气离开干燥器的温度 t_2 需比进入干燥器时的绝热饱和温度高 20～50 ℃，这样才能保证在干燥系统后面的设备内不致析出水滴，否则可能使干燥产品返潮，且易造成管路的堵塞和设备材料的腐蚀。此外，应注意干燥设备和管路的保温隔热，以减少干燥系统的热损失。

拓展阅读

干燥操作中废气循环流程的应用

废气循环流程作为一种行之有效的节能减排技术，在干燥操作中得到了广泛应用。干燥操作是一个广泛应用于化工、食品、医药等行业的工艺过程，其目的主要是脱除物料中的水分，

延长其保质期和提高产品的品质。在干燥过程中,空气中的湿度会随着物料中的水分而增加,导致燃气发生变化,进而影响热源的传递效果,最终影响干燥操作的效率。废气循环流程是指将处理后的废气重新循环使用,达到节能和环保的目的。废气循环流程的核心设备包括废气处理系统和循环风机,其技术成熟且应用广泛。此外,废气循环流程还可以与其他节能设备相结合,如热交换器、节能炉具等,共同实现能量的循环利用和减排目标。

废气循环流程的原理简单、成本低廉、使用方便,具有可持续性和经济性的双重优势。随着环保意识的不断提高,废气循环流程必将在未来的工业生产中发挥越来越重要的作用。

【例8-4】在常压干燥器中,用新鲜空气干燥某种湿物料。已知条件为:温度 $t_0=15$ ℃、焓 $I_0=33.5$ kJ/kg 干空气的新鲜空气,在预热器中加热到 $t_1=90$ ℃后送入干燥器,空气离开干燥器时的温度为50 ℃。预热器的热损失可以忽略,干燥器的热损失为11 520 kJ/h,没有向干燥器补充热量。每小时处理280 kg湿物料,湿物料进干燥器时温度 $t_1'=15$ ℃、干基含水率 $X_1=0.15$,离开干燥器时物料温度 $t_2'=40$ ℃、$X_2=0.01$。干基物料比热容 $C_m=1.16$ kJ/(kg·℃)。试求:

① 干燥产品质量流量;
② 水分蒸发量;
③ 新鲜空气消耗量;
④ 干燥器的热效率。

解 干基物料的质量流量为

$$G=\frac{G_1}{1+X_1}=\frac{280}{1+0.15}=243.5 \text{ (kg/h)}$$

新鲜空气焓与空气湿度的关系为

$$I_0=(1.01+1.88H_0)t_0+2\,490H_0=33.5 \text{ (kJ/kg 干空气)}$$

将 $t_0=15$ ℃代入该式解得

$$H_0=0.007\,29 \text{ (kg/kg 干空气)}$$

① 干燥产品质量流量 $G_2=G(1+X_2)=243.5\times(1+0.01)=245.9$ (kg/h)
② 水分蒸发量 $W=G(X_1-X_2)=243.5\times(0.15-0.01)=34.1$ (kg/h)
③ 新鲜空气消耗量 $L_w=L(1+H_0)$

$$L=\frac{W}{H_2-H_0}=\frac{34.1}{H_2-0.007\,29} \tag{1}$$

对干燥器进行热量衡算（$Q_D=0$）

$$L(I_1-I_2)=G(I_2'-I_1')+Q_L$$

因为 $I_1=(1.01+1.88\times0.007\,29)\times90+2\,490\times0.007\,29=110.3$ (kJ/kg 干空气)

$I_1'=(C_m+4.187X_1)t_1'=(1.16+4.187\times0.15)\times15=26.8$ (kJ/kg 绝干物料)

$I_2'=(1.16+4.187\times0.01)\times40=48.1$ (kJ/kg 绝干物料)

则 $L(110.3-I_2)=243.5\times(48.1-26.8)+11\,520$

经整理得

$$L=\frac{16\,707}{110.3-I_2} \tag{2}$$

$$I_2=(1.01+1.88H_2)\times50+2\,490H_2=50.5+2\,584H_2 \tag{3}$$

式（1）、式（2）、式（3）联立解得

$$H_2=0.020\,62 \text{ (kg/kg 干空气)}$$

故

$$L=\frac{34.1}{0.020\,62-0.007\,29}=2\,558 \text{ (kg 干空气/h)}$$

$$L_w = L(1+H_0) = 2\,558 \times (1+0.007\,29) = 2\,576\,(\text{kg 湿空气/h})$$

④ 干燥器的热效率

$$\eta = \frac{W \times (2\,490 + 1.88t_2)}{Q_P} \times 100\%$$

$$= \frac{34.1 \times (2\,490 + 1.88 \times 50)}{2\,558 \times (110.3 - 33.5)} \times 100\%$$

$$= 44.85\%$$

【例 8-5】 常压下以温度为 20 ℃，湿度 0.01 kg/kg 绝干气的新鲜空气为干燥介质，干燥某种湿物料。空气在预热到 120 ℃后送入干燥器，离开干燥器时温度为 60 ℃。假设在干燥器内进行的是理想干燥过程（绝热干燥过程），湿物料的含水量由 20% 干燥至 5%，干燥后的产品量为 60 kg/h。

试求：① 水分蒸发量（kg 水/h）；② 湿空气的消耗量（kg 湿空气/h）；
③ 预热器消耗的热量。

解 ① $W = \dfrac{G_2(w_1 - w_2)}{(1 - w_1)} = \dfrac{60(0.2 - 0.05)}{1 - 0.2} = 11.25\,(\text{kg/h})$

② $I_1 = I_2$

$$(1.01 + 1.88H_1)t_1 + 2\,490H_1 = (1.01 + 1.88H_2)t_2 + 2\,490H_2$$

$$H_2 = \frac{(1.01 + 1.88H_1)t_1 + 2\,490H_1 - 1.01t_2}{1.88t_2 + 2\,490} = 0.033\,7\,(\text{kg/kg 干气})$$

$$L = \frac{W}{H_2 - H_1} = \frac{W}{H_2 - H_0} = \frac{11.25}{0.033\,7 - 0.01} = 474.7\,(\text{kg 绝干气/h})$$

$$L_1 = L(1+H_0) = 474.7 \times (1+0.01) = 479.4\,(\text{kg 湿气/h})$$

③ $$Q = L(I_1 - I_0) = Lc_{pH}(t_1 - t_0)$$

$$c_{pH} = 1.01 + 1.88H_0 = 1.01 + 1.88 \times 0.01 = 1.029\,[\text{kJ/(kg 绝干料·℃)}]$$

$$Q = 474.7 \times 1.029(120 - 20) = 48\,847\,(\text{kJ/kg 绝干气})$$

【例 8-6】 常压下以温度为 20 ℃、相对湿度为 70% 的新鲜空气为介质，干燥某种湿料。空气在预热器中被加热到 80 ℃后送入干燥器，离开时的温度为 50 ℃、湿度为 0.022 kg/kg。每小时有 1 200 kg 温度为 20 ℃、湿基含水量为 3% 的湿物料送入干燥器，物料离开干燥器时温度升到 60 ℃、湿基含水量降到 0.2%。湿物料的平均比热容为 3.28 kJ/(kg·℃)。忽略预热器向周围的热损失，干燥器的热损失为 1.3 kW。试求：

① 水分蒸发量 W；
② 新鲜空气消耗量 L_0；
③ 若风机装在预热器的新鲜空气入口处，求风机的风量；
④ 预热器消耗的热量 Q_p；
⑤ 干燥系统消耗的总热量 Q；
⑥ 向干燥器补充的热量 Q_D；
⑦ 干燥系统的热效率。

解 根据图 8-12 所示，已知条件如下 $t_0 = 20\,℃$，$t_1 = 80\,℃$，$t_2 = 50\,℃$，$\varphi_0 = 70\%$，$H_2 = 0.022\,\text{kg/kg}$，$t'_1 = 20\,℃$，$t'_2 = 60\,℃$，$w_1 = 3\%$，$w_2 = 0.2\%$，$G_1 = 1200\,\text{kg/h}$，$Q_L = 1.3\,\text{kW}$

① 水分蒸发量 W

$$W = G(X_1 - X_2)$$

其中

$$X_1 = \frac{w_1}{1 - w_1} = \frac{0.03}{1 - 0.03} = 0.030\,9\,(\text{kg/kg})$$

$$X_2 = \frac{w_2}{1 - w_2} = \frac{0.002}{1 - 0.002} \approx 0.002\,(\text{kg/kg})$$

$$G = G_1(1-w_1) = 1\,200 \times (1-0.03) = 1164 \text{ (kg/h)}$$

$$W = G(X_1 - X_1') = 1164 \times (0.0309 - 0.002) = 33.64 \text{ (kg/h)}$$

② 新鲜空气消耗量 L_0

先计算绝干空气消耗量，即
$$L = \frac{W}{H_2 - H_1}$$

由图 8-6 查出，当 $t_0 = 20\,°C$、$\varphi_0 = 70\%$ 时，$H_1 = H_0 = 0.009$ kg/kg，故

$$L = \frac{33.64}{0.022 - 0.009} = 2\,588 \text{ (kg/h)}$$

新鲜空气消耗量为 $\quad L_0 = L(1 + H_0) = 2\,588 \times (1 + 0.009) = 2\,611 \text{ (kg/h)}$

③ 风机的风量 V''

风机的风量由下式计算，即 $\quad V'' = Lv_H$

其中湿空气的比体积 $v_H = \left(\frac{1}{29} + \frac{H}{18}\right) \times 22.4 \times \frac{273 + t_0}{273} = (0.772 + 1.244 H_0) \times \frac{273 + t_0}{273}$

$$= (0.772 + 1.244 \times 0.009) \times \frac{20 + 273}{273} = 0.841 \text{ (m}^2/\text{kg)}$$

所以 $\quad V'' = 2588 \times 0.841 = 2\,177 \text{ (m}^3/\text{h)}$

④ 预热器中消耗的热量 Q_p

若忽略预热器的热损失，即 $\quad Q_p = L(I_1 - I_0)$

当 $t_0 = 20\,°C$、$\varphi_0 = 70\%$ 时，由图 8-6 查出 $I_0 = 43$ kJ/kg。空气离开预热器时 $t_1 = 80\,°C$、$H_1 = H_0 = 0.009$ kg/kg 时，由图 8-6 查出 $I_1 = 115$ kJ/kg，故

$$Q_p = 2\,588 \times (115 - 43) = 186\,336 \text{ (kJ/h)} = \frac{186\,336}{3\,600}(\text{kW}) = 51.8 \text{ (kW)}$$

⑤ 干燥系统消耗的总热量

$$Q = 1.01L(t_2 - t_0) + W(2\,490 + 1.88t_2) + GC_m(t_2' - t_1') + Q_L$$
$$= 1.01 \times 2\,588 \times (50 - 20) + 33.64 \times (2\,490 + 1.88 \times 50) + 1\,164 \times 3.28 \times (60 - 20) + 1.3 \times 3\,600$$
$$= 322\,739 \text{ (kJ/h)} = 89.6 \text{ (kW)}$$

⑥ 向干燥器补充的热量

$$Q_D = Q - Q_p = 89.6 - 51.8 = 37.8 \text{ (kW)}$$

⑦ 干燥系统的热效率 η　若忽略湿物料中水分带入系统中的焓，即

$$\eta = \frac{W(2\,490 - 1.88t_2)}{Q} \times 100\% = \frac{33.64 \times (2\,490 - 1.88 \times 50)}{322\,739} \times 100\% = 25\%$$

四、干燥速率及其影响因素

1. 干燥速率

单位时间内，单位干燥面积上汽化的水分量称为干燥速率，其数学表达式为

$$U = \frac{dW}{Sd\tau} = -\frac{GdX}{Sd\tau} = -\frac{G}{S} \times \frac{\Delta X}{\Delta \tau} \tag{8-24}$$

式中　U——干燥速率，kg 水 /（m²·s）；

$\quad\quad S$——干燥面积，m²；

$\quad\quad \tau$——干燥时间，s。

2. 干燥实验及干燥实验曲线

干燥实验装置如图 8-13 所示，是在恒定条件下（即空气的温度、湿度、流速及其与物料的接触状态等保持恒定）的大量空气中将少量的湿物料试样悬挂在天平上，定时测量不同时刻湿物

料的质量 G'，直到物料的质量恒定为止。然后将物料放入电烘箱烘干到质量恒定，即可得到绝干物料的质量 G。并求得干基含水量 $X=(G'-G)/G$，则物料的干基含水量 X 与干燥时间 τ 关系曲线称为物料的干燥曲线，如图 8-14 所示。从实验曲线上可以看出，物料的干燥过程分为 AB、BC 及 CDE 三个阶段。

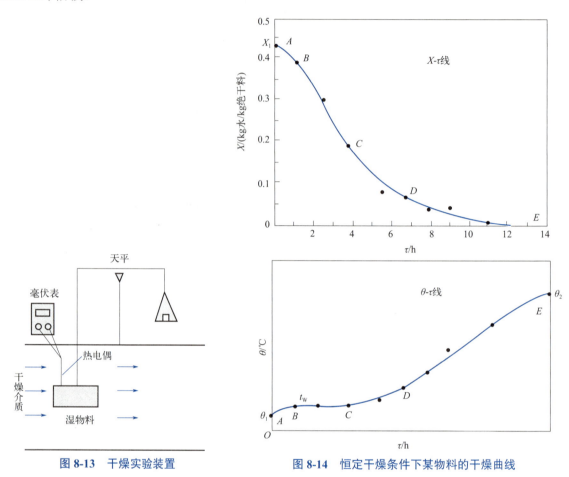

图 8-13　干燥实验装置

图 8-14　恒定干燥条件下某物料的干燥曲线

3. 干燥速率曲线

由实验测得的实验数据计算 $\dfrac{\Delta X}{\Delta \tau}$，然后用式（8-24）计算出不同干燥时刻的干燥速率 U，绘制物料的干基含水量 X 与不同干燥时刻的干燥速率 U 的关系曲线，得到如图 8-15 所示的恒定条件下物料的干燥速率曲线。

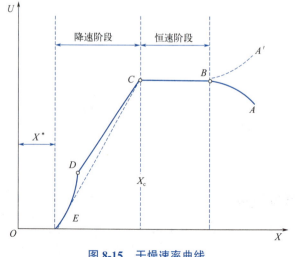

图 8-15　干燥速率曲线

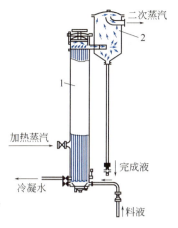

图 9-11 升膜式蒸发器
1—加热室；2—蒸发室

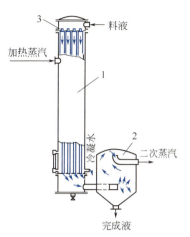

图 9-12 降膜式蒸发器
1—加热室；2—蒸发室；3—液体分布器

设计和操作这种蒸发器的要点是尽力使料液在加热管内壁形成均匀液膜，并且不能让二次蒸汽由管上端窜出。

降膜式蒸发器可用于蒸发黏度较大（0.05～0.45 Pa·s），浓度较高的溶液，但不适于处理易结晶和易结垢的溶液，这是因为这种溶液形成均匀液膜较困难，传热系数也不高。

(3) **刮板式薄膜蒸发器** 刮板式薄膜蒸发器如图9-13所示，它是一种适应性很强的新型蒸发器，例如，对高黏度、热敏性和易结晶、结垢的物料都适用。它主要由加热夹套和刮板组成，夹套内通加热蒸汽，刮板装在可旋转的轴上，刮板和加热夹套内壁保持很小间隙，通常为0.5～1.5 mm。料液经预热后由蒸发器上部沿切线方向加入，在重力和旋转刮板的作用下，分布在内壁形成下旋薄膜，并在下降过程中不断被蒸发浓缩，完成液由底部排出，二次蒸汽由顶部逸出。在某些场合下，这种蒸发器可将溶液蒸干，在底部直接得到固体产品。

这类蒸发器的缺点是结构复杂（制造、安装和维修工作量大），加热面积不大，动力消耗大。

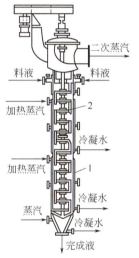

图 9-13 刮板式薄膜蒸发器
1—夹套；2—刮板

二、蒸发器的附属设备

蒸发装置的附属设备主要有除沫器、冷凝器和真空装置。

1. 除沫器

蒸发操作时产生的二次蒸汽，在分离室与液体分离后，仍夹带大量液滴，尤其是处理易产生泡沫的液体，夹带更为严重。为了防止产品损失或冷却水被污染，常在蒸发器内（或外）设除沫器。图 9-14 为几种除沫器的结构示意图。其中图9-14（a）～（e）直接安装在蒸发器顶部，图9-14（f）～（h）安装在蒸发器外部。

2. 冷凝器

由蒸发器排出的二次蒸汽，若其潜热不需再利用，则可将其通入冷凝器进行冷却。蒸发生产中的冷凝器通常有两种类型，即间壁式冷凝器和直接混合式冷凝器。若二次蒸汽含有有价值的组分或有毒有害的污染物，则应选择间壁式冷凝器来冷凝。反之，对于大多数工业蒸发过程，由于蒸发对象多为水溶液，水蒸气是二次蒸汽的主要成分，因此宜采取直接与冷却水相混合的方法冷凝二次蒸汽，即选择直接混合式冷凝器进行冷却。图 9-15 为干式逆流高位冷凝器的结构示意。

除沫器的作用

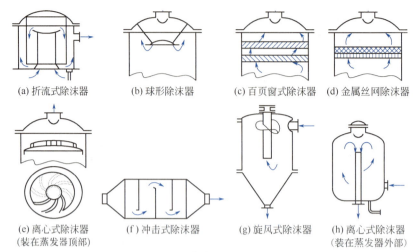

(a) 折流式除沫器　(b) 球形除沫器　(c) 百页窗式除沫器　(d) 金属丝网除沫器

(e) 离心式除沫器（装在蒸发器顶部）　(f) 冲击式除沫器　(g) 旋风式除沫器　(h) 离心式除沫器（装在蒸发器外部）

图 9-14　几种除沫器结构示意图

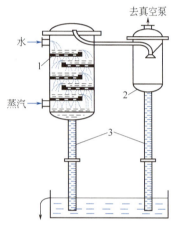

图 9-15　干式逆流高位冷凝器
1—淋水板；2—分离室；3—气压管

干式逆流高位冷凝器是直接混合式冷凝器中的一种，其内设有若干块带孔的淋水板，板边缘设有凸起的溢流挡板，称为溢流堰。冷却水由顶部喷洒而下，依次穿过各淋水板，而二次蒸汽由下部引入，并自下而上与冷却水呈逆流流动，如此两者可充分地混合与传热，从而使二次蒸汽不断冷凝，冷凝水与冷却水一起沿气压管排走，而不凝性气体则经分离室分离出液滴后由真空泵抽出。由于气、液两相是经过不同的路径排出，故此种冷凝器称为干式。为使水分能够自动下流，此种冷凝器均设有气压管，其高度一般不低于 10 m，故此种冷凝器又称为高位式冷凝器。

3. 真空装置

当蒸发器在负压下操作时，无论采用哪一种冷凝器，均需在冷凝器后安装真空装置。需要指出的是，蒸发器中的负压主要是由于二次蒸汽冷凝所致，而真空装置仅是抽吸蒸发系统泄漏的空气、物料及冷却水中溶解的不凝性气体和冷却水饱和温度下的水蒸气等，冷凝器后必须安装真空装置才能维持蒸发操作的真空度。常用的真空装置有喷射泵、水环式真空泵、往复式或旋转式真空泵等。

三、蒸发器的选择

蒸发器的种类很多，形式各异，每种蒸发器均具有一定的适应性和局限性。因此，蒸发器的选择应考虑蒸发料液的性质，如料液的黏度、腐蚀性、热敏性、发泡性、易结晶或结垢性，以及是否容易结垢、结晶等情况。

1. 料液的黏度

蒸发过程中，随着料液的不断浓缩，其黏度也会相应增加。但对不同的料液或不同的浓缩要求，黏度的增加量存在很大的差异，因而对蒸发设备的动力及传热应有不同的要求。黏度是蒸发器选型时的一个重要依据，也可以说是首要依据。

2. 料液的腐蚀性

若被蒸发料液的腐蚀性较强，则应对蒸发器尤其是加热管的材质提出相应的要求。例如，氯碱厂为了将电解后所得的 10% 左右的 NaOH 稀溶液浓缩到 42%，溶液的腐蚀性增强，浓缩过程中溶液黏度又不断增加，因此当溶液中 NaOH 的浓度大于 40% 时，无缝钢管的加热管要改用不锈钢管。溶液浓度在 10%~30% 段蒸发可采用自然循环型蒸发器，浓度在 30%~40% 蒸发时，由于晶体析出和结垢严重且溶液的黏度又较大，应采用强制循环型蒸发器，这样可提高传热系数，并节约钢材。

3. 料液的热敏性

具有热敏性的料液不宜进行长时间的高温蒸发，故在蒸发器选型时，应优先选择单程型蒸发器。如热敏性的食品物料蒸发，由于物料所承受的最高温度有一定极限，因此应尽量降低溶液在蒸发器中的沸点，缩短物料在蒸发器中的滞留时间，可选用膜式蒸发器。

4. 料液的发泡性

由于易起泡料液在蒸发过程中会产生大量的泡沫，以至充满整个分离室，使二次蒸汽和溶液的流动阻力增大，故需选择强制循环式蒸发器或升膜式蒸发器。

5. 料液的易结晶或结垢性

对于易结晶或结垢的料液，应优先选择溶液流速较高的蒸发器，如强制循环式蒸发器等。此外，料液处理量及初始浓度等均是蒸发器选型时应考虑的因素。

任务四

蒸发设备的运行与操作

蒸发操作的最终目的是将溶液中大量的水分蒸发出来，使溶液得到浓缩，而要提高蒸发器在单位时间内蒸出的水分量，为确保蒸发设备的安全操作，必须做到以下几点。

一、蒸发器的生产强度

1. 蒸发器的生产强度

蒸发器的生产强度简称蒸发强度，指单位时间单位传热面积上所蒸发的水量，即

$$U = \frac{W}{A} \tag{9-10}$$

式中　U——蒸发器的生产强度，$kg/(m^2 \cdot h)$。

蒸发强度通常用于评价蒸发器的优劣，对于一定的蒸发任务而言，蒸发强度越大，则所需的传热面积越小，即设备的投资就越低。

2. 提高蒸发器的生产强度的措施

(1) 提高传热温度差　提高传热温度差可从提高热源的温度或降低溶液的沸点等角度考虑，工程上通常采用下列措施来实现。

① 真空蒸发。真空蒸发可以降低溶液沸点，增大传热推动力，提高蒸发器的生产强度，同时由于沸点较低，可减少或防止热敏性物料的分解。另外，真空蒸发可降低对加热热源的要求。但是，应该指出，溶液沸点降低，其黏度会增加，并使总传热系数 K 下降。而且真空蒸发需要增加真空设备并增加动力消耗。

② 高温热源。提高 Δt_m 的另一个措施就是提高加热蒸汽的压力，但对蒸发器的设计和操作需

提出严格要求。一般加热蒸汽压力不超过 0.6～0.8 MPa。对于某些物料若加压蒸汽仍不能满足要求时，则可选用高温导热油、熔盐或改用电加热，以增大传热推动力。

(2) 提高总传热系数 提高蒸发器蒸发能力的主要途径应是提高传热系数 K。蒸发器的总传热系数主要取决于溶液的性质、沸腾状况、操作条件以及蒸发器的结构等。因此，合理设计蒸发器以实现良好的溶液循环流动，及时排除加热室中不凝性气体，定期清洗蒸发器（加热室内管），均是保持蒸发器在高蒸发强度下操作的重要措施。

在蒸发操作中，管内壁出现结垢现象是不可避免的，尤其当处理易结晶和腐蚀性物料时，此时总传热系数 K 变小，使传热量下降。在这些蒸发操作中，一方面应定期停车清洗、除垢；另一方面改进蒸发器的结构，如把蒸发器的加热管加工光滑些，使污垢不易生成，即使生成污垢也易清洗，也可以提高溶液循环的速度，从而降低污垢生成的速度。

二、蒸发操作的经济性

蒸发操作是一个能耗较大的单元操作，其能耗高低直接影响着产品的生产成本，通常也把能耗作为评价蒸发设备优劣的另一个重要指标，或称为加热蒸汽的经济性。加热蒸汽的经济性定义为 1kg 蒸汽可蒸发的水的质量，即

$$E = \frac{W}{D} \tag{9-11}$$

因此，对于蒸发操作，如何节能尤其是如何利用二次蒸汽，提高加热蒸汽的经济性，历来都是一个十分重要的研究课题。

1. 采用多效蒸发

从多效蒸发的原理不难看出，采用多效蒸发，由于生产给定的总蒸发水量 W 分配于各个蒸发器中，而只有第一效才使用加热蒸汽，与单效蒸发相比，当生蒸汽量相同时，多效蒸发可蒸发出更多的溶剂。可见，多效蒸发可显著提高蒸发过程的热利用率，提高生蒸汽的经济性。

2. 额外蒸汽的引出

若将单效乃至多效蒸发中的二次蒸汽引出，用作其他加热设备的热源，同样能大大提高生蒸汽的热能利用率，同时还降低了冷凝器的负荷，减少了冷却水量。此种节能方法称为额外蒸汽的引出。

但多效蒸发与单效蒸发不同，多效蒸发中的各效均会产生二次蒸汽，但其中包含的汽化潜热各不相同，因此额外蒸汽的利用效果与引出蒸汽的效数有关。在多效蒸发中，不论蒸汽由第几效引出，均需对第一效中的生蒸汽进行适当补充，以确保给定蒸发任务的顺利完成。

蒸发是蒸汽由高温向低温不断转化的过程。若额外蒸汽是从第 i 效引出，则当生蒸汽的热量传递至额外蒸汽时，已在前 i 效蒸发器中反复利用。因此，在引出蒸汽的温度能够满足加热设备需要的前提下，应尽可能从效数较高的蒸发器中引出额外蒸汽，从而保证蒸汽在引出前已得到充分利用，且此时需补充的生蒸汽量也较少。

3. 热泵蒸发

在蒸发操作中，虽然二次蒸汽含有较高的热能，其焓值一般并不比加热蒸汽低太多，但由于二次蒸汽的压力和温度不及加热蒸汽，故限制了二次蒸汽的用途。为此，工业上常采用热泵蒸发的处理方法。

热泵蒸发是将蒸发器蒸出的二次蒸汽用压缩机压缩，提高它的压力，倘若压力又达到加热蒸汽压力时，则可送回入口，循环使用。

热泵蒸发的流程如图 9-16 所示。热泵蒸发可大幅节约生蒸汽的用量，操作时仅需在蒸发的

启动阶段通入一定量的加热生蒸汽，一旦操作达到稳态，就无需再补充生蒸汽。故加热蒸汽（或生蒸汽）用于启动或补充泄漏、损失等。

因此，对于沸点升高较小的溶液蒸发，即所需传热温度差不大的蒸发过程，采用热泵蒸发的节能方法是较为经济的。反之，若溶液的沸点升高较大，而压缩机的压缩比又不宜太高，即热泵蒸发中二次蒸汽的温升有限，则容易引起传热推动力偏小，甚至不能满足操作要求。

4. 冷凝水显热与自蒸发的利用

蒸发器加热室排出大量高温冷凝水，这些水理应返回锅炉重新使用，这样既节省能源又节省水源。但应用这种方法时应注意水质监测，避免因蒸发器损坏或阀门泄漏污染锅炉补充水系统。当然高温冷凝水还可用于其他加热或蒸发料液的预热。

此外，也可将冷凝水减压，使其饱和温度低于现有温度，此时冷凝水会因过热而出现自蒸发，然后将汽化出的蒸汽与二次蒸汽混合并一起送入后一效的加热室，即用于后一效的蒸发加热，其操作流程如图9-17所示。

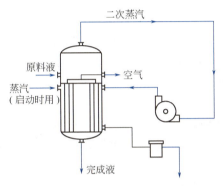

图 9-16　热泵蒸发的流程

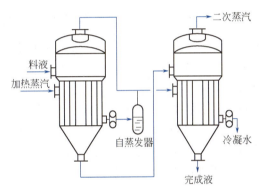

图 9-17　冷凝水显热与自蒸发的利用

三、蒸发系统的日常运行及开停车操作

1. 开车操作

开车前要准备好泵、仪表、加料管路，根据物料、蒸发设备及所附带的自控装置的不同，按照事先设定好的程序，通过控制室依次按规定的开度、规定的顺序开启加料阀、蒸汽阀，并依次查看各效分离罐的液位显示，当液位达到规定值时再开启相关输送泵；设置有关仪表设定值；对需要抽真空的装置进行抽真空；监测各效温度，检查其蒸发情况；通过有关仪表观测产品浓度；然后增大有关蒸汽阀门开度以提高蒸汽流量；当蒸汽流量达到期望值时，调节加料流量以控制浓缩液浓度。一般来说，减小加料流量则产品浓度升高，而增大加料流量，浓度降低。

在开车过程中由于非正常操作常会出现许多故障。最常见的是蒸汽供给不稳定。这可能是因为管路冷或冷凝液管路内有空气所致。应注意检查阀、泵的密封及出口，当达到正常操作温度时，就不会出现这种问题。也可能是由于空气漏入二效、三效蒸发器所致。当一效分离罐工艺蒸汽压力升高超过一定值时，这种泄漏就会自行消失。

2. 设备运行

不同的蒸发装置都有自身的运行情况。通常情况下，操作人员应按规定的时间间隔检查该装置的运行情况，并如实、准时填写运转记录。当装置处于稳定运行状态下，不要轻易变动性能参数以免出现不良影响。

控制蒸发装置的液位是关键，目的是使装置运行平稳，一效到另一效的流量更趋合理、恒定。大多数泵输送的是沸腾液体，有效地控制液位也能避免泵的"汽蚀"现象，保证泵的使用寿命。

为确保故障条件下连续运转，所有的泵都应配有备用泵，并在启动泵之前，检查泵的工作情况，严格按照要求进行操作。按规定时间检查控制室仪表和现场仪表读数，如超出规定，应迅速查找原因。如果蒸发料液为腐蚀性溶液，应注意检查视镜玻璃，防止腐蚀。一旦视镜玻璃腐蚀严重，当液面传感器发生故障时，会造成危险。

3. 停车操作

一般可分为完全停车、短期停车和紧急停车。对于紧急停车，一般应遵循如下几点。

① 当事故发生时，首先用最快的方式切断蒸汽（或关闭控制室气动阀，或现场关闭手动截止阀），以避免料液温度继续升高。

② 考虑停止料液供给是否安全，如果安全，应用最快方式停止进料。

③ 考虑破坏真空会发生什么情况，如果判断出不会发生不利情况，应该打开靠近末效真空器的开关以打破真空状态，停止蒸发操作。

④ 要小心处理热料液，避免造成伤亡事故。

4. 蒸发系统常见的操作故障与防止措施

蒸发系统操作是在高温、高压蒸汽加热下进行的，所以要求蒸发设备及管路具有良好的外部保温和隔热措施，杜绝"跑、冒、滴、漏"现象。防止高温蒸汽外泄，发生人身烫伤事故。对于腐蚀性物料的蒸发，要避免触及皮肤和眼睛，以免造成身体损害。要预防此类事故，在开车前应严格进行设备检验，试压、试漏，并定期检查设备腐蚀情况。

对于蒸发易析晶的溶液，常会随物料增浓而出现结晶造成管路、阀门、加热器等堵塞，使物料不能流通，影响蒸发操作的正常进行。因此要及时分离盐泥，并定期洗效。一旦发生堵塞现象，则要用加压水冲洗，或采用真空抽吸补救。

要根据蒸发操作的生产特点，严格制定操作规程，并严格执行，以防止各类事故发生，确保操作人员的安全以及生产的顺利进行。

5. 蒸发器的日常维护

对蒸发器的维护通常采用洗效的方法。蒸发装置内易积存污垢，不同类型的蒸发器在不同的运转条件下结垢情况也不一样，因此要根据生产实际和经验定期进行洗效。洗效周期的长短直接和生产强度及蒸汽消耗紧密相关，因此要特别重视操作质量，延长洗效周期。

复习思考题

一、选择题

1. 在蒸发过程中，蒸发前后质量不变的量是（　　）。
A. 溶剂　　　　　　　　B. 溶液　　　　　　　　C. 溶质

2. 采用多效蒸发的目的是（　　）。
A. 增加溶液的蒸发水量　B. 提高设备利用率　　　C. 节省加热蒸汽消耗量

3. 原料流向与蒸汽流向相同的蒸发流程是（　　）。
A. 平流流程　　　　　　B. 并流流程　　　　　　C. 逆流流程

4. 多效蒸发中，各效的压力和沸点是（　　）。
A. 逐效升高　　　　　　B. 逐效降低　　　　　　C. 不变

5. 下面说法正确的是（　　）。
A. 减压蒸发操作使蒸发器的传热面积增大
B. 减压蒸发使溶液沸点降低，有利于对热敏性物质的蒸发
C. 多效蒸发的前效为减压蒸发操作

6.多效蒸发操作中，在处理黏度随浓度的增加而迅速加大的溶液时，不宜采用的加料方式是（　　）。
A.逆流　　　　　　　B.并流　　　　　　　C.平流
7.在蒸发过程中有晶体析出时采用的加料法是（　　）。
A.逆流　　　　　　　B.并流　　　　　　　C.平流
8.由于实际生产中总存在热损失，单位蒸汽消耗量D/W（即每蒸发1 kg溶剂所需加热蒸汽的消耗量）总是（　　）。
A.小于1　　　　　　B.等于1　　　　　　C.大于1
9.中央循环管式（标准式）蒸发器为（　　）。
A.外热式蒸发器　　　B.自然循环型蒸发器　　C.强制循环型蒸发器

二、填空题

1.蒸发操作方式按二次蒸汽的利用情况可以分为_____和_____；按操作压力可以分为_____、_____和_____。
2.衡量蒸发装置经济性的指标是_____。
3.多效蒸发操作的流程可分为三种，即_____、_____和_____。
4.蒸发装置辅助设备主要包括_____、_____和_____。
5.工业生产中应用的蒸发器按溶液在蒸发器中的运动情况，大致可分为_____和_____两大类。
6.通常采用_____方法清除蒸发装置内积存的污垢。
7.提高蒸发器的生产强度，应从提高_____着手。
8.单效蒸发时，可将二次蒸汽绝热压缩以提高其温度，然后送回加热室作为加热蒸汽重新利用。这种方法常称为_____。

三、简答题

1.什么是单效蒸发和多效蒸发？多效蒸发有什么特点？
2.试比较各种蒸发流程的优缺点。
3.蒸发器由哪几个基本部分组成？各部分的作用是什么？
4.蒸发器选型时应考虑哪些因素？
5.蒸发操作在化工生产中的应用有哪些？
6.试比较各种蒸发器的结构及特点。
7.强化蒸发过程的途径有哪些？

四、计算题

1.在单效蒸发中，每小时将20 000 kg的$CaCl_2$水溶液从15%连续浓缩到25%（均为质量分数），原料液的温度为75 ℃。蒸发操作的压力为50 kPa，溶液的沸点为87.5 ℃。加热蒸汽绝对压强为200 kPa，原料液的比热容为3.56 kJ/(kg·℃)，蒸发器的热损失为蒸发器传热量的5%。试求：①蒸发量；②加热蒸汽消耗量。

[答案：①8 000 kg/h；②8 160 kg/h]

2.一蒸发器每小时将1 000 kg/h的NaCl水溶液由质量分数为0.05浓缩至0.30，加热蒸汽压力为118 kPa（绝压），蒸发室内操作压力为19.6 kPa（绝压），溶液的平均沸点为75 ℃。已知进料温度为30 ℃，NaCl的比热容为0.95 kJ/(kg·K)，若浓缩热与热损失忽略，试求浓缩液量及加热蒸汽消耗量。

3.用一单效蒸发器将浓度为20%的NaOH水溶液浓缩至50%，料液温度为35 ℃，进料流量为3 000 kg/h，蒸发室操作压力为19.6 kPa，加热蒸汽的绝对压力为294.2 kPa，溶液的沸点为100 ℃，蒸发器总传热系数为1 200 W/(m²·℃)，料液的比热容为3.35 kJ/(kg·℃)，蒸发器的热损失约为总传热量的5%。试求加热蒸汽消耗量和蒸发器的传热面积。

[答案：2 369 kg/h；36.2 m²]

项目十

吸附操作

吸附是利用某些固体能够从流体混合物中选择性地凝聚一定组分在其表面上的能力，使混合物中的组分彼此分离的单元操作过程。吸附是分离和纯化气体或液体混合物的重要单元操作之一。本项目围绕吸附岗位的具体要求设计了四个具体的工作任务，通过学习使学生达到本岗位的教学目标，以满足本岗位对操作人员的具体要求。

素质目标

1. 培养立足一线、脚踏实地、埋头实干、任劳任怨的奉献精神。
2. 树立法律意识、质量意识、环境意识、责任意识、服务意识。

学习目标

技能目标

1. 能利用所学吸附知识去除废气、废水中对环境有害的物质，同时进行废物回收。
2. 能处理吸附操作过程中常见的问题。

知识目标

1. 熟练掌握吸附和解吸原理、吸附平衡和吸附速率及工业中常见的吸附分离工艺。
2. 了解吸附分离在化工生产中的应用。

生产案例

以自来水厂水的净化流程为例介绍吸附的原理及其在工业生产中的应用。如图10-1所示，从水库取水依次经过反应沉淀池、过滤池、活性炭吸附池、清水池、配水泵等工序送至用户，其中活性炭吸附池就是利用吸附剂活性炭除去水中不溶性杂质、部分可溶性杂质、颜色、异味等，

吸附操作的
工业应用

水得到净化。因此，吸附操作在工业生产和环保等领域均有着广泛的应用。

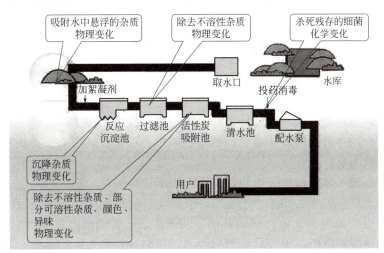

图10-1 自来水厂的净化流程图

1. 沉淀-吸附法除汞

活性炭有吸附汞和汞化合物的性能，但因其吸附能力有限，适用于处理含汞量低的废水或作为对含汞废水的最终处理。如图 10-2 所示为用沉淀-吸附法处理某厂含汞废水的流程。进水含汞浓度有时高达 30 mg/L，用化学沉淀法处理后的废水含汞浓度通常在 1 mg/L 左右，有时高达 2～3 mg/L，达不到排放标准，后续用两个活性炭吸附池间歇处理，处理后的废水含汞量在 0.04 mg/L 以下，达到排放要求。

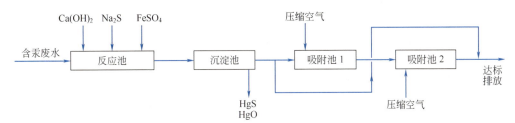

图10-2 沉淀-吸附法除汞流程

2. 含油废水、印染废水的深度处理

含油废水和印染废水中常含有苯环、杂环等难以生物降解的有机化合物，经沉淀、气浮、生化处理后的废水中有害物质难以达标排放，如果将生化后处理的废水进行沉淀、砂滤处理，然后再用活性炭深度处理，废水中的含酚量能从 0.1 mg/L 降至 0.005 mg/L，氰离子从 0.19 mg/L 降到 0.048 mg/L，COD 从 85 mg/L 降至 18 mg/L，处理效果较好。

3. 电镀液废水中重金属离子的回收

电镀液废水中常常含有有毒的重金属离子，如果用化学法去除，其沉淀物往往会造成二次污染，若将重金属离子回收再用，既避免了环境污染，又回收了贵重金属，节约了成本。

在废水处理工程中，常用离子交换树脂吸附电镀液废水中的重金属离子，然后再用无机酸对树脂进行再生。这种吸附属于化学吸附。

4. 处理废气中有毒的有机物

工业生产中，常有废气排出，若废气中含有毒的有机物，有时难以用普通的方法处理。若用活性炭进行吸附处理，既能去除气体中的有害物质，有时还能回收有机物质。活性炭吸附气体中有机物的能力很强，如果操作方式使用得当，气体中有机物的浓度能降到很低。

任务一
吸附过程分析

一、吸附现象

当气体混合物或液体混合物与某些固体接触时,在固体的表面上,气体或液体分子会不同程度地变浓变稠,这种固体表面对流体分子的吸着现象称为吸附,其中的固体物质称为吸附剂,而被吸附的物质称为吸附质。

为什么固体具有把气体或液体分子吸附到自己表面上来的能力呢?这是由于固体表面上的质点亦和液体的表面一样,处于力场不平衡状态,表面上具有过剩的能量即表面能。这种不平衡的力场由于吸附质的吸附而得到一定程度的补偿,从而降低了表面能(表面自由焓),故固体表面可以自动地吸附那些能够降低其表面自由焓的物质。吸附过程所放出的热量,称为该物质在此固体表面上的吸附热。

二、吸附分类

根据吸附质和吸附剂之间吸附力的不同,可将吸附操作分为物理吸附与化学吸附两大类。

1. 物理吸附

物理吸附是吸附剂分子与吸附质分子间吸引力作用的结果,这种吸引力称为范德瓦耳斯力,所以物理吸附也称范德华吸附。因物理吸附中分子间结合力较弱,只要外界施加部分能量,吸附质很容易脱离吸附剂,这种现象称为脱附(或脱吸)。例如,固体和气体接触时,若固体表面分子与气体分子间引力大于气体内部分子间的引力,气体就会凝结在固体表面上,当吸附过程达到平衡时,吸附在吸附剂上的吸附质的蒸气压应等于其在气相中的分压,这时若提高温度或降低吸附质在气相中的分压,部分气体分子脱离固体表面回到气相中,即"脱吸"。所以应用物理吸附容易实现气体或液体混合物的分离。

2. 化学吸附

化学吸附是吸附质与吸附剂分子间化学键作用的结果。化学吸附中两种分子间结合力比物理吸附大得多,吸附放热量也大,吸附过程往往不可逆。化学吸附在化学催化反应中起重要作用,但在分离过程中应用较少,这里主要讨论物理吸附。

三、物理吸附过程分析

1. 变温吸附

因物理吸附过程大都是放热过程,若降低物理吸附过程的操作温度,可增加吸附量,因此,物理吸附操作通常在低温下进行。若要将吸附剂再生,提高操作温度则可使吸附质脱离吸附剂。通常用水蒸气直接加热吸附剂使其升温解吸,解吸后的吸附质与水蒸气的混合物经冷凝分离,可回收吸附质。吸附剂经干燥降温后循环使用。变温吸附过程包括:低温吸附→高温再生→干燥降温→再次吸附。

2. 变压吸附

恒温下,升高系统的压力,吸附剂吸附容量增多,反之吸附容量相应减少,此时吸附剂解吸再生,得到气体产物,这个过程称为变压吸附。变压吸附过程中不进行热量交换,也称为无热源吸附。根据吸附过程中操作压力的变化情况,变压吸附循环可分为常压吸附、真空解吸;加压吸附、常压解吸；加压吸附、真空解吸等几种情况。对一定的吸附剂而言，操作压力变化范围愈大，吸附质脱除得愈多，吸附剂再生效果也愈好。变压吸附过程可概括为高压吸附→低压解吸→再次吸附。例如，在苯加氢生产中，利用 PSA 变压吸附原理使氢气和焦炉煤气中的其他杂质实现分离，氢组分得到浓缩和提纯，该工序是制氢单元的核心部分。

3. 溶剂置换吸附

吸附通常在常温常压下进行，当吸附接近平衡时，用溶剂将接近饱和的吸附剂中的吸附质冲洗出来，吸附剂同时再生。常用的溶剂有水、有机溶剂等各种极性或非极性液体。

焦炉煤气制氢气原理

任务二
吸附剂的选择

一、吸附剂的基本要求

固体通常都具有一定的吸附能力，但只有具有很高选择性和很大吸附容量的固体才能作为工业吸附剂。优良的吸附剂应满足以下条件：
① 具有较大的平衡吸附量；
② 具有良好的吸附选择性；
③ 容易解吸；
④ 具有一定的机械强度和耐磨性；
⑤ 化学性能稳定；
⑥ 吸附剂床层压降低，价格便宜等。

吸附剂的选择原则

二、工业上常用的吸附剂

目前工业上常用的吸附剂主要有活性炭、硅胶、活性氧化铝、沸石分子筛、有机树脂等，其外观是各种形状的多孔固体颗粒。

1. 活性炭吸附剂

活性炭的微观结构特征是具有非极性表面，非极性表面疏水亲有机物质，故又称为非极性吸附剂。活性炭的特点是吸附容量大，化学稳定性好，容易解吸，热稳定性高，在高温下解吸再生，其晶体结构不发生变化，经多次吸附和解吸操作，仍能保持原有的吸附性能。活性炭吸附剂常用于溶剂回收、脱色、水体的除臭净化、难降解有机废水的处理、有毒有机废气的处理等过程，是当前环境治理中最常用的吸附剂。

通常所有含碳的物料，如木材、果壳、褐煤等都可以加工成黑炭，经药品活化和气体活化后制成活性炭。

举例说明工业上常用的吸附剂

2. 硅胶吸附剂

硅胶吸附剂是一种坚硬、无定形的链状或网状结构硅酸聚合物颗粒，是亲水性吸附剂，即极性吸附剂。具有多孔结构，比表面积可达 350 m^2/g 左右，主要用于气体的干燥脱水及烃类分离等过程。

3. 活性氧化铝吸附剂

活性氧化铝吸附剂是一种无定形的多孔结构颗粒，对水具有很强的吸附能力。活性氧化铝吸附剂一般由氧化铝的水合物（以三水合物为主）经加热、脱水后活化制得，其活化温度随氧化铝水合物种类不同而不同，一般为250～500 ℃，其孔径为2～5 nm，比表面积一般为200～500 m²/g。活性氧化铝吸附剂颗粒的机械强度高，主要用于液体和气体的干燥。

4. 沸石分子筛吸附剂

沸石分子筛吸附剂（合成）的微观特征是具有均匀一致的微观孔径，比微孔直径小的分子才能进入微孔被吸附，比微孔大的分子则不能进入孔内被吸附，因此具有筛分分子作用，故又称为分子筛。

沸石分子筛是含有金属钠、钾、钙的硅酸盐晶体。通常用硅酸钠（钾）、铝酸钠（钾）与氢氧化钠（钾）水溶液反应制得胶体，再经干燥得到沸石分子筛。

根据原料配比、组成和制造方法不同，可以制成不同孔径（一般为0.3～0.8 nm）和不同形状（圆形、椭圆形）的分子筛，其比表面积可达750 m²/g。分子筛是极性吸附剂，对极性分子，尤其对水具有很大的亲和力。由于分子筛有突出的吸附性能，使得它在吸附分离中有着广泛的应用。在工业生产中，主要用于各种气体和液体的干燥，芳烃或烷烃的分离以及用作催化剂及催化剂载体等。

5. 有机树脂吸附剂

有机树脂吸附剂是由高分子物质（如纤维素、淀粉）经聚合、交联反应制得。不同类型的吸附剂因其孔径、结构、极性不同，吸附性能也大不相同。

有机树脂吸附剂品种很多，从极性上分，有强极性、弱极性、非极性、中性。在工业生产中，常用于水的深度净化处理、维生素的分离、过氧化氢的精制等方面。在环境治理中，树脂吸附剂常用于废水中重金属离子的去除与回收。

三、吸附剂的性能

吸附剂的多孔结构和较大比表面积导致其具有较大的吸附量。所以吸附剂的基础性能与孔结构和比表面积有关。

1. 密度

（1）**填充密度 ρ_b**　填充密度又称堆积密度，指单位填充体积的吸附剂质量。这里的单位填充体积包含了吸附剂颗粒间的空隙体积。

填充密度的测量方法通常是将烘干的吸附剂装入一定体积的容器中，摇实至体积不变，此时吸附剂的质量与其体积之比即为填充密度。

（2）**表观密度 ρ_p**　表观密度是指单位体积的吸附剂质量。这里的单位体积未包含吸附剂颗粒间的空隙体积。真空下苯置换法可测量表观密度。

（3）**真实密度 ρ_t**　真实密度是指扣除吸附剂孔隙体积后的单位体积的吸附剂质量。常用氦、氖及有机溶剂置换法来测定真实密度。

2. 空隙率

吸附剂床层的空隙率 ε_b，指堆积的吸附剂颗粒间空隙体积与堆积体积之比。可用常压下汞置换法测量。

吸附剂颗粒的孔隙率 ε_p，是指单个吸附剂颗粒内部的孔隙体积与颗粒体积之比。

吸附剂密度与孔隙间的关系为

$$\varepsilon_b = 1 - \frac{\rho_b}{\rho_p} \tag{10-1}$$

$$\varepsilon_P = \frac{\rho_t - \rho_p}{\rho_t} \tag{10-2}$$

3. 比表面积 a_p

吸附剂的比表面积是指单位质量的吸附剂所具有的吸附表面积，单位为 m²/g。通常采用气相吸附法测定。

吸附剂的比表面积与其孔径大小有关,孔径小,比表面积大。孔径的划分通常是,大孔径为 200～10 000 nm,小孔径为 10～200 nm,微孔径为 1～10 nm。

4. 吸附剂的容量 q

吸附剂的容量是指吸附剂吸满吸附质时,单位质量的吸附剂所吸附的吸附质质量,它反映了吸附剂的吸附能力,是一个重要的性能参数。

常见的吸附剂性能可在相关书籍、手册和吸附剂的使用说明书中查到。

任务三

吸附平衡与吸附速率

一、吸附平衡

在一定温度和压力下,当气体或液体与固体吸附剂有足够接触时间,吸附剂吸附气体或液体分子的量与从吸附剂中解吸的量相等时,气相或液相中吸附质的浓度不再发生变化,这时吸附达到平衡状态,称为吸附平衡。

吸附平衡量 q 是吸附过程的极限量,单位质量吸附剂的平衡吸附量受到许多因素的影响,如吸附剂的化学组成和表面结构、吸附质在流体中的浓度、操作温度、压力等。

1. 气相吸附平衡

吸附平衡关系可以用不同的方法表示,通常用等温下单位质量吸附剂的吸附容量 q 与气相中吸附质的分压间的关系来表示,即 $q=f(p)$,表示 q 与 p 之间的关系曲线称为吸附等温线。由于吸附剂和吸附质分子间作用力的不同,形成了不同形状的吸附等温线。如图 10-3 所示是五种类型的吸附等温线,图中横坐标是相对压力 $\dfrac{p}{p^\circ}$,其中 p 是吸附平衡时吸附质分压,p° 为该温度下吸附质的饱和蒸气压,纵坐标是吸附量 q。

图 10-3 中 Ⅰ、Ⅱ、Ⅳ 型曲线对吸附量坐标方向凸出的吸附等温线,称为优惠吸附等温线,从图中可以看出当吸附质的分压很低时,吸附剂的吸附量仍保持在较高水平,从而保证痕量吸附质的脱除;而 Ⅲ、Ⅴ 型曲线开始一段线对吸附量坐标方向下凹,属非优惠吸附等温线。

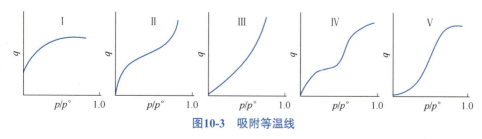

图10-3 吸附等温线

为了说明吸附作用,许多学者提出了多种假设或理论,但只能解释有限的吸附现象,可靠的吸附等温线只能依靠实验测定。

图 10-4 表示活性炭对三种物质在不同温度下的吸附等温线,对于同一种物质,如丙酮,在同一平衡分压下,平衡吸附量随着温度升高而降低。所以,工业生产中常用升温的方法使吸附剂脱附再生。同样,在一定温度下,随着气体压力的升高平衡吸附量增加。这也是工业生产中用改变压力使吸附剂脱附再生的方法之一。

从图 10-4 还可以看出,不同的气体(或蒸气)在相同条件下吸附程度差异较大,如在 100 ℃

和相同气体平衡分压下,苯的平衡吸附量比丙酮平衡吸附量大得多。一般分子量较大而露点温度较高的气体(或蒸气)吸附平衡量较大,其次,化学性质的差异也影响平衡吸附量。

吸附剂在使用过程中经反复吸附与解吸,其微孔和表面结构会发生变化,随之其吸附性能也将发生变化,有时会出现吸附得到的吸附等温线与脱附得到的解吸等温线在一定区间内不能重合的现象,称为吸附的滞留现象。如图 10-5 所示,吸附如果出现滞留现象,则在相同的平衡吸附量下,吸附平衡压力一定高于脱附的平衡压力。

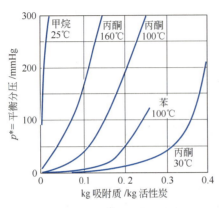

图10-4 活性炭吸附平衡曲线

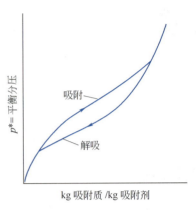

图10-5 吸附的滞留现象

2. 液相吸附平衡

液相吸附的机理比气相吸附复杂得多,这是因为溶剂的种类影响吸附剂对溶质(吸附质)的吸附。因为溶质在不同的溶剂中,分子大小不同,吸附剂对溶剂也有一定的吸附作用,不同的溶剂,吸附剂对溶剂的吸附量也是不同的,这种吸附必然影响吸附剂对溶质的吸附量。一般来说,吸附剂对溶质的吸附量随温度升高而降低,溶质的浓度越大,其吸附量亦越大。

二、吸附速率

1. 吸附机理

如图 10-6 所示,吸附质被吸附剂吸附的过程可分为以下三步。

① 外部扩散。吸附质从流体主体通过对流扩散和分子扩散到达吸附剂颗粒的外表面。质量传递速率主要取决于吸附质在吸附剂表面滞流膜中的分子扩散速率。

② 内部扩散。吸附质从吸附剂颗粒的外表面处通过微孔扩散进入颗粒内表面。

③ 吸附质被吸附剂吸附在颗粒的内、外表面上。

扩散过程往往较慢,吸附通常是瞬间完成的,所以吸附速率则由扩散速度控制。若外部扩散速率比内部扩散速率小得多,则吸附速率由外部扩散控制,反之则为内部扩散控制。

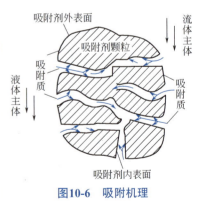

图10-6 吸附机理

2. 吸附速率

当含有吸附质的流体与吸附剂接触时,吸附质将被吸附剂吸附,吸附质在单位时间单位质量吸附剂上被吸附的量称为吸附速率。吸附速率是吸附过程设计与生产操作的重要参数。吸附速率与吸附剂、吸附质及其混合物的物化性质有关,与温度、压力、两相接触状况等操作条件有关。

对于一定吸附系统,在操作条件一定的情况下,吸附速率的变化过程为:吸附过程开始时,吸附质在流体中浓度高,在吸附剂上的浓度低,传质推动力大,所以吸附速率高。随着过程的进行,流体中吸附质浓度逐渐降低,吸附剂上吸附质含量不断增加,传质推动力随之降低,吸附速率慢慢下降。经过足够长的时间,吸附达到动态平衡,净吸附速率为零。

上述吸附过程为非定态过程,吸附速率与吸附剂的类型、吸附剂上已吸附的吸附质浓度、流体中吸附质的浓度等参数有关。

任务四
吸附装置的操作

一、吸附方法的选择

工业吸附分离操作大多包括两个步骤:吸附操作和解吸操作。先是使流体与吸附剂接触,使吸附剂吸附吸附质后,与流体混合物中不被吸附的部分进行分离,这一步为吸附操作;然后对吸附了吸附质的吸附剂进行处理,使吸附质脱附出来并使吸附剂重新获得吸附能力,这一步为吸附剂的脱附与再生操作。有时不用回收吸附质与吸附剂,则这一步骤改为更换新的吸附剂。

在多数工业吸附装置中,都要考虑吸附剂的多次使用问题,因而吸附操作流程中,除吸附设备外,还需具有脱附与再生设备。

按照原料流体中被吸附组分的含量的不同,可将吸附分类为纯化吸附过程和分离吸附过程。尽管在两者之间没有严格的界定,但通常认为当原料液中被吸附组分的质量分数>10%时,则为分离吸附过程。工业上应用最广的吸附设备形式和操作方法见表10-1。

表10-1 吸附设备形式和操作方法

进料相态	吸附装置	吸附剂再生方法	主要应用
液体	搅拌槽	吸附剂不再生	液体纯化
液体	固定床	加热解吸	液体纯化
液体	模拟移动床	置换解吸	液体混合物分离
气体	固定床	变温解吸	气体纯化
气体	流化床-移动床组合装置	变温解吸	气体纯化
气体	固定床	惰性介质解吸	气体纯化
气体	固定床	变压解吸	气体混合物分离
气体	固定床	真空解吸	气体混合物分离
气体	固定床	置换解吸	气体混合物分离

二、吸附装置的操作

按照要处理的流体浓度、性质及要求吸附的程度不同,吸附操作有多种形式,如接触过滤式吸附操作、固定床吸附操作、流化床吸附操作和移动床吸附操作等。

1. 固定床吸附装置

工业上应用最多的吸附设备是固定床吸附装置。固定床吸附装置是吸附剂堆积为固定床,流体流过吸附剂,流体中的吸附质被吸附。装吸附剂的容器一般为圆柱形,放置方式有立式和卧式。

如图10-7所示为卧式圆柱形固定床吸附装置,容器两端通常为球形封头,容器内部支撑吸附剂的部件有支撑栅条和金属网(也可用多孔板替代栅条),若吸附剂颗粒细小,可在金属网上堆放一层粒度较大的砾石再堆放吸附剂。如图10-8所示为圆柱形立式吸附装置,基本结构与卧式相同。

在连续生产过程中,往往要求吸附过程也要连续工作,因吸附剂在工作一段时间后需要再生,为保证生产过程的连续性,通常吸附流程中安装两台以上的吸附装置,以便脱附时切换使用。图10-9是两个吸附装置切换操作流程的示意,当A吸附装置进行吸附时,阀1、5打开,阀

2、6关闭，含吸附质流体由下方进口流入A吸附装置，吸附后的流体从顶部出口排出。与此同时，吸附装置B处于脱附再生阶段，阀3、8打开，阀4、7关闭，再生流体由加热器加热至所需温度，从顶部进入B吸附装置，再生流体进入吸附装置的流向与被吸附的流体流向相反，再生流体携带吸附质从B吸附装置底部排出。

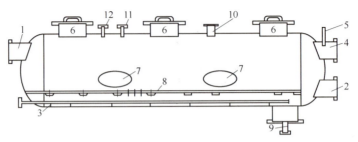

图10-7　卧式圆柱形固定床吸附装置

1—含吸附质流体入口；2—吸附后流体出口；3—解吸用热流体分布管；4—解吸流体排出管；
5—温度计插套；6—装吸附剂操作孔；7—吸附剂排出孔；8—吸附剂支撑网；9—排空口；
10—排气管；11—压力计接管；12—安全阀接管

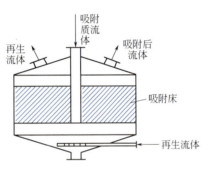

图10-8　圆柱形立式吸附装置

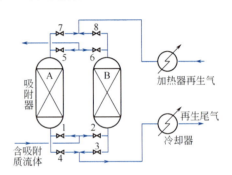

图10-9　固定床吸附操作流程

固定床吸附装置优点是结构简单、造价低；吸附剂磨损小；操作方便灵活；物料的返混小；分离效率高，回收效果好。其缺点是两个吸附器需不断地周期性切换；备用设备处于非生产状态，单位吸附剂生产能力低；传热性能较差，床层传热不均匀；固定床吸附装置广泛用于工业用水的净化、气体中溶剂的回收、气体干燥和溶剂脱水等方面。

2. 移动床吸附操作

移动床吸附操作是指含吸附质的流体在塔内顶部与吸附剂混合，自上而下流动，流体在与吸附剂混合流动过程中完成吸附，达到饱和的吸附剂移动到塔下部，在塔的上部同时补充新鲜的或再生的吸附剂。移动床连续吸附分离的操作又称超吸附。移动床吸附是连续操作，吸附-再生过程在同一塔内完成，设备投资费用较少；在移动床吸附设备中，流体或固体可以连续而均匀地移动，稳定地输入和输出，同时使流体与固体两相接触良好，不致发生局部不均匀的现象；移动床操作方式对吸附剂要求较高，除要求吸附剂的吸附性能良好外，还要求吸附剂应具有较高的耐冲击强度和耐磨性。

移动床连续吸附分离应用于糖液脱色、润滑油精制等过程中，特别适用于轻烃类气体混合物的提纯，如图10-10所示的是从甲烷氢混合气体中提取

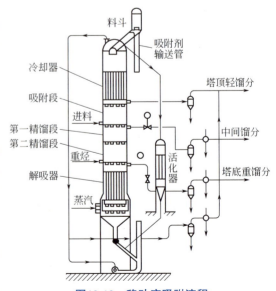

图10-10　移动床吸附流程

乙烯的移动床吸附流程。

吸附剂的流动路径是：从吸附装置底部出来的吸附剂由吸附剂气力输送管送往吸附器顶部的料斗，然后加入吸附塔内，吸附剂从吸附塔顶部以一定的速度向下移动，在向下移动过程中，依次经历冷却器、吸附段、第一和第二精馏段、解吸器，由吸附器底部排出的吸附剂已经过再生，可供循环使用。但是，若在活性炭吸附高级烯烃后，由于高级烯烃容易聚合，影响了活性炭的吸附性能，则需将其送往活化器中进一步活化（用400～500℃蒸汽）后再继续使用。

烃类混合气体提纯分离过程是：气体原料导入吸附段中，与吸附剂（活性炭）逆流接触，吸附剂选择性吸附乙烯和其他重组分，未被吸附的甲烷气和氢气从塔顶排出口引到下一工段，已吸附乙烯和其他重组分的吸附剂继续向下移动，经分配器进入第一、二精馏段，在此段内与重烃气体逆流接触，由于吸附剂对重烃的吸附能力比乙烯等组分强，已被吸附的乙烯组分被重烃组分从吸附剂中置换出来，再次成为气相，由出口进入下一工段。混合的烃类组分在吸附塔中经反复吸附和置换脱附而被提纯分离，吸附剂中的重组分含量沿吸附塔高从上至下不断增大，最后经脱附分离，回流使用。

3. 模拟移动床的吸附操作

模拟移动床的操作特点是吸附塔内吸附质流体自下而上流动，吸附剂固体自上而下逆流流动；在各段塔节的进（或出）口未全部切断时间内，各段塔节如同固定床，但整个吸附塔在进（或出）口不断切换时，却是连续操作的"移动"床。模拟移动床兼顾固定床和移动床的优点，并保持吸附塔在等温下操作，便于自动控制。

(1) 吸附原理　如图10-11（a）所示，模拟移动床由许多小段塔节组成。每一塔节均有进、出物料口，采用特制的多通道（如24通道）的旋转阀控制物料进和出。操作时，微机自动控制，定期（启闭）切换吸附塔的进、出料液和解吸剂的阀门，使各层料液进、出口依次连续变动与4个主管道相连，其中A+B为进料管、A+D为抽出液管、B+D为抽余液管、D为解吸剂管。

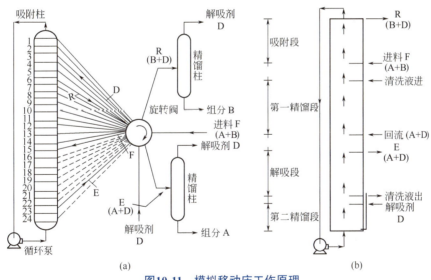

图10-11　模拟移动床工作原理

(2) 模拟移动床的组成　如图10-11（b）所示，模拟移动床一般由4段组成：吸附段、第一精馏段、解吸段和第二精馏段。

① 吸附段。在吸附段内进行的是A组分的吸附。混合液从吸附塔的下部向上流动，与吸附剂（已吸附解吸剂D）逆流接触，A组分与解吸剂D进行置换吸附（少量B组分也进行吸附置换），吸附段出口溶液的主要组分为B和D。将吸附段出口溶液送至精馏柱中进一步分离，得到B组分和解吸剂D。

② 第一精馏段。在第一精馏段内完成A组分的精制和B组分的解吸。此段顶部下降的吸附剂再与新鲜物料液接触，再次进行置换吸附。在该段底部，已吸附大量A和少量B的吸附剂与

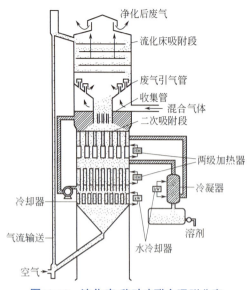

图10-12　流化床-移动床联合吸附分离

解吸段上部回流的 A+D 流体逆流接触，由于吸附剂对 A 组分的吸附能力比对 B 组分强，故吸附剂上少量 B 组分被 A+D 流体中浓度高的 A 组分全部置换，吸附剂上的 A 组分再次被提纯。

③ 解吸段。在解吸段内将吸附剂上 A 组分脱附，使吸附剂再生。在该段内，已吸附大量纯净 A 组分的吸附剂与塔底通入的新鲜热解吸剂 D 逆流接触，A 被解吸。获得的 A+D 流体少部分上升至第一精馏段提纯 A 组分，大部分由该段出口送至精馏柱分离，得到产品 A 及解吸剂 D。

④ 第二精馏段。回收部分解吸剂 D。为减少解吸剂的用量，将吸附段得到的 B 组分从第二精馏段底部输入，与解吸段流入的只含解吸剂 D 的吸附剂逆流接触，B 组分和 D 组分在吸附剂上部分置换，被解吸出的 D 组分与新鲜解吸剂 D 一起进入吸附段形成连续循环操作。

总之，模拟移动床最早应用于混合二甲苯的分离，后来又用于从煤油馏分中分离正烷烃以及从 C_8 芳烃中分离乙基苯等，解决了用精馏或萃取等方法难分离的混合物的分离问题。

4. 流化床－移动床联合吸附操作

流化床吸附操作是含吸附质的流体在塔内自下而上流动，吸附剂颗粒由顶部向下移动，流体的流速控制在一定的范围内，使系统处于流态化状态的吸附操作。这种吸附操作方式优点是生产能力大、吸附效果好。缺点是吸附剂颗粒磨损严重，吸附-再生间歇操作，操作范围窄。

流化床-移动床联合吸附操作是利用流化床的优点，克服其缺点。如图 10-12 所示，流化床-移动床将吸附、再生集于同一塔中，塔的上部为多层流化床，在此处，原料与流态化的吸附剂充分接触，吸附后的吸附剂进入塔中部带有加热装置的移动床层，升温后进入塔下部的再生段。在再生段中，吸附剂与通入的惰性气体逆流接触得以再生。再生后的吸附剂流入设备底部，利用气流将其输送至塔上部循环吸附。再生后的流体可通过冷却分离，回收吸附质。

该操作具有连续性好、吸附效果好的特点。因吸附在流化床中进行。再生前需加热，所以此操作存在吸附剂磨损严重、吸附剂易老化变性的问题。流化床-移动床联合吸附常用于混合气中溶剂的回收、脱除 CO_2 和水蒸气等场合。

5. 接触过滤式吸附

接触过滤式吸附是把含吸附质的液体和吸附剂一起加入带有搅拌装置的吸附槽中，通过搅拌，使液体中的吸附质与吸附剂充分接触而被吸附到吸附剂上，经过一段时间后，吸附剂达到饱和，将含有吸附剂颗粒的液体输送到过滤机中，吸附剂从液体中分离出来，吸附剂中包含吸附质，这时液体中吸附质含量大大减少，从而达到分离提纯目的。用适当的方法使吸附剂上的吸附质解吸并回收利用，吸附剂可循环使用。

接触过滤式吸附有两种操作方式：一种是使吸附剂与原料溶液只进行一次接触，称为单程吸附；另一种是多段并流或多段逆流吸附，多段吸附主要用于处理吸附质浓度较高的情况。因接触式吸附操作用搅拌方式使溶液呈湍流状态，致使颗粒外表面的液膜层变薄，减小了液膜阻力，增大了吸附扩散速率，故该操作适用于液膜扩散控制的传质过程。接触过滤吸附操作所用设备主要有釜式或槽式，设备结构简单，操作容易，广泛用于活性炭脱色、活性炭对废水进行深度处理等方面。

三、吸附过程的强化与展望

虽然人们很早就对吸附现象进行了研究，但将其广泛应用于工业生产还是近几十年的事，随着吸附机理的深入研究，吸附已成为化工生产中必不可少的单元操作，目前，吸附操作在环境工程等领域正发挥着越来越大的作用，因此强化吸附过程将成为各个领域十分关心的问题。吸附速率与吸附剂的性能密切相关，吸附操作是否经济、大型并连续化等又与吸附工艺有关，所以强化吸附过程可从开发新型吸附剂、改进吸附剂性能和开发新的吸附工艺等方面入手。

吸附效果的好坏及吸附过程规模化与吸附剂性能的关系非常密切，尽管吸附剂的种类繁多，但实用的吸附剂却有限，通过改性或接枝的方法可得到各种性能不同的吸附剂，以推动吸附技术的发展。工业上希望开发出吸附容量大、选择性强、再生容易的吸附剂，目前大多数吸附剂吸附容量小，这就限制了吸附设备的处理能力，使得吸附设备庞大或吸附过程中频繁进行吸附和再生操作。近期开发的新型吸附剂很多，下面作简单的介绍。

1. 活性炭纤维

活性炭纤维是一种新型的吸附材料，它具有很大的比表面积，丰富的微孔，其孔径小且分布均匀，微孔直接暴露在纤维的表面。同时活性炭纤维有含氧官能团，对有机物蒸气具有很大的吸附容量，且吸附速率和解吸速率比其他吸附剂大得多。用活性炭纤维吸附有机废气已引起世界各国的重视，此技术已在美国、东欧等地迅速推广，北京化工大学开发的活性炭纤维也已成功地应用于二氯乙烯的吸附回收。我国近期又开发出活性炭纤维布袋除尘器，在处理有毒气体方面取得了进展。

2. 生物吸附剂

生物吸附剂是一种特殊的吸附剂，吸附过程中，微生物细胞起着主要作用，生物吸附剂的制备是将微生物通过一定的方式固定在载体上。研究发现，细菌、真菌、藻类等微生物能够吸附重金属，国外已有用微生物制成生物吸附剂处理水中重金属的专利。如利用死的芽孢杆菌制成球状生物吸附剂吸附水中的重金属离子。近几年，我国在此方面也有很多研究，如用大型海藻作为吸附剂，对废水中的 Pb^{2+}、Cu^{2+}、Cd^{2+} 等重金属离子进行吸附，吸附容量大，吸附速率快，解吸速率也快，可见海藻作为生物吸附剂适用于重金属离子的处理。

3. 其他新型吸附剂

有对价廉易得的农副产品进行处理得到的新型吸附剂，如用一定的引发剂对交联淀粉进行接枝共聚。有研制性能各异的吸附剂，如用棉花为原料，经碱化、老化和磺化等措施制得球形纤维素，再以铈盐为引发剂，将丙烯氰接枝到球形纤维素上，获得羧基纤维素吸附剂，此吸附剂用来吸附沥青烟气效果非常好。

由此可知，吸附剂的研究方向：一是开发性能良好、选择性强的优质吸附剂；二是研制价格低，充分利用废物制作的吸附剂。另外，提高吸附和解吸速率的研究也不断深入，以满足各种需求。

复习思考题

一、选择题

1. 变压吸附过程可概括为（　　）。
   A. 高压吸附　　　　　　　　B. 低压解吸　　　　　　　　C. 低压解吸→再次吸附

2. 活性炭是（　　）。
   A. 非极性吸附剂　　　　　　B. 极性吸附剂　　　　　　　C. 中性吸附剂

3. 对于分子筛的用途不正确的是（   ）。
   A. 筛分分子　　　　　　　B. 干燥气体和液体　　　　　　　C. 分离芳烃或烷烃
4. 硅胶吸附剂是（   ）。
   A. 非极性吸附剂　　　　　B. 极性吸附剂　　　　　　　　　C. 中性吸附剂
5. 常用氦、氖及有机溶剂置换法来测定的密度是（   ）。
   A. 填充密度　　　　　　　B. 表观密度　　　　　　　　　　C. 真实密度

二、填空题

1. 吸附是_____的分离过程。
2. 根据吸附质和吸附剂之间吸附力的不同，可将吸附操作分为_____和_____两大类。
3. 变温吸附过程包括_____、_____、_____和_____四个过程。
4. 根据操作压力的变化情况，变压吸附循环可分为_____、_____、_____三种情况。
5. 目前工业上常用的吸附剂主要有_____。
6. 吸附剂的性能包括_____、_____、_____和_____。
7. 吸附质被吸附剂吸附的过程可分为三步：_____、_____、_____。
8. 吸附分离过程包括_____和_____。
9. 吸附操作主要包括_____、_____、_____和_____四种形式。
10. 吸附剂的比表面积是指_____，单位为 m²/g，通常采用_____吸附法测定。

三、简答题

1. 固体表面吸附力有哪些？常用的吸附剂有哪些？
2. 依据吸附结合力来说明为什么不同的吸附剂要用不同的解吸方法再生？
3. 固定床吸附装置有什么特点？它能用于水的深度处理吗？
4. 说明移动床的特点及吸附分离提纯的工作原理。
5. 用于环境保护的新型吸附剂有哪些？生物吸附剂可吸附哪些物质？

项目十一

膜分离操作

　　膜分离是以选择性透过膜为分离介质，在膜两侧一定推动力的作用下使原料中的某组分选择性地透过膜，从而使混合物得以分离，以达到提纯、浓缩等目的的分离过程。本项目围绕化工企业对膜分离岗位操作人员的具体要求，设计了六个工作任务，通过学习训练使学生达到本岗位的教学目标，以满足膜分离岗位对操作人员的基本要求。

素质目标

1. 增强改革创新的意识，锤炼改革创新的意志，提高改革创新的能力。
2. 树立正确的择业观、创业观，培养敢于创业、善于创业的勇气和能力。

学习目标

技能目标
1. 会分析判断和处理膜分离过程中出现的问题。
2. 能利用膜分离技术的基本知识分析解决实际生产问题。

知识目标
1. 熟练掌握反渗透、超滤、电渗析、气体膜分离的基本原理、流程及其影响因素。
2. 了解膜分离技术的特点和各种类型膜器结构及其优缺点。
3. 了解膜分离技术在工业生产中的典型应用和发展趋势。

生产案例

　　以超纯水的生产工艺为例介绍膜分离技术的应用，如图11-1所示。原水依次经砂滤器、炭滤器、软化过滤器、精密过滤器、二级反渗透、EDI装置，得到超纯水。因此，膜分离技术在纯净水生产、海水淡化、制药和生物工程等工业的应用，高质量地解决了分离、浓缩和纯化的问题，为循环经济、清洁生产提供了技术依托。

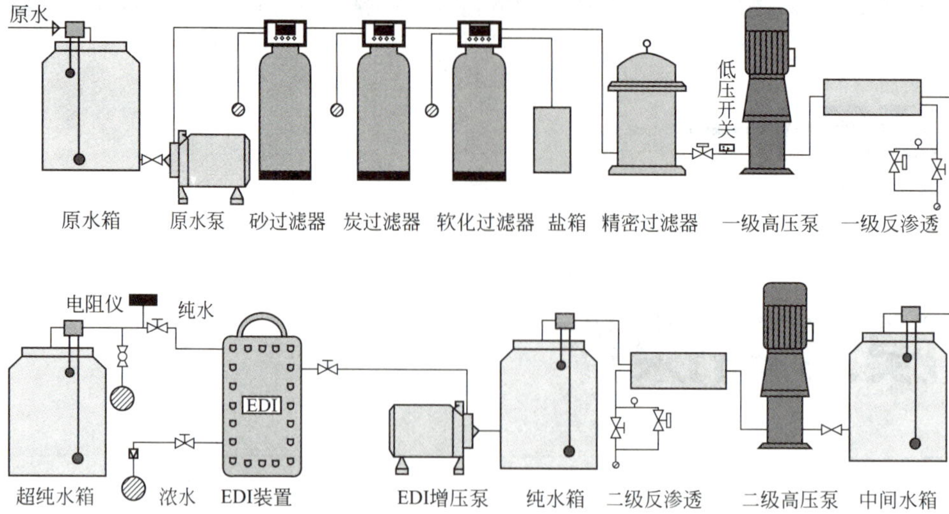

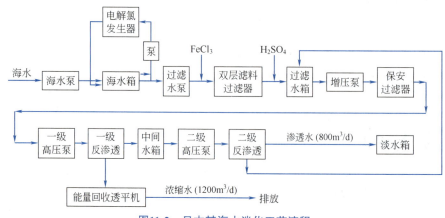

图11-1 超纯水生产工艺

1. 海水淡化

以日本某海水淡化系统为例，介绍膜分离技术。海水淡化主要是除去海水中所含的无机盐。常用的淡化技术有蒸发法和膜法（反渗透、电渗析）两大类。与蒸发法相比，膜法淡化技术具有投资费用少、能耗低、占地面积少、建造周期短、易于自动控制、运行简单等优点，已成为海水淡化的主要方法。早期的海水淡化采用二级反渗透系统，如日本某海水淡化系统产水量为每天800 t，一级反渗透采用中空纤维聚酰胺膜，二级反渗透采用卷式膜，其工艺流程如图11-2所示。

图11-2 日本某海水淡化工艺流程

随着反渗透技术水平的提高，近期海水淡化多采用一级淡化，即利用高脱盐率（>99%）的反渗透膜直接把含盐量35 000 mg/L的海水一次脱盐，制得含盐<500 mg/L的可饮用淡水。例如，美国建在加利福尼亚州硅谷的海水淡化装置，产水量为每天1 550 t，采用芳香族聚酰胺复合膜一级反渗透，将含盐为34 000 mg/L的海水脱盐制得含盐<500 mg/L的饮用水。

分子级过滤技术是近40年来发展最迅速、应用最广泛的一种高新技术。膜作为分子级分离过滤的介质，当溶液或混合气体与膜接触时，在压力差、温度差或电场作用下，某些物质可以透过膜，而另一些物质则被选择性地拦截，从而使溶液中不同组分或混合气体的不同组分被分离，这种分离是分子级的过滤分离。由于过滤介质是膜，故这种分离技术被称为膜分离技术。

2. 苦咸水淡化

苦咸水含盐量一般比海水低很多，通常是指含盐量在1 500～5 000 mg/L的天然水、地表水和自流井水。在世界许多干燥贫瘠、水源匮乏的地区，苦咸水通常是可利用水的主要部分。反渗透膜法处理苦咸水发展迅速，已用于向居民区提供饮用水。因此，研究、开发苦咸水淡化用膜及其组件,特别是低压、高通量膜的开发是反渗透的研究方向之一。

3. 超纯水生产

反渗透膜分离技术已被普遍用于电子工业纯水及医药工业无菌纯水等超纯水制备。采用反渗透膜装置可有效地去除水中的小分子有机物、可溶性盐类,可有效地控制水的硬度。半导体电子工业所用的高纯水,以往主要是采用化学凝集、过滤、离子交换等方法制备。这些方法的最大缺点是流程复杂、再生离子交换树脂的酸碱用量大、成本高。随着电子工业的发展,对生产中所用纯水水质提出了更高的要求。由膜技术与离子交换法组合过程所生产的纯水中杂质的含量已接近理论纯水值。

目据报道,在原水进入离子交换系统以前,先通过反渗透装置进行预处理,可节约成本20%～50%。

4. 工业污水的处理

工业污水是水、化学药品以及能量的混合物,污水的各个组分可视作污染物,同时也可视作资源,其所含组分常常具有可利用价值,因此工业污水的处理在考虑降低排污量的同时,还要考虑资源的重复利用。在工业污水的处理过程中,不但可以回收有价值的物料,如镍、铬及氰化物,而且同时也解决了污水排放的问题。

任务一

膜分离过程分析

一、膜分离过程及特点

1. 膜分离过程

膜分离过程示意如图11-3所示。膜分离技术的核心是分离膜,其种类很多,主要包括反渗透膜(0.0001～0.005 μm)、纳滤膜(0.001～0.005 μm)、超滤膜(0.001～0.1 μm)、微滤膜(0.1～1 μm)、电渗析膜、渗透汽化膜、液体膜、气体分离膜、电极膜等。它们对应不同的分离机理,不同的分离设备,有不同的应用对象。

这里主要介绍微滤、超滤、反渗透、电渗析等几种常见的膜分离过程,见表11-1。

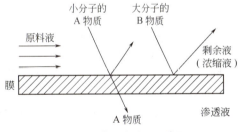

图11-3 膜分离过程示意图

> 膜的种类有哪些?

表11-1 膜分离过程

过程	示意图	膜类型	推动力	传递机理	透过物	截留物
微滤 MF	原料液→滤液	多孔膜	压力差(<0.1MPa)	筛分	水、溶剂、溶解物	悬浮物液中各种微粒
超滤 UF	原料液→浓缩液/滤液	非对称膜	压力差(0.1～1MPa)	筛分	溶剂、离子、小分子	胶体及各类大分子
反渗透 RO	原料液→浓缩液/溶剂	非对称膜复合膜	压力差(2～10MPa)	溶剂的溶解-扩散	水、溶剂	悬浮物、溶解物、胶体

续表

过程	示意图	膜类型	推动力	传递机理	透过物	截留物
电渗析 ED	浓电解液／溶剂／阳极／阴极／阴膜↑阳膜／原料液	离子交换膜	电位差	离子在电场中的传递	离子和电解质	非电解质和大分子物质
气体分离 GS	混合气→／渗余气／渗透气	均质膜 复合膜 非对称膜	压力差 （1～15 MPa）	气体的溶解-扩散	易渗透气体	难渗透气体或蒸气
渗透汽化 PVAP	原料液→／溶质或溶剂／渗透蒸气	均质膜 复合膜 非对称膜	浓度差 分压差	溶解-扩散	易溶解或易挥发组分	不易溶解或难挥发组分
膜蒸馏 MD	原料液→／浓缩液／渗透液	微孔膜	由于温度差而产生的蒸气压差	通过膜的扩散	高蒸气压的挥发组分	非挥发的小分子和溶剂

2. 膜分离过程的特点

膜分离过程与传统的化工分离方法，如过滤、蒸发、蒸馏、萃取、深冷分离等过程相比较，具有如下特点。

（1）**膜分离过程的能耗比较低** 大多数膜分离过程都不发生相态变化，避免了潜热很大的相变化，因此膜分离过程的能耗比较低。另外，膜分离过程通常在接近室温下进行，被分离物料加热或冷却的能耗很小。

（2）**适合热敏性物质分离** 膜分离过程通常在常温下进行，因而特别适合于热敏性物质和生物制品（如果汁、蛋白质、酶、药品等）的分离、分级、浓缩和富集。例如在抗生素生产中，采用膜分离过程脱水浓缩，可以避免减压蒸馏时因局部过热，而使抗生素受热破坏产生有毒物质。在食品工业中，采用膜分离过程替代传统的蒸馏除水，可以使很多产品在加工后仍保持原有的营养和风味。

（3）**分离装置简单、操作方便** 膜分离过程的主要推动力一般为压力，因此分离装置简单，占地面积小，操作方便，有利于连续化生产和自动化控制。

（4）**分离系数大、应用范围广** 膜分离不仅可以应用于从病毒、细菌到微粒的有机物和无机物的广泛分离范围，而且还适用于许多特殊溶液体系的分离，如溶液中大分子与无机盐的分离，共沸点物系或近沸点物系的分离等。

（5）**工艺适应性强** 膜分离的处理规模根据用户要求可大可小，工艺适应性强。

（6）**便于回收** 在膜分离过程中，分离与浓缩同时进行，便于回收有价值的物质。

（7）**没有二次污染** 膜分离过程中不需要从外界加入其他物质。既节省了原材料，又避免了二次污染。

二、膜及膜组件

分离膜是膜过程的核心部件，其性能直接影响着分离效果、操作能耗以及设备的大小。分离膜的性能常用透过速率、截留率、截留分子量等参数表示。

1. 膜性能

（1）**透过速率** 能够使被分离的混合物有选择地透过是分离膜的最基本条件。表征膜透过性能的参数是透过速率，是指单位时间、单位膜面积透过组分的通过量，以 J 表示。常用单位为 $kmol/(m^2 \cdot s)$。

膜的透过速率与膜材料的化学特性和分离膜的形态结构有关，且随操作推动力的增加而增大。此参数直接决定分离设备的大小。

（2）截留率　对于反渗透过程，通常用截留率表示其分离性能。截留率反映膜对溶质的截留程度，对盐溶液又称为脱盐率，以R表示，定义为

$$R=\frac{c_F - c_P}{c_F} \times 100\% \qquad (11-1)$$

式中　c_F——原料中溶质的浓度，kg/m^3；

c_P——渗透物中溶质的浓度，kg/m^3。

100%截留率表示溶质全部被膜截留，此为理想的半渗透膜；0截留率则表示全部溶质透过膜，无分离作用。通常截留率在0～100%之间。

（3）截留分子量　在超滤和纳滤中，通常用截留分子量表示其分离性能。截留分子量是指截留率为90%时所对应的分子量。截留分子量的高低，在一定程度上反映了膜孔径的大小，通常可用一系列不同分子量的标准物质进行测定。

膜的分离性能主要取决于膜材料的化学特性和分离膜的形态结构，同时也与膜分离过程的一些操作条件有关。该性能对分离效果、操作能耗都有决定性的影响。

2. 膜的分类

膜分离技术的核心是分离膜，目前使用的固体分离膜大多数是高分子聚合物膜，近年来又开发了无机材料分离膜。高聚物膜通常是用纤维素类、聚砜类、聚酰胺类、聚酯类、含氟高聚物等材料制成。无机分离膜包括陶瓷膜、玻璃膜、金属膜和分子筛炭膜等。

膜的种类与功能较多，分类方法也较多，但普遍采用的是按膜的形态结构分类，将分离膜分为对称膜和非对称膜两类。

（1）对称膜　对称膜又称为均质膜，是一种内部结构均匀的薄膜，膜两侧截面的结构及形态完全相同，分致密的无孔膜和对称的多孔膜两种，如图11-4（a）所示。一般对称膜的厚度在10～200 μm之间，传质阻力由膜的总厚度决定，降低膜的厚度可以提高透过速率。

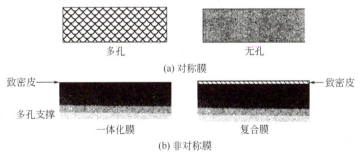

图11-4　不同类型膜横断面示意

（2）非对称膜　非对称膜的横断面具有不对称结构，如图11-4（b）所示。一体化非对称膜是用同种材料制备，由厚度为0.1～0.5 μm的致密皮层和50～150 μm的多孔支撑层构成，其支撑层结构具有一定的强度，在较高的压力下也不会引起很大的形变。此外，也可在多孔支撑层上覆盖一层不同材料的致密皮层构成复合膜。显然，复合膜也是一种非对称膜。非对称膜的分离主要或完全由很薄的皮层决定，传质阻力小，其透过速率较对称膜高得多，因此非对称膜在工业上应用十分广泛。

3. 膜组件

将一定面积的膜以某种形式组装在一起的器件，称为膜组件，在其中实现混合物的分离。

（1）板框式膜组件　板框式膜组件采用平板膜，其结构与板框过滤机类似，如图11-5所示为板框式膜组件进行海水淡化的装置。在多孔支撑板两侧覆以平板膜，采用密封环和两个端板密封、压紧。海水从上部进入组件后，沿膜表面逐层流动，其中纯水透过膜到达膜的另一侧，经支

撑板上的小孔汇集在边缘的导流管后排出，而未透过的浓缩咸水从下部排出。

（2）**螺旋卷式膜组件**　螺旋卷式膜组件也是采用平板膜，其结构与螺旋板式换热器类似，如图11-6所示。它是由中间为多孔支撑板、两侧是膜的"膜袋"装配而成，膜袋的三个边粘封，另一边与一根多孔中心管连接。组装时在膜袋上铺一层网状材料（隔网），绕中心管卷成柱状再放入压力容器内。原料进入组件后，在隔网中的流道沿平行于中心管方向流动，而透过物进入膜袋后旋转着沿螺旋方向流动，最后汇集在中心收集管中再排出。螺旋卷式膜组件结构紧凑，装填密度可达$830\sim1\,660\,\mathrm{m^2/m^3}$。缺点是制作工艺复杂，膜清洗困难。

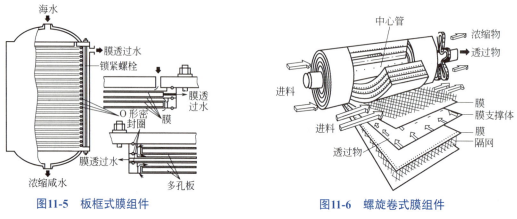

图11-5　板框式膜组件　　　　　　　图11-6　螺旋卷式膜组件

（3）**管式膜组件**　管式膜组件是把膜和支撑体均制成管状，使两者组合，或者将膜直接刮制在支撑管的内侧或外侧，将数根膜管（直径$10\sim20\,\mathrm{mm}$）组装在一起就构成了管式膜组件，与列管式换热器相类似。若膜刮在支撑管内侧，则为内压型，原料在管内流动，如图11-7所示；若膜刮在支撑管外侧，则为外压型，原料在管外流动。管式膜组件的结构简单，安装、操作方便，流动状态好，但装填密度较小，为$33\sim330\,\mathrm{m^2/m^3}$。

（4）**中空纤维膜**　中空纤维膜是将膜材料制成外径为$80\sim400\,\mathrm{\mu m}$、内径为$40\sim100\,\mathrm{\mu m}$的空心管。将大量的中空纤维一端封死，另一端用环氧树脂浇注成管板，装在圆筒形压力容器中，就构成了中空纤维膜组件，也形如列管式换热器，如图11-8所示。大多数膜组件采用外压式，即高压原料在中空纤维膜外侧流过，透过物则进入中空纤维膜内侧。中空纤维膜组件装填密度极大（$10\,000\sim30\,000\,\mathrm{m^2/m^3}$），且不需外加支撑材料；但膜易堵塞，清洗不容易。

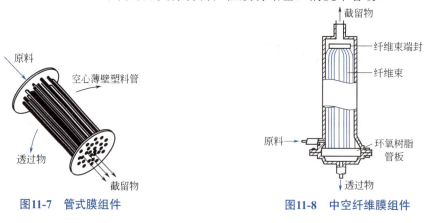

图11-7　管式膜组件　　　　　　　　图11-8　中空纤维膜组件

任务二

反渗透过程分析

反渗透技术是当今最先进和节能最有效的分离技术。利用反渗透膜的分离特性，可以有效地去除水中的溶解盐、胶体、有机物、细菌、微生物等杂质。具有能耗低、无污染、工艺先进、操作维护简便等优点。其应用领域已从早期的海水脱盐和苦咸水淡化发展到化工、食品、制药、造纸等各个工业部门。

一、反渗透原理

如图 11-9 所示，能够让溶液中一种或几种组分通过而其他组分不能通过的选择性膜称为半透膜。当把溶剂和溶液（或两种不同浓度的溶液）分别置于半透膜的两侧时，纯溶剂将透过膜而自发地向溶液（或从低浓度溶液向高浓度溶液）一侧流动，这种现象称为渗透。当溶液的液位升高到所产生的压差恰好抵消溶剂向溶液方向流动的趋势，渗透过程达到平衡，此压力差称为该溶液的渗透压，以 $\Delta\pi$ 表示。若在溶液侧施加一个大于渗透压的压差 Δp 时，则溶剂将从溶液侧向溶剂侧反向流动，此过程称为反渗透，由此可利用反渗透过程从溶液中获得纯溶剂。

图11-9　渗透与反渗透示意图

利用反渗透膜的半透性，即只透过水，不透过盐的原理，利用外加高压克服水中淡水透过膜后浓缩成盐水的渗透压，将水"挤过"膜。反渗透系统是利用高压作用通过反渗透膜分离出水中的无机盐，同时去除有机污染物和细菌，截留水污染物，从而制备纯溶剂的分离系统。

反渗透过程必须满足两个条件：一是选择性高的透过膜；二是操作液压力必须高于溶液的渗透压。在实际反渗透过程中，膜两边的静压差还必须克服透过膜的阻力。

二、反渗透工艺流程

在整个反渗透处理系统中，除了反渗透器和高压泵等主体设备外，为了保证膜性能稳定，防止膜表面结垢和水流道堵塞，除设置合适的预处理装置外，还需配置必要的附加设备如 pH 调节、消毒和微孔过滤等，并选择合适的工艺流程。反渗透膜分离工艺设计中常见的流程有如下几种。

1. 一级一段法

（1）**一级一段连续式工艺**　如图11-10所示，当料液进入膜组件后，浓缩液和透过液被连续引出，这种方式透过液的回收率不高，工业应用较少。

（2）**一级一段循环式工艺**　如图11-11所示，它是将浓溶液一部分返回料液槽，这样浓溶液的浓度不断提高，因此透过液量大，但质量下降。

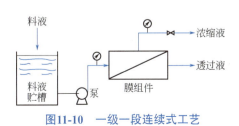

图11-10　一级一段连续式工艺

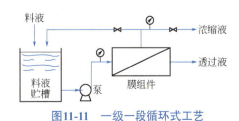

图11-11　一级一段循环式工艺

2. 一级多段法

当用反渗透作为浓缩过程时,一次浓缩达不到要求时,可以采用如图 11-12 所示这种多段法,这种方式浓缩液体积可逐渐减少而浓度不断提高,透过液量相应加大。在反渗透应用过程中,最简单的是一级多段连续式流程。

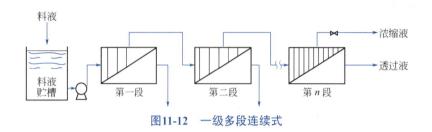

图 11-12　一级多段连续式

3. 两级一段法

当海水除盐率要求把 NaCl 从 35 000 mg/L 降至 500 mg/L 时,则要求除盐率高达 98.6%,如一级达不到时,可分为两步进行。即第一步先除去 NaCl 90%,而第二步再从第一步出水中去除 NaCl 89%,即可达到要求。如果膜的除盐率低,而水的渗透性又高时,采用两步法比较经济,同时在低压低浓度下运行,可提高膜的使用寿命。

4. 多级多段式

在此流程中,将第一级浓缩液作为第二级的供料液,而第二级浓缩液再作为下一级的供料液,此时由于各级透过水都向体外直接排出,所以随着级数增加水的回收率上升,浓缩液体积减小,浓度上升。为了保证液体的一定流速,同时控制浓差极化,膜组件数目应逐渐减少。

总之,在选择流程时,对装置的整体寿命、设备费、维护管理、技术可靠性等因素综合考虑。例如,需将高压一级流程改为两级时,就有可能在低压下运行,因而对膜、装置、密封、水泵等方面均有益处。

三、影响反渗透过程的因素

由于膜的选择透过性因素,在反渗透过程中,溶剂从高压侧透过膜到低压侧,大部分溶质被截留,溶质在膜表面附近积累,在膜表面和溶液主体之间形成具有浓度梯度的边界层,引起溶质从膜表面通过边界层向溶液主体扩散,这种现象称为浓差极化。浓差极化可对反渗透过程产生下列不良影响。

① 由于浓差极化,膜表面处溶质浓度升高,使溶液的渗透压升高,当操作压差一定时,反渗透过程的有效推动力下降,导致溶剂的渗透通量下降。

② 由于浓差极化,膜表面处溶质的浓度升高,使溶质通过膜孔的传质推动力增大,溶质的渗透通量升高,截留率降低,这说明浓差极化现象的存在对溶剂渗透通量的增加有限制。

③ 膜表面处溶质的浓度高于溶解度时,在膜表面上将形成沉淀,会堵塞膜孔并减少溶剂的渗透通量。

④ 浓差极化会导致膜分离性能的改变。

⑤ 出现膜污染,膜污染严重时几乎等于在膜表面又形成一层二次薄膜,会导致反渗透膜透过性能的大幅度下降,甚至完全消失。

减轻浓差极化的有效途径是提高传质系数,可采取提高料液流速、增强料液湍动程度、提高操作温度、对膜面进行定期清洗和选用性能好的膜材料等措施。

任务三

电渗析过程分析

一、电渗析分离原理及特点

1. 基本原理

电渗析是在直流电场作用下，以电位差为推动力，利用离子交换膜的选择透过性使溶液中的离子做定向移动以达到脱出或富集电解质的膜分离操作，主要用于溶液中电解质的分离。如图11-13所示，离子交换膜是电渗析的关键部件，有阳离子交换膜和阴离子交换膜两种类型。阳离子交换膜只允许阳离子通过，阻挡阴离子通过；阴离子交换膜只允许阴离子通过，阻挡阳离子通过。

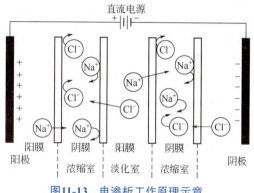

图11-13 电渗析工作原理示意

在淡化室中通入含盐水，接上电源，溶液中带正电的阳离子，在电场的作用下，向阴极方向移动到阳膜，受到膜上带负电荷的基团异性相吸的作用而穿过膜，进入右侧的浓缩室。带负电荷的阴离子，向阳极方向移动到阴膜，受到膜上带正电荷的基团异性相吸的作用而穿过膜，进入左侧的浓缩室。淡化室盐水中的氯化钠被不断除去，得到淡水，氯化钠在浓缩室中浓集。

【1】**电极反应** 在电渗析的过程中，阳极和阴极上所发生的反应分别是氧化反应和还原反应。以NaCl水溶液为例，其电极反应为

阳极

$$2OH^- - 2e \longrightarrow [O] + H_2O$$

$$Cl^- - e \longrightarrow [Cl]$$

$$H^+ + Cl^- \longrightarrow HCl$$

阴极

$$2H^+ + 2e \longrightarrow H_2$$

$$Na^+ + OH^- \longrightarrow NaOH$$

结果是，在阳极产生O_2、Cl_2，在阴极产生H_2。新生成的O_2和Cl_2对阳极会产生强烈腐蚀，而且阳极室中水呈酸性，阴极室中水呈碱性。若水中有Ca^{2+}、Mg^{2+}等离子，会与OH^-形成沉淀，集积在阴极上。当溶液中有杂质时，还会发生副反应。为了移走气体和可能的反应产物，同时维持pH值，保护电极，引入一股水流冲洗电极，称为极水。

【2】**极化现象** 在直流电场作用下，水中阴、阳离子分别在膜间进行定向迁移，各自传递着一定数量的电荷，形成电渗析的操作电流。当操作电流大到一定程度时，膜内离子迁移被强化，就会在膜附近造成离子的"真空"状态，在膜界面处将迫使水分子离解成H^+和OH^-来传递电流，使膜两侧的pH值发生很大的变化，这一现象称为极化。此时，电解出来的H^+和OH^-受电场作用分别穿过阳膜和阴膜，阳膜处将有OH^-积累，使膜表面呈碱性。当溶液中存在Ca^{2+}、Mg^{2+}等离子时将形成沉淀，这些沉淀物附在膜表面或渗到膜内，易堵塞通道，使膜电阻增大，使操作电压或电流下降，降低了分离效率。同时，由于溶液pH值发生很大变化，会使膜受到腐蚀。

防止极化现象的办法是控制电渗析器在极限电流以下操作，一般取操作电流密度为极限电流密度的80%。

2. 离子交换膜

离子交换膜是一种具有离子交换性能的高分子材料制成的薄膜。它与离子交换树脂相似，但

作用机理和方式、效果都有不同之处。当前市场上离子交换膜种类繁多,也没有统一的分类方法。一般按膜的宏观结构分为三大类。

(1) **均相离子交换膜**　均相离子交换膜是将活性基团引入一惰性支持物中制成。它的化学结构均匀,孔隙小,膜电阻小,不易渗漏,电化学性能优良,在生产中应用广泛。但制作复杂,机械强度较低。

(2) **非均相离子交换膜**　非均相离子交换膜由粉末状的离子交换树脂和黏合剂混合而成。树脂分散在黏合剂中,因而化学结构是不均匀的。由于黏合剂是绝缘材料,因此它的膜电阻大一些,选择透过性也差一些,但制作容易,机械强度较高,价格也较便宜。随着均相离子交换膜的推广,非均相离子交换膜的生产曾经大为减少,但近年来又趋活跃。

(3) **半均相离子交换膜**　半均相离子交换膜也是将活性基团引入高分子支持物制成的,但两者不形成化学结合。其性能介于均相离子交换膜和非均相离子交换膜之间。

此外,还有一些特殊的离子交换膜,如两性离子交换膜、两极离子交换膜、蛇笼膜、镶嵌膜、表面涂层膜、螯合膜、中性膜、氧化还原膜等。

离子交换膜应符合以下要求:具有良好的选择透过性、膜电阻应小于溶液电阻、有良好的化学稳定性和机械强度、有适当的孔隙度,一般要求孔隙度为 $0.5\sim1~\mu m$。

3. 电渗析的特点

① 电渗析只对电解质的离子起选择迁移作用,而对非电解质不起作用;
② 电渗析过程中物质没有相的变化,因而能耗低;
③ 电渗析过程中不需要从外界向工作液体中加入任何物质,也不使用化学药剂,因而保证了工作液体原有的纯净程度,也没有对环境造成污染,属清洁工艺;
④ 电渗析过程在常温常压下进行的。

二、电渗析器构成与组装方式

1. 电渗析器构成

电渗析器由膜堆、极区和夹紧装置三部分组成。

(1) **膜堆**　位于电渗析器的中部,由交替排列的浓、淡室隔板和阴膜及阳膜组成,是电渗析器除盐的主要部位。

(2) **极区**　位于膜堆两侧,包括电极和极水隔板。极水隔板供传导电流和排除废气、废液之用,所以比较厚。

(3) **夹紧装置**　电渗析器有两种锁紧方式:油压机锁紧和螺杆锁紧。大型电渗析器采用油压机锁紧,中小型多采用螺杆锁紧。

2. 电渗析器组装方式

电渗析器组装方式有串联、并联及串-并联。常用"级"和"段"来表示,"级"是指电极对的数目。"段"是指水流方向,水流通过一个膜堆后,改变方向进入后一个膜堆即增加一段。各种电渗析器的组合方式如图11-14所示。

三、电渗析典型工艺流程

电渗析除盐的典型工艺流程如图11-15～图11-17所示。

四、电渗析技术的工业应用

电渗析的研究始于20世纪初的德国。1952年美国Ionics公司制成了世界上第一台电渗析装置,用于苦咸水淡化。至今苦咸水淡化仍是电渗析最主要的应用领域。

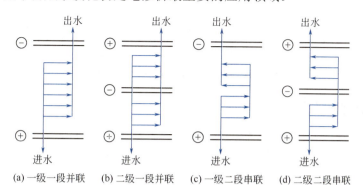

图11-14 各种电渗析器的组合方式示意

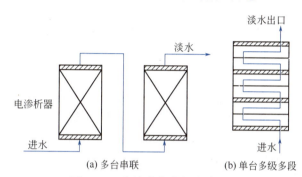

图11-15 直流式电渗析除盐流程

图11-16 循环式电渗析除盐流程　　图11-17 部分循环式电渗析除盐流程

我国的电渗析技术的研究始于1958年。1965年在成昆铁路上安装了第一台电渗析法苦咸水淡化装置。1981年我国在西沙永兴岛建成日产200 t饮用水的电渗析海水淡化装置。目前，电渗析以其能量消耗低，装置设计与系统应用灵活，操作维修方便，工艺过程洁净、无污染，原水回收率高，装置使用寿命长等明显优势而被越来越广泛地用于食品、医药、化工、工业及城市废水处理等领域。

1. 水的纯化

电渗析法是海水、苦咸水、自来水制备初级纯水和高级纯水的重要方法之一。由于能耗与脱盐量成正比，所以电渗析法更适合含盐低的苦咸水淡化。但当原水中盐浓度过低时，溶液电阻大，不够经济，因此一般采用电渗析与离子交换树脂组合工艺。电渗析在流程中起前级脱盐作用，离子交换树脂起保证水质作用。组合工艺与只采用离子交换树脂的工艺相比，不仅可以减少离子交换树脂的频繁再生，而且对原水浓度波动适应性强，出水水质稳定，同时投资少、占地面积小。但是要注意电渗析法不能除去非电解质杂质。

[1] 制备初级纯水的几种典型流程

① 原水→预处理→电渗析→软化(或脱碱)→纯水（中、低压锅炉给水）

② 原水→预处理→电渗析→混合床→纯水（中、低压锅炉给水）

③ 原水→预处理→电渗析→阳离子交换→脱气→阴离子交换→混合床→纯水（中、高压锅炉

续表

绝对压强 p/kPa	温度 t/℃	蒸汽密度 ρ/(kg/m³)	比焓 H/(kJ/kg) 液体	比焓 H/(kJ/kg) 蒸汽	比汽化焓/(kJ/kg)
6×10^3	275.4	30.85	1 203.2	2 759.5	1 556
7×10^3	285.7	36.57	1 253.2	2 740.8	1 488
8×10^3	294.8	42.58	1 299.2	2 720.5	1 404
9×10^3	303.2	48.89	1 343.5	2 699.1	1 357

附录十

液体饱和蒸气压 p^0 的安托因（Antoine）常数

液体	A	B	C	温度范围/℃
甲烷（CH₄）	5.820 51	405.42	267.78	−181～−152
乙烷（C_2H_6）	5.959 42	663.7	256.47	−143～−75
丙烷（C_3H_8）	5.928 88	803.81	246.99	−108～−25
丁烷（C_4H_{10}）	5.938 86	935.86	238.73	−78～19
戊烷（C_5H_{12}）	5.977 11	1 064.63	232.00	−50～58
己烷（C_6H_{14}）	6.102 66	1 171.530	224.366	−25～92
庚烷（C_7H_{16}）	6.027 30	1 268.115	216.900	−2～120
辛烷（C_8H_{18}）	6.048 67	1 355.126	209.517	19～152
乙烯	5.872 46	585.0	255.00	−153～91
丙烯	5.944 5	785.85	247.00	−112～−28
甲醇	7.197 36	1 574.99	238.86	−16～91
乙醇	7.338 27	1 652.05	231.48	−3～96
丙醇	6.744 14	1 375.14	193.0	12～127
乙酸	6.424 52	1 479.02	216.82	15～157
丙酮	6.356 47	1 277.03	237.23	−32～77
四氯化碳	6.018 96	1 219.58	227.16	−20～101
苯	6.030 55	1 211.033	220.79	−16～104
甲苯	6.079 54	1 344.8	219.482	6～137
水	7.074 06	1 657.46	227.02	10～168

注：$\lg p^0 = A - \dfrac{B}{t+C}$，式中 p^0 的单位为 kPa，t 为 ℃。

附录十一

干空气的热物理性质（$p=1.013\times10^5$ Pa）

温度 t/℃	密度 ρ/(kg/m³)	比热容 C_p/[kJ/(kg·℃)]	热导率 $\lambda\times10^2$/[W/(m·℃)]	黏度 $\mu\times10^6$/Pa·s	运动黏度 $\nu\times10^6$/(m²/s)	普朗特数 Pr
−50	1.584	1.013	2.04	14.6	9.23	0.728
−40	1.515	1.013	2.12	15.2	10.04	0.728
−30	1.453	1.013	2.20	15.7	10.80	0.723
−20	1.395	1.009	2.28	16.2	11.61	0.716
−10	1.342	1.009	2.36	16.7	12.43	0.712
0	1.293	1.005	2.44	17.2	13.28	0.707
10	1.247	1.005	2.51	17.6	14.16	0.705
20	1.205	1.005	2.59	18.1	15.06	0.703
30	1.165	1.005	2.67	18.6	16.00	0.701
40	1.128	1.005	2.76	19.1	16.96	0.699
50	1.093	1.005	2.83	19.6	17.95	0.698
60	1.060	1.005	2.90	20.1	18.97	0.696
70	1.029	1.009	2.96	20.6	20.02	0.694
80	1.000	1.009	3.05	21.1	21.09	0.692
90	0.972	1.009	3.13	21.5	22.10	0.690
100	0.946	1.009	3.21	21.9	23.13	0.688

续表

温度 t/℃	密度 ρ /(kg/m³)	比热容 C_p /[kJ/(kg·℃)]	热导率 $\lambda \times 10^2$ /[W/(m·℃)]	黏度 $\mu \times 10^6$ /Pa·s	运动黏度 $\gamma \times 10^6$ /(m²/s)	普朗特数 Pr
120	0.898	1.009	3.34	22.8	25.45	0.686
140	0.854	1.013	3.49	23.7	27.80	0.684
160	0.815	1.017	3.64	24.5	30.09	0.682
180	0.779	1.022	3.78	25.3	32.49	0.681
200	0.746	1.026	3.93	26.0	34.85	0.680
250	0.674	1.038	4.27	27.4	40.61	0.677
300	0.615	1.047	4.60	29.7	48.33	0.674
350	0.566	1.059	4.91	31.4	55.46	0.676
400	0.524	1.068	5.21	33.0	63.09	0.678
500	0.456	1.093	5.74	36.2	79.38	0.687
600	0.404	1.114	6.22	39.1	96.89	0.699
700	0.362	1.135	6.71	41.8	115.4	0.706
800	0.329	1.156	7.18	44.3	134.8	0.713
900	0.301	1.172	7.63	46.7	155.1	0.717
1000	0.277	1.185	8.07	49.0	177.1	0.719
1100	0.257	1.197	8.50	51.2	199.3	0.722
1200	0.239	1.210	9.15	53.5	233.7	0.724

附录十二

水的黏度（0~100 ℃）

温度/℃	黏度/mPa·s	温度/℃	黏度/mPa·s	温度/℃	黏度/mPa·s
0	1.792 1	33	0.752 3	67	0.423 3
1	1.731 3	34	0.737 1	68	0.417 4
2	1.672 8	35	0.722 5	69	0.411 7
3	1.619 1	36	0.708 5	70	0.406 1
4	1.567 4	37	0.694 7	71	0.400 6
5	1.518 8	38	0.681 4	72	0.395 2
6	1.472 8	39	0.668 5	73	0.390 0
7	1.428 4	40	0.656 0	74	0.384 9
8	1.386 0	41	0.643 9	75	0.379 9
9	1.346 2	42	0.632 1	76	0.375 0
10	1.307 7	43	0.620 7	77	0.370 2
11	1.271 3	44	0.609 7	78	0.365 5
12	1.236 3	45	0.598 8	79	0.361 0
13	1.202 8	46	0.588 3	80	0.356 5
14	1.170 9	47	0.578 2	81	0.352 1
15	1.140 4	48	0.568 3	82	0.347 8
16	1.111 1	49	0.558 8	83	0.343 6
17	1.082 8	50	0.549 4	84	0.339 5
18	1.055 9	51	0.540 4	85	0.335 5
19	1.029 9	52	0.531 5	86	0.331 5
20	1.005 0	53	0.522 9	87	0.327 6
20.2	1.000 0	54	0.514 6	88	0.323 9
21	0.981 0	55	0.506 4	89	0.320 2
22	0.957 9	56	0.498 5	90	0.316 5
23	0.935 8	57	0.490 7	91	0.313 0
24	0.914 2	58	0.483 2	92	0.309 5
25	0.893 7	59	0.475 9	93	0.306 0
26	0.873 7	60	0.468 8	94	0.302 7
27	0.854 5	61	0.461 8	95	0.299 4
28	0.836 0	62	0.455 0	96	0.296 2
29	0.818 0	63	0.448 3	97	0.293 0
30	0.800 7	64	0.441 8	98	0.289 9
31	0.784 0	65	0.435 5	99	0.286 8
32	0.767 9	66	0.429 3	100	0.283 8

附录十三

液体黏度共线图

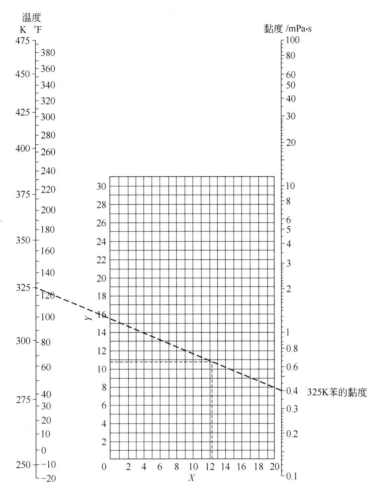

液体黏度共线图的坐标值及液体的密度列于下表。

序号	液体	X	Y	密度(293K)/(kg/m³)	序号	液体	X	Y	密度(293K)/(kg/m³)
1	乙酸（100%）	12.1	14.2	1 049	13	甲酚（间位）	2.5	20.8	1 034
2	（70%）	9.5	17.0	1 069	14	二溴乙烷	12.7	15.8	2 495
3	丙酮（100%）	14.5	7.2	792	15	二氯乙烷	13.2	12.2	1 256
4	氨（100%）	12.6	2.0	817（194 K）	16	二氯甲烷	14.6	8.9	1 336
5	（26%）	10.1	13.9	904	17	乙酸乙酯	13.7	9.1	901
6	苯	12.5	10.9	880	18	乙醇（100%）	10.5	13.8	789
7	氯化钠盐水（25%）	10.2	16.6	1 186（298 K）	19	（95%）	9.8	14.3	804
8	溴	14.2	13.2	3 119	20	（40%）	6.5	16.6	935
9	丁醇	8.6	17.2	810	21	乙苯	13.2	11.5	867
10	二氧化碳	11.6	0.3	1 101（236 K）	22	氯乙烷	14.8	6.0	917（279 K）
11	二硫化碳	16.1	7.5	1 263	23	乙醚	14.6	5.3	708（298 K）
12	四氯化碳	12.7	13.1	1 595	24	乙二醇	6.0	23.6	1 113

续表

序号	液 体	X	Y	密度(293 K)/(kg/m³)	序号	液 体	X	Y	密度(293 K)/(kg/m³)
25	甲酸	10.7	15.8	1 220	37	酚	6.9	20.8	1 071(298 K)
26	氯里昂-11（CCl_3F）	14.4	9.0	1 494(290 K)	38	钠	16.4	13.9	970
27	氯里昂-21（$CHCl_2F$）	15.7	7.5	1 426(273 K)	39	氢氧化钠（50%）	3.2	26.8	1 525
28	甘油（100%）	2.0	30.0	1 261	40	二氧化硫	15.2	7.1	1 434(273 K)
29	盐酸（31.5%）	13.0	16.6	1 157	41	硫酸（110%）	7.2	27.4	1 980
30	异丙醇	8.2	16.0	789	42	（98%）	7.0	24.8	1 836
31	煤油	10.2	16.9	780～820	43	（60%）	10.2	21.3	1 498
32	汞	18.4	16.4	13 546	44	甲苯	13.7	10.4	866
33	萘	7.8	18.1	1 145	45	乙酸乙烯酯	14.0	8.8	932
34	硝酸（95%）	12.8	13.8	1 493	46	水	10.2	13.0	998.2
35	（80%）	10.8	17.0	1 367	47	对二甲苯	13.9	10.9	861
36	硝基苯	10.5	16.2	1 205(288 K)					

附录十四

气体黏度共线图

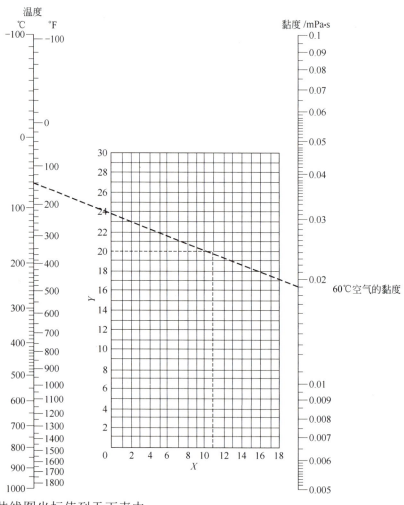

气体黏度共线图坐标值列于下表中。

序号	名称	X	Y	序号	名称	X	Y
1	空气	11.0	20.0	21	乙炔	9.8	14.9
2	氧	11.0	21.3	22	丙烷	9.7	12.9
3	氮	10.6	20.0	23	丙烯	9.0	13.8
4	氢	11.2	12.4	24	丁烯	9.2	13.7
5	$3H_2+N_2$	11.2	17.2	25	戊烷	7.0	12.8
6	水蒸气	8.0	16.0	26	己烷	8.6	11.8
7	二氧化碳	9.5	18.7	27	三氯化氮	8.9	15.7
8	一氧化碳	11.0	20.0	28	苯	8.5	13.2
9	氨	10.9	20.5	29	甲苯	8.6	12.4
10	硫化氢	8.6	18.0	30	甲醇	8.5	15.6
11	二氧化硫	9.6	17.0	31	乙醇	9.2	14.2
12	二硫化碳	8.0	16.0	32	丙醇	8.4	13.4
13	一氧化二氮	8.8	19.0	33	乙酸	7.7	14.3
14	一氧化氮	10.9	20.5	34	丙酮	8.9	13.0
15	氟	7.3	23.8	35	乙醚	8.9	13.0
16	氯	9.0	18.4	36	乙酸乙酯	8.5	13.2
17	氯化氢	8.8	18.7	37	氟利昂-11	10.6	15.1
18	甲烷	9.9	15.5	38	氟利昂-12	11.1	16.0
19	乙烷	9.1	14.5	39	氟利昂-21	10.8	15.3
20	乙烯	9.5	15.1	40	氟利昂-22	10.1	17.0

附录十五

气体热导率共线图（101.3 kPa）

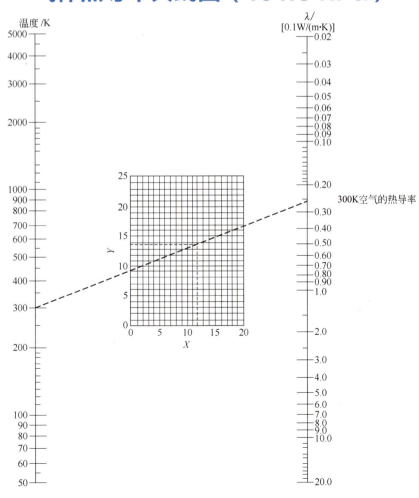

气体的热导率共线图坐标值（常压下用）

气体或蒸气	温度范围/K	X	Y	气体或蒸气	温度范围/K	X	Y
乙炔	200～600	7.5	13.5	氟利昂-22	250～500	6.5	18.6
空气	50～250	12.4	13.9	氟利昂-113	250～400	4.7	17.0
空气	250～1 000	14.7	15.0	氦	50～500	17.0	2.5
空气	1 000～1 500	17.1	14.5	氦	500～5 000	15.0	3.0
氨	200～900	8.5	12.6	正庚烷	250～600	4.0	14.8
氩	50～250	12.5	16.5	正庚烷	600～1 000	6.9	14.9
氩	250～5 000	15.4	18.1	正己烷	250～1 000	3.7	14.0
苯	250～600	2.8	14.2	氢	50～250	13.2	1.2
三氟化硼	250～400	12.4	16.4	氢	250～1 000	15.7	1.3
溴	250～350	10.1	23.6	氢	1 000～2 000	13.7	2.7
正丁烷	250～500	5.6	14.1	氯化氢	200～700	12.2	18.5
异丁烷	250～500	5.7	14.0	氪	100～700	13.7	21.8
二氧化碳	200～700	8.7	15.5	甲烷	100～300	11.2	11.7
二氧化碳	700～1 200	13.3	15.4	甲烷	300～1 000	8.5	11.0
一氧化碳	80～300	12.3	14.2	甲醇	300～500	5.0	14.3
一氧化碳	300～1 200	15.2	15.2	氯甲烷	250～700	4.7	15.7
四氯化碳	250～500	9.4	21.0	氖	50～250	15.2	10.2
氯	200～700	10.8	20.1	氖	250～5 000	17.2	11.0
氘	50～100	12.7	17.3	氧化氮	100～1 000	13.2	14.8
丙酮	250～500	3.7	14.8	氮	50～250	12.5	14.0
乙烷	200～1 000	5.4	12.6	氮	250～1 500	15.8	15.3
乙醇	250～350	2.0	13.0	氮	1 500～3 000	12.5	16.5
乙醇	350～500	7.7	15.2	一氧化二氮	200～500	8.4	15.0
乙醚	250～500	5.3	14.1	一氧化二氮	500～1 000	11.5	15.5
乙烯	200～450	3.9	12.3	氧	50～300	12.2	13.8
氟	80～600	12.3	13.8	氧	300～1 500	14.5	14.8
氙	600～800	18.7	13.8	戊烷	250～500	5.0	14.1
氟利昂-11	250～500	7.5	19.0	丙烷	200～300	2.7	12.0
氟利昂-12	250～500	6.8	17.5	丙烷	300～500	6.3	13.7
氟利昂-13	250～500	7.5	16.5	二氧化硫	250～900	9.2	18.5
氟利昂-21	250～450	6.2	17.5	甲苯	250～600	6.4	14.8

附录十六

固体材料和某些液体的热导率

1. 常用金属材料的热导率

单位：W/(m·℃)

温度/℃	0	100	200	300	400
铝	228	228	228	228	228
铜	384	379	372	367	363
铁	73.3	67.5	61.6	54.7	48.9
铅	35.1	33.4	31.4	29.8	—
镍	93.0	82.6	73.3	63.97	59.3
银	414	409	373	362	359
碳钢	52.3	48.9	44.2	41.9	34.9
不锈钢	16.3	17.5	17.5	18.5	—

2. 常用非金属材料的热导率

单位：W/(m·℃)

名称	温度/℃	热导率	名称	温度/℃	热导率
石棉绳	—	0.10～0.21	云母	50	0.430
石棉板	30	0.10～0.14	泥土	20	0.698～0.930
软木	30	0.043 0	冰	0	2.33
玻璃棉	—	0.034 9～0.069 8	膨胀珍珠岩散料	25	0.021～0.062
保温灰	—	0.069 8	软橡胶	—	0.129～0.159
锯屑	20	0.046 5～0.058 2	硬橡胶	0	0.150
棉花	100	0.069 8	聚四氟乙烯	—	0.242
厚纸	20	0.14～0.349	泡沫塑料	—	0.046 5
玻璃	30	1.09	泡沫玻璃	−15	0.004 89
	−20	0.76		−80	0.003 49
搪瓷	—	0.87～1.16	木材（横向）	—	0.14～0.175

3. 某些液体的热导率

单位：W/(m·℃)

液体名称	温度/℃						
	0	25	50	75	100	125	150
甲醇	0.214	0.210 7	0.207 0	0.205	—	—	—
乙醇	0.189	0.183 2	0.177 4	0.171 5	—	—	—
异丙醇	0.154	0.150	0.146 0	0.142	—	—	—
丁醇	0.156	0.152	0.148 3	0.144	—	—	—
丙酮	0.174 5	0.169	0.163	0.157 6	0.151	—	—
甲酸	0.260 5	0.256	0.251 8	0.247 1	—	—	—
乙酸	0.177	0.171 5	0.166 3	0.162	—	—	—
苯	0.151	0.144 8	0.138	0.132	0.126	0.120 4	—
甲苯	0.141 3	0.136	0.129	0.123	0.119	0.112	—
二甲苯	0.136 7	0.131	0.127	0.121 5	0.117	0.111	—
硝基苯	0.154 1	0.150	0.147	0.143	0.140	0.136	—
苯胺	0.186	0.181	0.177	0.172	0.168 1	0.163 4	0.159
甘油	0.277	0.279 7	0.283 2	0.286	0.289	0.292	0.295

附录十七

液体比热容共线图

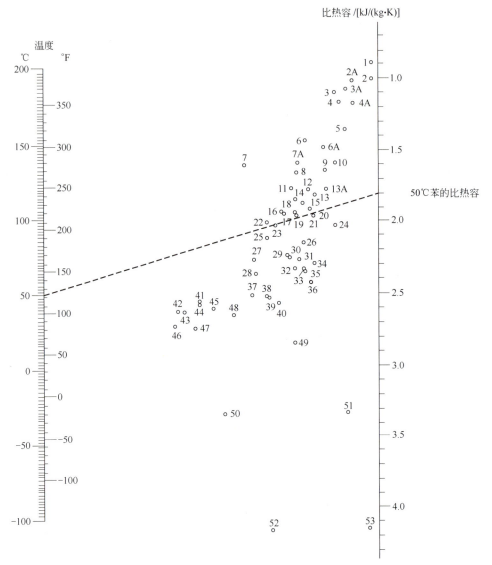

气体比热容共线图中的编号

编号	名称	温度范围/℃	编号	名称	温度范围/℃
53	水	10～200	21	癸烷	-80～25
51	盐水（25% NaCl）	-40～20	13A	氯甲烷	-80～20
49	盐水（25% CaCl₂）	-40～20	5	二氯甲烷	-40～50
52	氨	-70～50	4	三氯甲烷	0～50
11	二氧化硫	-20～100	22	二苯基甲烷	30～100
2	二氧化硫	-100～25	3	四氯化碳	10～60
9	硫酸（98%）	10～45	13	氯乙烷	-30～40
48	盐酸（30%）	20～100	1	溴乙烷	5～25
35	己烷	-80～20	7	碘乙烷	0～100
28	庚烷	0～60	6A	二氯乙烷	-30～60
33	辛烷	-50～25	3	过氯乙烷	-30～140
34	壬烷	-50～25	23	苯	10～80

附 录

续表

编号	名称	温度范围 /℃	编号	名称	温度范围 /℃
23	甲苯	0～60	44	丁醇	0～100
17	对二甲苯	0～100	43	异丁醇	0～100
18	间二甲苯	0～100	37	戊醇	-50～25
19	邻二甲苯	0～100	41	异戊醇	10～100
8	氯苯	0～100	39	乙二醇	-40～200
12	硝基苯	0～100	38	甘油	-40～20
30	苯胺	0～130	27	苯甲基醇	-20～30
10	苯甲基氯	-30～30	36	乙醚	-100～25
25	乙苯	0～100	31	异丙醚	-80～200
15	联苯	80～120	32	丙酮	20～50
16	联苯醚	0～200	29	乙酸	0～80
16	联苯-联苯醚	0～200	24	乙酸乙酯	-50～25
14	萘	90～200	26	乙酸戊酯	0～100
40	甲醇	-40～20	20	吡啶	-50～25
42	乙醇	30～80	2A	氟利昂-11	-20～70
46	乙醇	20～80	6	氟利昂-12	-40～15
50	乙醇	20～80	4A	氟利昂-21	-20～70
45	丙醇	-20～100	7A	氟利昂-22	-20～60
47	异丙醇	20～50	3A	氟利昂-113	-20～70

附录十八

气体比热容共线图（101.3 kPa）

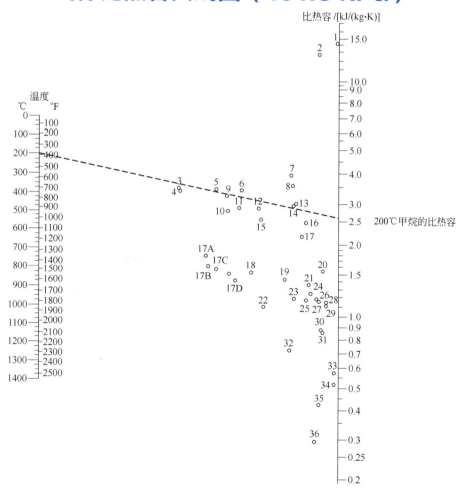

气体比热容共线图的编号

编号	气体	温度范围/K	编号	气体	温度范围/K
10	乙炔	273～473	1	氢	273～873
15	乙炔	473～673	2	氢	873～1 673
16	乙炔	673～1 673	35	溴化氢	273～1 673
27	空气	273～1 673	30	氯化氢	273～1 674
12	氨	273～873	20	氟化氢	273～1 675
14	氨	873～1 673	36	碘化氢	273～1 676
18	二氧化碳	273～673	19	硫化氢	273～973
24	二氧化碳	673～1 673	21	硫化氢	973～1 673
26	一氧化碳	273～1673	5	甲烷	273～573
32	氯	273～473	6	甲烷	573～973
34	氯	473～1 673	7	甲烷	973～1 673
3	乙烷	273～473	25	一氧化氮	273～973
9	乙烷	473～873	28	一氧化氮	973～1 673
8	乙烷	873～1 673	26	氮	273～1 673
4	乙烯	273～473	23	氧	273～773
11	乙烯	473～873	29	氧	773～1 673
13	乙烯	873～1 673	33	硫	573～1 673
17B	氟利昂-11	273～423	22	二氧化硫	272～673
17C	氟利昂-21	273～424	31	二氧化硫	673～1 673
17A	氟利昂-22	273～425	17	水	273～1 673
17D	氟利昂-113	273～426			

附录十九

液体汽化热共线图

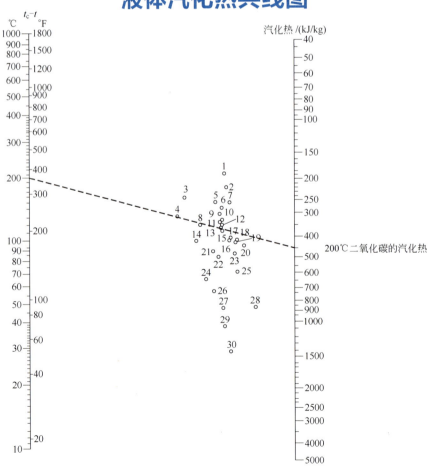

用法举例：求水在 $t=100$ ℃时的汽化热，从下表查得水的编号为30，又查得水的 $t_c=374$ ℃，故得 $t_c-t=(374-100)$ ℃ $=274$ ℃，在本页共线图的 t_c-t 标尺定出274 ℃的点，与图中编号为30的圆圈中心点连一直线，延长到汽化热的标尺上，读出交点数为 2 300 kJ/kg。

液体汽化热共线图的编号

编号	名称	t_c/℃	t_c-t/℃	编号	名称	t_c/℃	t_c-t/℃
30	水	374	100～500	7	三氯甲烷	263	140～275
29	氨	133	50～200	2	四氯化碳	283	30～250
19	一氧化氮	26	25～150	17	氯乙烷	187	100～250
21	二氧化碳	31	10～100	13	苯	289	10～400
4	二硫化碳	273	140～275	3	联苯	527	175～400
14	二氧化硫	157	90～160	27	甲醇	240	40～250
25	乙烷	32	25～150	26	乙醇	243	20～140
23	丙烷	96	40～200	24	丙醇	264	20～200
16	丁烷	153	90～200	13	乙醚	194	10～400
15	异丁烷	134	80～200	22	丙酮	235	120～210
12	戊烷	197	20～200	18	乙酸	321	100～225
11	己烷	235	50～225	2	氟利昂	198	70～250
10	庚烷	267	20～300	2	氟利昂	111	40～200
9	辛烷	296	30～300	5	氟利昂	178	70～225
20	一氯甲烷	143	70～250	6	氟利昂	96	50～170
8	二氯甲烷	216	150～250	1	氟利昂	214	90～250

附录二十
液体表面张力共线图

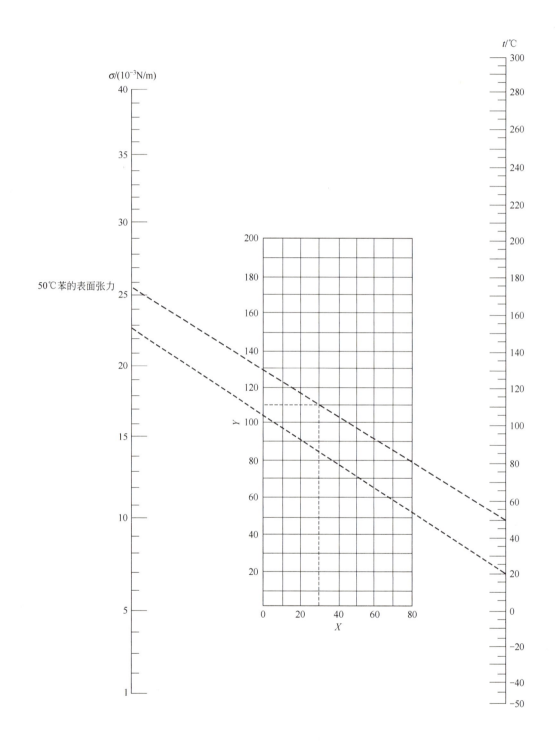

用法举例：求乙醇在 20 ℃时的表面张力。首先由表中查得乙醇的坐标 $X=10.0$，$Y=97.0$。然后根据 X 和 Y 的值在共线图上标出相应的点，将该点与图中右方温度标尺上 20 ℃的点连成一条直线，将该直线延长与左方表面张力标尺相交，由交点读出 20 ℃乙醇的表面张力为 22.5×10^{-3} N/m。

液体表面张力共线图坐标值

编号	液体名称	X	Y	编号	液体名称	X	Y
1	环氧乙烷	42	83	52	二乙(基)酮	20	101
2	乙苯	22	118	53	异戊醇	6	106.8
3	乙胺	11.2	83	54	四氧化碳	26	104.5
4	乙硫醇	35	81	55	辛烷	17.7	90
5	乙醇	10	97	56	亚硝酰氯	38.5	93
6	乙醚	27.5	64	57	苯	30	110
7	乙醛	33	78	58	苯乙酮	18	163
8	乙醛肟	23.5	127	59	苯乙醚	20	134.2
9	乙酰胺	17	192.5	60	苯二乙胺	17	142.6
10	乙胺乙酸乙酯	21	132	61	苯二甲胺	20	149
11	二乙醇缩乙醛	19	88	62	苯甲醚	24.4	138.9
12	间二甲苯	20.5	118	63	苯甲酸乙酯	14.8	151
13	对二甲苯	19	117	64	苯胺	22.9	171.8
14	二甲胺	16	66	65	苯(基)甲胺	25	156
15	二甲醚	44	37	66	苯酚	20	168
16	1,2-二氯乙烯	32	122	67	苯并吡啶	19.5	183
17	二硫化碳	35.8	117.2	68	氨	56.2	63.5
18	丁酮	23.6	97	69	氧化亚氮	62.5	0.5
19	丁醇	9.6	107.5	70	草酸乙二酯	20.5	130.8
20	异丁醇	5	103	71	氯	45.5	59.2
21	丁酸	14.5	115	72	氯仿	32	101.3
22	异丁酸	14.8	107.4	73	对氯甲苯	18.7	134
23	丁酸乙酯	17.5	102	74	氯甲烷	45.8	53.2
24	丁(异)酸乙酯	20.9	93.7	75	氯苯	23.5	132.5
25	丁酸甲酯	25	88	76	对氯溴苯	14	162
26	丁(异)酸甲酯	24	93.8	77	氯甲苯(吡啶)	34	138.2
27	三乙胺	20.1	83.9	78	氰化乙烷(丙腈)	23	108.6
28	三甲胺	21	57.6	79	氰化丙烷(丁腈)	20.3	113
29	1,3,5-三甲苯	17	119.8	80	氰化甲烷(乙腈)	33.5	111
30	三苯甲烷	12.5	182.7	81	氰化苯(苯腈)	19.5	159
31	三氯乙醛	30	113	82	氰化氢	30.6	66
32	二聚乙醛	22.3	103.8	83	硫酸二乙酯	19.5	139.5
33	乙烷	22.7	72.2	84	硫酸二甲酯	23.5	158
34	六氢吡啶	24.7	120	85	硝基乙烷	25.4	126.1
35	甲苯	24	113	86	硝基甲烷	30	139
36	甲胺	42	58	87	萘	22.5	165
37	间甲酚	13	161.2	88	溴乙烷	31.6	90.2
38	对甲酚	11.5	160.5	89	溴苯	23.5	145.5
39	邻甲酚	20	161	90	碘乙烷	28	113.2
40	甲醇	17	93	91	茴香脑	13	158.1
41	甲酸甲酯	38.5	88	92	乙酸	17.1	116.5
42	甲酸乙酯	30.5	88.8	93	乙酸甲酯	34	90
43	甲酸丙酯	24	97	94	乙酸乙酯	27.5	92.4
44	丙胺	25.5	87.2	95	乙酸丙酯	23	97
45	对异丙基甲苯	12.8	121.2	96	乙酸异丁酯	16	97.2
46	丙酮	28	91	97	乙酸异戊酯	16.4	130.1
47	异丙醇	12	111.5	98	乙酸酐	25	129
48	丙醇	8.2	105.2	99	噻吩	35	121
49	丙酸	17	112	100	环乙烷	42	86.7
50	丙酸乙酯	22.6	97	101	磷酰氯	26	125.2
51	丙酸甲酯	29	95				

附录二十一

管子规格

低压流体输送用焊接钢管规格（GB/T 3091—2015）

管端用螺纹和沟槽连接的钢管尺寸参见下表。

单位：mm

公称口径（DN）	外径（D）	壁厚（t） 普通钢管	壁厚（t） 加厚钢管
6	10.2	2.0	2.5
8	13.5	2.5	2.8
10	17.2	2.5	2.8
15	21.3	2.8	3.5
20	26.9	2.8	3.5
25	33.7	3.2	4.0
32	42.4	3.5	4.0
40	48.3	3.5	4.5
50	60.3	3.8	4.5
65	76.1	4.0	4.5
80	88.9	4.0	5.0
100	114.3	4.0	5.0
125	139.7	4.0	5.5
150	165.1	4.5	6.0
200	219.1	6.0	7.0

注：表中的公称口径系近似内径的名义尺寸，不表示外径减去两倍壁厚所得的内径。

附录二十二

离心泵规格（摘录）

1. IS 型单级单吸离心泵规格

泵型号	流量 /(m³/h)	扬程 /m	转速 /(r/min)	汽蚀余量 /m	泵效率 /%	功率/kW 轴功率	功率/kW 配带功率
IS50-32-125	7.5	22	2 900		47	0.96	2.2
	12.5	20	2 900	2.0	60	1.13	2.2
	15	18.5	2 900		60	1.26	2.2
	3.75		1 450				0.55
	6.3	5	1 450	2.0	54	0.16	0.55
	7.5		1 450				0.55
IS50-32-160	7.5	34.5	2 900		44	1.59	3
	12.5	32	2 900	2.0	54	2.02	3
	15	29.6	2 900		56	2.16	3
	3.75		1 450				0.55
	6.3	8	1 450	2.0	48	0.28	0.55
	7.5		1 450				0.55

续表

泵型号	流量/(m³/h)	扬程/m	转速/(r/min)	汽蚀余量/m	泵效率/%	功率/kW 轴功率	功率/kW 配带功率
IS50-32-200	7.5	525	2 900	2.0	28	2.82	5.5
	12.5	50	2 900	2.0	48	3.54	5.5
	15	48	2 900	2.5	51	3.84	5.5
	3.75	13.1	1 450	2.0	33	0.41	0.75
	6.3	12.5	1 450	2.0	42	0.51	0.75
	7.5	12	1 450	2.5	44	0.56	0.75
IS50-32-250	7.5	82	2 900	2.0	28.5	5.67	11
	12.5	80	2 900	2.0	38	7.16	11
	15	78.5	2 900	2.5	41	7.83	11
	3.75	20.5	1 450	2.0	23	0.91	15
	6.3	20	1 450	2.0	32	1.07	15
	7.5	19.5	1 450	2.5	35	1.14	15
IS65-50-125	15	21.8	2 900		58	1.54	3
	25	20	2 900	2.0	69	1.97	3
	30	18.5	2 900		68	2.22	3
	7.5		1 450				0.55
	12.5	5	1 450	2.0	64	0.27	0.55
	15		1 450				0.55
IS65-50-160	15	35	2 900	2.0	54	2.65	5.5
	25	32	2 900	2.0	65	3.35	5.5
	30	30	2 900	2.5	66	3.71	5.5
	7.5	8.8	1 450	2.0	50	0.36	0.75
	12.5	8	1 450	2.0	60	0.45	0.75
	15	7.2	1 450	2.5	60	0.49	0.75
IS65-40-200	15	63	2 900	2.0	40	4.42	7.5
	25	50	2 900	2.0	60	5.67	7.5
	30	47	2 900	2.5	61	6.29	7.5
	7.5	13.2	1 450	2.0	43	0.63	1.1
	12.5	12.5	1 450	2.0	66	0.77	1.1
	15	11.8	1 450	2.5	57	0.85	1.1
IS65-40-250	15		2 900				15
	25	80	2 900	2.0	63	10.3	15
	30		2 900				15
IS65-40-315	15	127	2 900	2.5	28	18.5	30
	25	125	2 900	2.5	40	21.3	30
	30	123	2 900	3.0	44	22.8	30
IS80-65-125	30	22.5	2 900	3.0	64	2.87	5.5
	50	20	2 900	3.0	75	3.63	5.5
	60	18	2 900	3.5	74	3.93	5.5
	15	5.6	1 450	2.5	55	0.42	0.75
	25	5	1 450	2.5	71	0.48	0.75
	30	4.5	1 450	3.0	72	0.51	0.75
IS80-65-160	30	36	2 900	2.5	61	4.82	7.5
	50	32	2 900	2.5	73	5.97	7.6
	60	29	2 900	3.0	72	6.59	7.5
	15	9	1 450	2.5	66	0.67	1.5
	25	8	1 450	2.5	69	0.75	1.5
	30	7.2	1 450	3.0	68	0.86	1.5
IS80-50-200	30	53	2 900	2.5	55	7.87	15
	50	50	2 900	2.5	69	9.87	15
	60	47	2 900	3.0	71	10.8	15
	15	13.2	1 450	2.5	51	1.06	2.2
	25	12.5	1 450	2.5	65	1.31	2.2
	30	11.8	1 450	3.0	67	1.44	2.2

续表

泵型号	流量/(m³/h)	扬程/m	转速/(r/min)	汽蚀余量/m	泵效率/%	功率/kW 轴功率	功率/kW 配带功率
IS80-50-160	30	84	2 900	2.5	52	13.2	22
	50	80	2 900	2.5	63	17.3	
	60	75	2 900	3.0	64	19.2	
IS80-50-250	30	84	2 900	2.5	52	13.2	22
	50	80	2 900	2.5	63	17.3	22
	60	75	2 900	3.0	64	19.2	22
IS80-50-315	30	128	2 900	2.5	41	25.5	37
	50	125	2 900	2.5	54	31.5	37
	60	123	2 900	3.0	57	35.3	37
IS100-80-125	60	24	2 900	4.0	67	5.86	11
	100	20	2 900	4.5	78	7	11
	120	16.5	2 900	5.0	74	7.28	11

2．Y型离心油泵规格

型号	流量/(m³/h)	扬程/m	转速/(r/min)	功率/kW 轴	功率/kW 电机	效率/%	汽蚀余量/m	泵壳许用应力/Pa	结构型式	备注
50Y-60	12.5	60	2 950	6.0	11	35	2.3	1 570/2 550	单级悬臂	
50Y-60A	11.2	49	2 950	4.3	8			同上	同上	
50Y-60B	9.9	38	2 950	2.4	5.5	35		同上	同上	
50Y-60	12.5	120	2 950	11.7	15	35	2.3	2 158/3 138	两级悬臂	
50Y-60A	11.7	105	2 950	9.6	15			同上	同上	
50Y-60B	10.8	90	2 950	7.7	11			同上	同上	
50Y-60C	9.9	75	2 950	5.9	8			同上	同上	
65Y-60	25	60	2 950	7.5	11	55	2.6	1 570/2 550	单级悬臂	泵壳许用应力内的分子表示的第Ⅰ类材料相应的许用应力数，分母表示类材料相应的许用应力数
65Y-60A	22.5	49	2 950	5.5	8			同上	同上	
65Y-60B	19.8	38	2 950	3.8	5.5			同上	同上	
65Y-100	25	100	2 950	17.0	32	40	2.6	同上	同上	
65Y-100A	23	85	2 950	13.3	20			同上	同上	
65Y-100B	21	70	2 950	10.0	15			同上	同上	
65Y-100	25	200	2 950	34.0	55	40	2.6	2 942/3 923	两级悬臂	
65Y-100A	23.3	175	2 950	27.8	40			同上	同上	
65Y-100B	21.6	150	2 950	22.0	32			同上	同上	
65Y-100C	19.8	125	2 950	16.8	20			同上	同上	
80Y-60	50	60	2 950	12.8	15	64	3	1 570/2 550	单级悬臂	
80Y-60A	45	49	2 950	9.4	11			同上	同上	
80Y-60B	39.5	38	2 950	6.5	8			同上	同上	
80Y-100	50	100	2 950	22.7	32	60	3	1 961/2 942	单级悬臂	
80Y-100A	45	85	2 950	18.0	25			同上	同上	
80Y-100B	39.5	70	2 950	12.6	20			同上	同上	
80Y-100	50	200	2 950	45.4	75	60	3	2 942/3 923	单级悬臂	
80Y-100A	46.6	175	2 950	37.0	55	60	3	2 942/3 923	两级悬臂	
80Y-100B	43.2	150	2 950	29.5	40	60	3	2 942/3 923	同上	
80Y-100C	39.6	125	2 950	22.7	32	60	3	2 942/3 923	同上	

注：与介质接触的且受温度影响的零件，根据介质的性质需要采用不同性质的材料，所以分为三种材料，但泵的结构相同。第Ⅰ类材料不耐腐蚀，操作温度在-20～200 ℃，第Ⅱ类材料不耐硫腐蚀，操作温度在-45～400 ℃，第Ⅲ类材料耐硫腐蚀，操作温度在-45～200 ℃。

3. F型耐腐蚀离心泵

型号	流量 /(m³/h)	扬程 /m	转速 /(r/min)	汽蚀余量 /m	泵效率/%	功率/kW		泵口径/mm	
						轴功率	配带功率	吸入	排出
25F-16	3.60	16.00	2 960	4.30	30	0.523	0.75	25	25
25F-16A	3.27	12.50	2 960	4.30	29	0.39	0.55	25	25
25F-25	3.60	25.00	2 960	4.30	27	0.91	1.50	25	25
25F-25A	3.27	20.00	2 960	4.30	26	0.69	1.10	25	25
25F-41	3.60	41.00	2 960	4.30	20	2.01	3.00	25	25
25F-41A	3.27	33.50	2 960	4.30	19	1.57	2.20	25	25
40F-16	7.20	15.70	2 960	4.30	49	0.63	1.10	40	25
40F-16A	6.55	12.00	2 960	4.30	47	0.46	0.75	40	25
40F-26	7.20	25.50	2 960	4.30	44	1.14	1.50	40	25
40F-26A	6.55	20.00	2 960	4.30	42	0.87	1.10	40	25
40F-40	7.20	39.50	2 960	4.30	35	2.21	3.00	40	25
40F-40A	6.55	32.00	2 960	4.30	34	1.68	2.20	40	25
40F-65	7.20	65.00	2 960	4.30	24	5.92	7.50	40	25
40F-65A	6.72	56.00	2 960	4.30	24	4.28	5.50	40	25
50F-103	14.4	103	2 900	4	25	16.2	18.5	50	40
50F-103A	13.5	89.5	2 900	4	25	13.2		50	40
50F-103B	12.7	70.5	2 900	4	25	11		50	40
50F-63	14.4	63	2 900	4	35	7.06		50	40
50F-63A	13.5	54.5	2 900	4	35	5.71		50	40
50F-63B	12.7	48	2 900	4	35	4.75		50	40
50F-40	14.4	40	2 900	4	44	3.57	7.5	50	40
50F-40A	13.1	32.5	2 900	4	44	2.64	7.5	50	40
50F-25	14.4	25	2 900	4	52	1.89	5.5	50	40
50F-25A	13.1	20	2 900	4	52	1.37	5.5	50	40
50F-16	14.4	15.7	2 900	4	62	0.99		50	40
50F-16A	13.1	12	2 900	4	62	0.69		50	40
65F-100			2 900	4	40	19.6		65	50
65F-100A			2 900	4	40	15.9		65	50
65F-100B			2 900	4	40	13.3		65	50
65F-64			2 900	4	57	9.65	15	65	50
65F-64A			2 900	4	57	7.75	18.5	65	50
65F-64B			2 900	4	57	6.43	18.5	65	50

附录二十三

双组分溶液的气液相平衡数据

1. 苯和甲苯（101.325kPa）

$t/℃$	液相中苯的摩尔分数 x	气相中苯的摩尔分数 y	$t/℃$	液相中苯的摩尔分数 x	气相中苯的摩尔分数 y
110.6	0.0	0.0	89.4	0.592	0.789
106.1	0.088	0.212	86.8	0.700	0.853
102.2	0.200	0.370	84.4	0.803	0.914
98.6	0.300	0.500	82.3	0.903	0.957
95.2	0.397	0.618	81.2	0.950	0.979
92.1	0.489	0.710	80.2	1.00	1.00

2. 甲醇－水（101.325 kPa）

温度/℃	液相中甲醇的摩尔分数 x	气相中甲醇的摩尔分数 y	温度/℃	液相中甲醇的摩尔分数 x	气相中甲醇的摩尔分数 y
100	0.00	0.00	75.3	0.40	0.729
96.4	0.02	0.134	73.1	0.50	0.779
93.5	0.04	0.234	71.2	0.60	0.825
91.2	0.06	0.304	69.3	0.70	0.870
89.3	0.08	0.365	67.6	0.80	0.915
87.7	0.10	0.418	66.0	0.90	0.958
84.4	0.15	0.517	5.0	0.95	0.979
81.7	0.20	0.579	64.5	1.00	1.00
78.0	0.30	0.665			

3. 丙酮－水（101.325 kPa）

温度/℃	液相中丙酮的摩尔分数 x	气相中丙酮的摩尔分数 y	温度/℃	液相中丙酮的摩尔分数 x	气相中丙酮的摩尔分数 y	温度/℃	液相中丙酮的摩尔分数 x	气相中丙酮的摩尔分数 y
100	0.0	0.0	62.1	0.20	0.815	58.2	0.80	0.898
92.7	0.01	0.253	61.0	0.30	0.830	57.5	0.90	0.935
86.5	0.02	0.425	60.4	0.40	0.839	57.0	0.95	0.963
75.8	0.05	0.624	60.0	0.50	0.849	56.13	1.0	1.0
66.5	0.10	0.755	59.7	0.60	0.859			
63.4	0.15	0.793	59.0	0.70	0.874			

4. 乙醇-水（101.325 kPa）

温度/℃	乙醇的摩尔分数/%		温度/℃	乙醇的摩尔分数/%	
	液相 x	气相 y		液相 x	气相 y
100	0.00	0.00	81.5	32.73	58.26
95.5	1.90	17.00	80.7	39.65	61.22
89.0	7.21	38.91	79.8	50.79	65.64
86.7	9.66	43.75	79.7	51.98	65.99
85.3	12.38	47.04	79.3	57.32	68.41
84.1	16.61	50.89	78.74	67.63	73.85
82.7	23.37	54.45	78.41	74.72	78.15
82.3	26.08	55.80	78.15	89.43	89.43

附录二十四

常用化学元素的原子量

元素符号	元素名称	原子量	元素符号	元素名称	原子量	元素符号	元素名称	原子量
Ag	银	107.9	Co	钴	58.93	N	氮	14.01
IA	铝	26.98	Cr	铬	52	Na	钠	22.99
Ar	氩	39.94	Cu	铜	63.54	Ne	氖	20.17
As	砷	74.92	F	氟	19	Ni	镍	58.7
Au	金	196.97	Fe	铁	55.84	O	氧	16
B	硼	10.81	H	氢	1.008	P	磷	30.97
Ba	钡	137.3	Hg	汞	200.5	Pb	铅	207.2
Br	溴	79.9	I	碘	126.9	S	硫	32.06
C	碳	12.01	K	钾	39.1	Se	硒	78.9
Ca	钙	40.08	Mg	镁	24.3	Si	硅	28.09
Cl	氯	35.45	Mn	锰	54.94	Zn	锌	65.38

附录二十五

基本物理常数

1. 摩尔气体常数 $R = 8.314\,510$ J/(mol·K) 或 kJ/(kmol·K)
2. 标准状况压力　$p_0 = 1.013\,25 \times 10^5$ Pa（以前），$p_0 = 10^5$ Pa
3. 理想气体标准摩尔体积

$$p_0 = 1.013\,25 \times 10^5 \text{ Pa}, \quad T_0 = 273.15 \text{ K时}, \quad V_0 = 22.413\,83 \text{ m}^3/\text{kmol},$$

$$p_0 = 10^5 \text{ Pa}, \quad T_0 = 273.15 \text{ K时}, \quad V_0 = 22.711\,08 \text{ m}^3/\text{kmol}$$

4. 标准自由落体加速度（标准重力加速度）$g = 9.806\,65$ m/s^2

参考文献

[1] 姚玉英. 化工原理(上、下册)[M]. 3版. 天津:天津大学出版社, 2010.

[2] 陈敏恒, 丛德滋, 方图南, 等. 化工原理(上、下册)[M]. 4版. 北京:化学工业出版社, 2015.

[3] 杨祖荣. 化工原理[M]. 北京:高等教育出版社, 2008.

[4] 蒋丽芬. 化工原理[M]. 北京:高等教育出版社, 2007.

[5] 姚玉英, 陈常贵, 柴诚敬. 化工原理学习指南[M]. 2版. 天津:天津大学出版社, 2013.

[6] 王志魁. 化工原理[M]. 5版. 北京:化学工业出版社, 2017.

[7] 丛德滋, 丛梅, 方图南. 化工原理详解与应用[M]. 北京:化学工业出版社, 2002.

[8] 王瑶, 贺高红. 化工原理(上册)[M]. 北京:化学工业出版社, 2016.

[9] 潘艳秋, 吴雪梅. 化工原理(下册)[M]. 北京:化学工业出版社, 2016.

[10] 何潮洪, 冯霄. 化工原理[M]. 2版. 北京:科学出版社, 2016.

[11] 贾绍义, 柴诚敬. 化工传质与分离过程[M]. 3版. 北京:化学工业出版社, 2020.

[12] 朱家骅, 叶世超, 夏素兰. 化工原理[M]. 2版. 北京:科学出版社, 2011.

[13] 谭天恩. 化工原理(上、下册)[M]. 4版. 北京:化学工业出版社, 2013.

[14] 蒋维钧, 雷良恒, 刘茂林, 等. 化工原理(下册)[M]. 3版. 北京:清华大学出版社, 2010.